THiNKr
新思

新 一 代 人 的 思 想

德浩谢尔动物与人书系

赵芊里 主编

相 杀 相 爱

两 性 关 系 的 演 化

[德]

费陀斯·德浩谢尔

著

赵芊里 译

SIE TÖTEN UND SIE LIEBEN SICH:
NATURGESCHICHTE DES PAARVERHALTENS
IM TIERREICH

VITUS B. DRÖSCHER

中信出版集团 | 北京

图书在版编目（CIP）数据

相杀相爱：两性关系的演化 /（德）费陀斯·德浩
谢尔著；赵芊里译 . -- 北京：中信出版社，2023.1
ISBN 978-7-5217-4983-0

Ⅰ . ①相… Ⅱ . ①费… ②赵… Ⅲ . ①动物－性行为
－研究 Ⅳ . ① Q95

中国版本图书馆 CIP 数据核字（2022）第 215605 号

相杀相爱：两性关系的演化
著者：［德］费陀斯·德浩谢尔
译者：赵芊里
出版发行：中信出版集团股份有限公司
（北京市朝阳区惠新东街甲 4 号富盛大厦 2 座　邮编　100029）
承印者：嘉业印刷（天津）有限公司

开本：880mm×1230mm　1/32　　　印张：12
插页：8　　　　　　　　　　　　字数：280 千字
版次：2023 年 1 月第 1 版　　　　印次：2023 年 1 月第 1 次印刷
京权图字：01–2022–2055　　　　 书号：ISBN 978–7–5217–4983–0
定价：69.00 元

目 录

推荐序

我曾经是一个昆虫生态学家，受过系统的生物学训练。转行社会学后，我也经常思考人类行为乃至疾病的生物和社会基础，并且关注着医学、动物行为学、社会生物学以及和人类进化与人类行为有关的各种研究和进展。大多数社会科学家都会努力和艰难地在两种极端观念之间找平衡。

第一种可以简称为遗传决定论。这类观念在传统社会十分盛行。在任何传统社会，显赫的地位一般都会被论证为来自高贵的血统。在当代社会，虽然各种遗传决定论的观点在社会上广泛存在，但从总体上来说，遗传决定论的观点不会像在传统社会一样占据主宰地位，并且因为种族主义思想的式微，它们常常被视为政治不正确。与遗传决定论观念相对的是文化决定论，或者说白板理论。白板理论的核心思想是人生来相似，因此也生来平等，不同个体和群体在行为上的差别都来自社会结构或文化上的差别。白板理论有其宗教基础，但是作为一个世俗理论它起源于17世纪。白板理论是自由主义思想，同时也是马克思主义和其他左派社会主义思想的基础。白板理论对于追求解放的社会下层具有很大的吸引力，因此具有一定的革命意义。但是，至少从个体层面来看，人与人之间在遗传上的差别还是非常明显的。当然，除了一些严重的遗传疾病外，绝大多数遗传差异体现的只是不同个体在有限程度上的各自特色而已，但这差别却构成了人类基因和基因表达的多样性的基础，大大增进了人类作为一个物种在地球上的总体生存能力。可是，如果我们在教育、医疗乃至体育训练方式等方面完全忽视不同个体或群体在遗传特性上的差别，这仍然会带来一些误区。更明确地说，白板理论本是一个追求平等的革命理论，但因为它漠视了个体之间与群体之间在遗传上的各种差别，反而会将某些个体和群体，尤其是一些在社会上处于边缘地位的个体和群体置于不利的位置。

我们很难通过动物行为学知识来准确地确定大多数人类个体行为的生物学基础。个体行为的生物学基础很复杂。从个体行为或疾病和基因关系的角度来讲，很少有某一种行为或疾病是由单一基因决定的。此外，虽然某些基因与人类的某些行为或疾病有着很强的对应关系，但是这些基因在人体内不见得会表达，并且有些基因的表达与否与个体的社会行为有着不同程度的关联。但是，动物行为学知识仍然可以为我们提供一些统计意义上的规律。比如，吸烟肯定是社会行为，但是具有某些遗传因子的人更容易对尼古丁形成依赖；战争也肯定是社会行为，但是男性更容易接受甚至崇拜战争暴力。动物行为学知识还能反过来加深我们对文化的力量的理解。比如，人类的饮食行为和性行为明显来源于动物的取食和交配行为，但是任何动物都不会像人类一样发展出复杂的甚至可以说是千奇百怪的饮食文化和性文化。总之，动物行为学知识有助于我们深入了解人类行为的生物学基础，以及文化行为和本能行为之间的复杂关系。

与其他动物相似，在面对生存、繁殖等基本问题时，人类发展出了一套应对策略，其中大量的应对策略与其他动物的应对"策略"有着不同程度的相似。正因此，动物行为学知识可以为我们提供类比的素材，能为我们考察人类社会的各种规律提供启发。比如，在环境压力下，动物有两种生存策略：R 策略和 K 策略[*]。R 策略动物对环境的改变十分敏感，它的基本生存策略是：大量繁殖子代，但是对子代的投入却很少。因此，R 策略动物产出的子代往往体积微小，它们不会保护产出的子代。R 策略动物在环境适宜时会大量增多，但是在环境不适宜时，它的种群规模和密度就会大幅缩减。K 策略动物则能更好地适应环境变化。它们产出的子代不多，但是个体都比较大，它们会保护甚至抚育子代。K 策略动物的另一个特点是它的种群密度比较稳定，或者说会稳定在某一环境对该种群的承载量上下。简单来说，R 策略动物都是机会主义动物——见好就长、有缝就钻、不好就收；K 策略动物则是一类追求稳定、有能力控制环境，并且对将来有所"预期"的动物。

我想通过一个具体例子来简要介绍一下 R 策略和 K 策略行为在人类社会中的体现：假冒伪劣产品和各种行骗行为在改革开放初期很长一段时间内充斥着中国市场。对于这一现象，学者们一般会认为这是中国的传统美德在"文革"中遭受了严重破坏所致。其实，改革开放初期"下海"的人本钱都很小，但他们所面对的却是十分不健全的法律体系、天真的消费者、无处不在的商机以及多变且难以预期的政治和商业环境。在这些条件下，各种追求短期赢利效果

---

* 　这里的 R（Rate 的首字母）实际含义是谋求尽可能大的出生率，因此，生物学意义上的"R 策略"可以简要意译为"多生不养护策略"。K 是德语词 Kapazitätsgrenze（相当于英语中的 capacity limit）的首字母，其实际含义是"（考虑环境对种群的承受力）将出生率和种群规模及密度控制在环境可承受（即资源可支持）的范围内"；因此，生物学意义上的"K 策略"可以简要意译为"少生多养护策略"。为了适应讨论类似的社会现象的需要，社会学者们在使用表示这两种策略的术语时，可能会在其生物学意义的基础上对其含义有所拓展或改变，这是读者应该注意并仔细辨析的。——主编注

的机会主义行为（R策略）就成了优势行为。但是，一旦法律发展得比较健全，政治和商业环境的可预期性提高，消费者变得精明，公司和企业的规模增大和控制环境能力增强，这些公司和企业的管理层就会产生长远预期。在这种时候，追求稳定环境的K策略就成了具有优势的市场行为。这就是为什么通过假冒伪劣产品和各种行骗手段致富的行为在改革开放初期十分普遍，但是在今天，各类公司和企业越来越倾向于通过新的技术、高质量的产品、优良的服务、各种提高商业影响的手段甚至各种垄断行为来稳固和扩大利润。能从改革开放初期一直延续至今并且还能不断发展的中国公司有一个共同点，那就是它们都经过了一个从早期的不讲质量只图发展的R策略公司到讲质量图长期回报的K策略公司的转变。中国公司或企业的R—K转型的成功与否及其成功背后的原因，是一个特别值得研究的课题，却很少有人对此做系统研究。

以上的例子还告诉我们，一个动物物种的性质（即它是R策略动物还是K策略动物）是由遗传所决定的，基本上不会改变。但是公司或企业采取的R策略和K策略却是人为的策略，因此能有较快的转变。更广义地说，动物行为的形成和改变主要是由具有较大随机性的基因突变和环境选择共同决定的，因此动物行为具有很强的稳定性。与之对比，人类行为的形成和改变则主要由"用进废退、获得性状遗传"这一正反馈性质的拉马克机制决定。*

通过以上的例子，我还想说明，虽然动物行为学能为我们理解人类社会中各种复杂现象提供大量的启发，但是类似现象背后的机制却

---

* 近几十年生物学的研究发现，基因突变与环境会有有限的互动，或者说基因突变也有着一定程度的拉马克特性。

可能是完全不同的：决定生物行为的绝大多数机制都是具有稳定性的负反馈机制，而决定人类行为的大多数机制却具有极不稳定的正反馈性。通过对动物行为机制和人类行为机制的相似和区别的考察，我们不但能更深刻地理解生物演化*和人类文化发展之间的复杂关系，还能更深刻地了解人类文化的不稳定性。具体说就是，任何文化都必须要有制度、资源和权力才能维持和发展。这一常识不但对文化决定论来说是一个有力的批判，也可以使我们多一份谨慎和谦卑。

最后，通过对动物行为学的了解，以及对动物行为和人类行为之异同的比较，我们还能加深对社会科学的特点和难点的理解。比如，功能解释在动物行为学中往往是可行的（例如，动物需要取食就必须有"嘴巴"），但是功能解释在社会科学中往往行不通。大量的社会"存在"，其背后既可能是统治者的意愿，也可能是社会功能上的需要，更可能是两者皆有。再比如，我们对于某一动物行为机制的了解并不会在任何意义上改变该机制本身的作用和作用方式。但是，一旦我们了解了某一人类行为背后的规律，该规律的作用和作用方式很可能会发生重大变化。关于诸如此类的区别，笔者在几年前发表的《社会科学研究的困境：从与自然科学的区别谈起》一文中有过系统讨论。此处不再赘述。

我常常对自己的学生说，要做一个优秀的社会学家，除了具备文

---

* 这里的"演化"在赵老师写的《推荐序》原文中用的是"进化"，经赵老师同意后改为"演化"。之所以将"进化"改为"演化"，原因之一是本书系已统一将 Evolution 译为"演化"，但更重要的原因是为了避免"进化"一词所具有的误导作用。Evolution 的完整含义不仅包括正向的演化即进化，也包括反向的演化即退化，还包括（在环境不变的情况下）长期的停滞（既不进化也不退化）。将 Evolution 译为"进化"，只是表达了其上述三方面含义中的一个方面，更严重的问题是：它会使未深入学习过演化论的人误以为任何生物的演变都只有一个方向，误以为生物（乃至社会）都是从简单到复杂、从低级到高级单向变化的。——主编注

本、田野、量化技术等基本功，具备捕捉和解释差异性社会现象的能力外，还必须学会在动态的叙事中同时玩好"七张牌"，并熟悉与社会学最为相关的三个基础性学科。这"七张牌"分别是：政治权力、军事权力、经济权力、意识形态权力的特性，以及环境、人口、技术对社会的影响。三个基础性学科则是：微观社会学、社会心理学、动物行为学（特别是社会动物的行为学）。从这个意义上来说，一个合格的社会科学家必须具备一定的动物行为学知识，并且对动物行为和人类行为之间的联系和差异有着基本常识和一定程度的思考。

前段时间，我翻看了尤瓦尔·赫拉利所著的《人类简史》。这是一本世界级畅销书，受到了奥巴马和比尔·盖茨这个级别的名人的推荐。但我发觉整本书在生物学、动物行为学、古人类学、考古学、历史学、社会学、现代科技的知识方面有一些似是而非、不够严谨之处。如果读者对以上学科有着广泛的认识，便可以看出书中的问题。从这个意义上来说，我非常希望我的同事赵芊里主持翻译的这套动物行为学丛书能在社会上产生影响，甚至能成为大学生的通识读物。我希望我们的读者能把这套书中的一些观点和分析方法转变成自己的常识，同时又能够以审视的态度来把握其中有待进一步发展和修正的观点，来品悟价值观如何影响了学者们在研究动物行为时的问题意识和结论，来体察当代动物行为学的亮点和可能的误区。

是为序。

赵鼎新

美国芝加哥大学社会学系、中国浙江大学社会学系

2019-9-26

相杀相爱：两性关系的演化

导论

亲和性：攻击性的真正对立面

　　科学家们偶尔也会"在月光下做事"（喻业余兼职），即从他日常的本职工作中腾出些时间来做些其他的简单的实验。那些投身到显然不重要或与本职工作不相干的研究中去的科学家却经常获得使他们几乎一夜闻名世界的意外发现。美国加利福尼亚大学动物学研究所的弗兰克·比奇（Frank A. Beach）教授成名的情况就是这样。[1]

　　1970 年，比奇教授经常听他妻子说些关于狗的事情。那时，比奇太太几乎每天都要带着她养的母猎犬杰基在伯克利的蒂尔登公园里散很长时间的步。一到了晚上，她就会告诉她的丈夫：杰基会怎样对待它在公园里碰上的公狗。有时，它对公狗们根本就不予理睬。另一些时候，它会扮演暴君的角色，让它的狂热追求者们摇尾乞怜，直到它断定公狗们已受够了为止。而后，它又会以同意与公狗们一起玩的方式来奖赏它们。

　　比奇教授认为：作为热情的爱狗者，他的妻子在理解她的狗的行为时加进了些不切实际的东西。他想，狗毕竟只是一种动物而已，而对一只雌性动物来说，一只雄性与另一只雄性并没什么好坏之别。这位教授相信：在性关系上，动物们是不分好坏、不加选择的；由此，与人不同的是，一只狗是不会觉得自己只受某些狗的吸引并拒绝其他狗所献的殷勤的。他想，一只狗最多会体验到一时的兴致，一种转瞬即逝的想或不想跟某个特定的伙伴玩耍或交配的倾向。比奇教授想要以科学的证据向他妻子证明：狗是不可能以她所描述的方式行事的。他开始做一系列的实验，但结果却证明：他妻子所说的是对的。而且，关于狗的行为，这些实验还证明了许多其他的东西。

比奇用了他自己养的 5 只公猎犬、5 只母猎犬来做实验，这些猎犬从幼年时代起就被他养在一个很大的圈养区中。在对这些狗的近距离观察中，他注意到：每只公狗都表现出了想要与所有母狗交友的愿望。由此，那些**公狗**的行为证实了这位教授的"狗**对交配对象是不加选择的**"的观点。然而，母狗的情况却与此不同。

只有一只叫作阿尔夫的公狗看来始终对所有母狗都有吸引力，这 5 只母狗的名字分别叫安妮塔、宝妮、齐莉、多拉和艾尔玛。阿尔夫是公狗们的头儿，是整个狗群中的"花花公子"。喜欢公狗邦佐的母狗则只有安妮塔与艾尔玛，其他三只母狗都拒绝它。公狗凯撒只对安妮塔与齐莉有吸引力。多拉对大卫友好，艾尔玛通常也这样。但第五只公狗恩诺却没有掌握如何与母狗交往的艺术，因而，尽管它很热情，却被所有 5 只母狗所拒绝。

每一只母狗都表现出了对某一只、两只或三只公狗的喜爱。它们对公狗的趣味各不相同，但没有一只母狗随着时间的流逝而改变它们的感情。比奇教授的实验证明了：在数年之后，每只母狗对每只公狗的反应仍然是稳定的。当年轻的母狗们第一次发情时，比奇教授获得了令人吃惊的发现。正如每一个养狗者所知道的那样，公狗们总是聚集在某只处于发情期的母狗身边。然而，对自己要选择哪些及什么样的**对象，母狗**们却**是非常挑剔的**。比奇教授所看到的母猎犬们选择以哪些公狗为配偶的事实着实出乎他的意料，让他感到吃惊。

在过去的岁月中，齐莉与阿尔夫和凯撒保持着亲密的友好关系并拒绝了其他公狗的好意。但当需要选择性伙伴时，它却会将它的两个朋友赶开而与恩诺和大卫交配。在过去的岁月中，安妮塔对阿尔夫、邦佐与凯撒表现出了喜爱之情。但当它处于发情期时，它却会突然对阿尔夫与邦佐冷落起来，而与凯撒及恩诺交配，而在平常时恩诺则是群落中的"输家"。当那些母狗不再发情时，它们就会恢复到先前的行为方式，即与它们的老朋友友好相处并以咆哮和撕咬来拒绝它们的性伙伴。

由此可见：**母狗**们是将基于个体之间的亲和感或喜爱之情的**友情**关系与基于性吸引力的**性爱**关系清楚地区**分开**来的，是将性行为与个体间的好恶之情归入不同范畴的。

诚然，在某些情况下，母猎狗们也会选择某个玩伴为自己的性伙伴。显然，有某些特征在向母狗们表明某只公狗是适宜于做玩伴还是情侣，而有些时候一只公狗是会同时满足这两种角色的要求的。不过，我们现在还不知道这些特征到底是什么。

比奇教授的实验揭示了动物们的社会生活的一个重要事实。能使两个动物个体建立并保持彼此间的密切关系的有两种极为不同的力量，即只与性有关的**性结对本能**和与性无关的**社会性结对本能**。后者是以彼此间的亲和感或互相喜爱为基础的。**性本能只有在驱使**

雄性与雌性交配的那段时间或最多在一个交配季节中**将两性联结在一起**。而**社会性结对关系则可以持续多年甚至维持终身**。

研究狗以外的其他动物的科学家们也证实了这一重大发现：在动物中存在着一种**基于**彼此间的**亲和感的社会性结对本能**。

1963 年，康拉德·洛伦茨 在他的《论攻击》一书中论证了攻击性的本能性。[2] 他在这一及其他领域的研究使他获得了诺贝尔奖。在下定决心要证明自己的观点的过程中，洛伦茨对教育与环境对攻击行为的影响可能有所忽视，而这一忽略导致了某些人对他的发现产生了误解。不过，无论如何，洛伦茨的确成功地将攻击性确立成了一种本能。

有些人错误地将性本能看作攻击性的对立面。实际上，攻击性的对立面是基于两个个体之间的亲和与喜爱之情的社会性结对本能。科学家们发现这种本能的存在还是不久之前的事情。

社会性结对本能，使雄性与雌性、男人与女人走到一块，并建立起一种**超乎**由**性需求**所建立的**对子**关系（一对一的个体间密切关系）之上的对子关系。直到最近，我们对这种本能的了解仍然不如我们对性本能与攻击本能的了解多。在本书中，我将试图对三个"理性的敌人"——**攻击性、性本能**与**亲和性结对本能**三者间的关系做一次前所未有的详审细查。我还将讨论这些本能与理性、**意志***、羞耻

---

*　"意志"是自古希腊以来流传了两千多年的（与理智和情感相并立的）心理学概念。但**现代心理学**已经**否认"意志"是一种独立的心理能力**，而认为**基本的心理能力**只有**感知、理智和情感**三种。实际上，**"意志"**是一种**目的或欲求意识**，其存在形式可以是理性的或情感的，也可以是兼具理性与情感的。在将其解析为理性或 / 和情感形式的目的或欲求意识后，意指基本心理能力但实际上缺乏科学性的"意志"概念本来应予抛弃。但在本书正文中，德文版原作者仍在大量使用"Wille（意志）"概念；为了忠实于原文，译者还是选择按其传统含义或其在上下文中呈现的含义将其译为汉语中人们所习用的"意志"。——译者注

感及我们人类对自己的行为的责任心之间的关系。

社会性结对本能的发现彻底改变了我们对爱情与婚姻的由来已久的看法。通过对这一本能在我们的生活中所起的作用的了解，我们可以弄懂男人与女人们如何才能更和谐地生活在一起。

"了解我们的本能有助于我们的社会更和谐地运行"，对这样的说法有些人也许会感到怀疑。在当代，许多人倾向于不理会人类自然演化的历史所形成的传统。他们往往相信人类的理性是万能的，而从过去的时代继承下来的本能的行为模式对现代的婚姻乃至整个现代社会都没有多大的影响。

人的理性当然是一种强大的创造性力量。然而，无视人的智力所可能产生的破坏性，其后果将是极为严重的。与任何其他事物一样，人的理智的运行也是服从自然法则的。**最终，我们并非理性的动物**。我们的智力会使得我们在一定程度上控制无意识力量，但不幸的是，迄今为止，我们想要建立一个纯然理性的社会的努力仍然未能成功。

只有在我们学会**懂得**我们自己的**本能**的情况下，我们才能**控制本能**。这本书所探讨的就是一个这样的本能——当其在两性关系中起作用时的社会性结对本能。在我将要写的另一本书中，我将讨论父母与子女以及比家庭更大的社会组织中的成员之间的关系。

要懂得那些支配着我们的非理性力量，我们就必须去研究这些力量最初在其中演化出来的动物世界。

只要步步追索演化过程，我们就会发现：社会行为的演化与繁殖行为的演化相伴相生、如影随形。随着生物的演化，繁殖行为日益复杂多样化。繁殖行为的历史起自无性繁殖，其后的发展包括雄性的"发明"、伴有同类相食行为的交配、曾经作为"正常"交配形式的强奸、亲和性结对本能的出现、各种结偶与婚姻模式的演化以及人类中类似行为模式的发展。

第一篇

关于雄性与雌性的自然实验

第一章

处女生殖

最原始的生殖形式

　　这个世界上存在着全都由雌性所组成的种族，它们是在几乎完全没有雄性帮助的情况下生存下来的。在很多方面，这些雌性会令人联想起荷马时代的传说中的阿玛宗女战士，她们是如此强壮与善战，以至于只有像赫拉克勒斯（Hercules）和阿喀琉斯（Achilles）这样的古代大英雄才能与她们打个平手。

　　在一年中的大部分时间中，那些女战士都会杀掉任何她们所碰上的男人。不过，一年之中会有那么一次，这些仇恨男人的女人会向邻近地区的男人们展示她们可以是多么可爱，只要她们想要这样。她们的生活中不能完全没有男人，因为生孩子必然需要男人。等孩子生下来后，那些女战士就杀掉所有的男孩；她们养大那些女孩子，并训练她们与所有男人作战。关于阿玛宗女战士的传说也许部分是有史实基础的，也可能只是男人们的一种古老的反女性情结的想象性产物。然而，不管人类世界中的事实到底怎样，在鱼类世界中，这种现象却是活生生的现实。在古希腊人借助想象构造出来的各种怪物和不同生物的拼合物中，实际上很少有在动物界并不真正存在的。古希腊早期是一个历史转折期，那时，人类在心智上的成长已使得他们不必再依靠神话来解释世界，而开始努力获得对周围世界的一个较为科学的理解。他们思考着世界起源、生物本性、两性关系，想象出各种与自然本身通过无数次实验所设计出来的生物极为相似的现象。阿玛宗女战士在现实的生物界的活生生的对应物，是一种与孔雀鱼有密切关系的叫"阿玛宗花鳉"（Amazonenkärpfling，中文称秀美花鳉）的鱼。秀美花鳉原产于中美洲，与人的手指差不多长。这种鱼的行为与传说中的阿玛宗女战士们非常相像，但这一点除外：成年雌秀美花鳉并无杀害其雄性后代的行为，因为它们根本就不会生出雄秀美花鳉。秀美花鳉是一种只生雌鱼的雌性鱼种。当然，它们也知道雄鱼是它们孕育幼鱼所必需的；于是，雌鱼们就"借用"与自己血缘关系密切的其他鱼种中的雄鱼。一年一度，秀美花鳉们会克服它们对异性的厌恶而去拜访近亲鱼中的雄性。在美国得克萨斯南部河流与沿海环礁湖中，这些"阿玛宗女战士"会与一种叫"玛丽鱼"的雄鱼们交配。在墨西哥东北部或淡或咸的水体中，它们所选择的交配对象则是雄黑花鳉。这些雄鱼的精子并不会真的使秀美花鳉的卵子受精。精子穿入卵细胞只是起到触发细胞分裂的作用，通过这一过程，一个细胞就会分化成构成一条活鱼的数十亿个细胞。一旦启动了这一过程，那些精子的活力就会衰退，因而，并不会与秀美花鳉的卵核相融合。由此，近亲雄鱼精子中所含的任何遗传特征都不会遗传给由这一过程产生的幼鱼。在大多数其他物种中，幼崽都是会同时继承父母双方的遗传特征的，但在这一案例中，所有的雄性染色体则全都被雌性的卵细胞"谋杀"了。这样，尽管秀美花鳉在繁殖时并没有保持处女之身，但它们却是通过未受精卵来实现繁殖的。秀美花鳉的繁殖不是（完全没有雄性参与的）一般的孤雌生殖，而是一种叫"雌核生殖"的特殊的孤雌生殖。这种奇特的孕育方式产生了一群奇特的花鳉幼体。所有幼鱼都继承了完全相同的遗传特征。每一条秀美花鳉从头到尾在任何一点上都与其所有的姐妹相像，而且，每一条秀美花鳉都是其母亲的一个小一点的复制品。秀美花鳉的繁殖是完全彻底的自我复制。它们的幼崽们根本就不从其父亲那里继承任何东西。历经千百万年，每一代秀美花鳉的遗传特征都是一样的。如果人类的繁殖也像秀美花鳉们一样的话，那么，我们人类的生活就会像是一个噩梦。在《美丽新世界》这本描述想象中的未来世界的可怕景象的书中，奥尔德斯·赫胥黎（Aldous Huxley）描述了一帮其行为模式完全来自遗传，而且每个个体都完全相同的退化了的人。在那个未来的社会中，人们用孵化器来培育"波卡诺夫斯基（Bokanowsky）"——一种在遗传和社会意义上都是低等的人，他们被用于从事工厂中单调的流水线作业。这些完全一样的人是专门被繁育出来做那种以同样的方式操作完全一样的机器的工作的。

在一些国家中，一些生物学研究机构正在做旨在确定单性繁殖是否可以用人为手段来触发的实验。我将在稍后讨论这些实验。现在，且让我们先来努力想象一下：如果人类的繁殖也像秀美花鳉一样的话，那么，我们的生活会是什么样子。

首先，人类将会是全都由女人组成的。没有了男人，女人们就不得不去与**青潘猿**或**高壮猿**[*]交配，并一代接一代地繁殖作为她们自己的复制品的后代。亲属们会生活在一个个社区中，而其中的每个女人看起来都是与所有其他的女人完全一样的。我们将会一而再，再而三地碰上同样的面孔和体态、同样的举止和言谈习惯、同样的咳嗽与笑声、同样的看法与偏见、同样的平息怒火的方式、同样的焦虑，以及穿着打扮上的同样的趣味，等等。这样的生活将会是一个可怕的噩梦。

在当今世界中，每当大选来临时，我们都会从上千块广告牌上看到候选人的脸在盯着我们。如果人类像秀美花鳉一样繁殖的话，那么无论何时，我们看到的就都是同样的脸。我们将生活在一个其中的每个字模都以一种单调到令人厌烦的、千篇一律的方式复制出来的世界中，这样的世界中将不再会有个性的存在。

同卵双胞胎们经常体验到这样一种关于一致性的强烈感受，即双胞胎中的每一个都丧失了一些自己的个性。有一次，当我问起一对同卵双胞胎他们在做什么时，他们异口同声地回答道："我们在找

---

[*] 在汉语中，四种大猿的西方语言（以英语为例）名称（Orangutan, Chimpanzee, Bonobo, Gorilla）迄今分别被通译为猩猩、黑猩猩、倭黑猩猩、大猩猩。由于这些大猿名过于相似，汉语界缺乏专业知识的普通大众乃至大多数知识分子都搞不清楚它们之间的区别，因而经常将这些词当作同义词**随意混用或乱用**，从而给相关的言语交流和知识传播带来很大的不便与危害。为了解决这一困扰华人已久的问题，经长期考证，译者提出一套**大猿名称的新译名**：一、将Chimpanzee音意兼译为**青潘猿**；其中，"猿"是人科动物通用名；"青潘"是对"Chimpanzee"一词前两个音节［tʃɪmpæn］的音译，也兼有意译性，因为"**潘**"恰好是这种猿在人科中的**属**名，而"**青**"在指称"黑"［如"青丝（黑头发）""青眼（黑眼珠）"中的"青"］的意义上也有对这种猿的皮毛之黑色特征的意译效果。二、将Bonobo意译为**祖潘猿**；因为这种猿的刚果本地语名称"Bonobo"意为（人类）**祖先**，而这种猿也是潘属三猿之一，是青潘猿和（可称"稀毛猿"的）人类的兄弟姐妹动物，而且是潘属三猿之共祖的最相似者。三、将Gorilla意译为**高壮猿**；因为这种猿是现存的猿中身材最为**高大粗壮**的。四、将Orangutan意译为**红毛猿**，因为这种猿是现存的猿中唯一体毛为棕红或暗红色的猿，红毛是这种猿与其他猿最明显的区别特征。——译者注

相杀相爱：两性关系的演化

我们的鞋。"其实，当时那对双胞胎中只有一个找不到他的鞋，但他们两个却表现得像是他们是同一个人的两半似的。

在秀美花鳉式的人群，而不只是某一对同卵双胞胎中，将会有成千上万个全都彼此协调一致的人，就像他们全都是同卵多胞胎似的。这些完全一样的人甚至会比同卵双胞胎们更加觉得自己不像是个体。或许，他们甚至已经不再意识到他们是些个体。他们会像同样是由固定的遗传模式构成的昆虫社会中的居民们一样忘我工作。而且，他们还会成为极权主义国家的理想"公民"。某些人，如那些蛊惑民心的政客、军事家、广告经理人、民意调查者、经济规划部门，以及任何试图组织起团体来做某种事的人，也许会喜欢生活在这种千篇一律的刻板的社会中。然而，那些管理护照的官员和追踪罪犯的警察却会因此而在需要将人们一个个区别出来时深感头疼！

我有意描绘了这样一幅夸张的景象以便向人们展示出在"雄性被创造出来"之前这个世界像是什么样子。

在生命演化史上，大自然"发明"出雄性来是相当晚近的事。生孩子的是雌性。没有雌性就不会有后代。然而，正如我很快就要解释的，雄性是可轻易地被弃置一旁的。在地球居民中，最早出现的性别肯定是雌性。雄性的发明使得繁殖过程得到了一定改善，但与此同时，也产生了许多问题。

虽然这种看法会触犯雄性或男人的自尊心，但夏娃其实并不是用亚当的一根肋骨创造出来的。事实恰恰相反。而且，作为物种遗传的奢侈品，雄性的发明带来了许多严重的问题。事实上，我们可以说：正是雄性的存在，而非所谓的吃禁果，才导致了昔日的天堂不复存在。秀美花鳉的生活向我们展示了没有雄性的世界是什么样子的。这种鱼没有个性。然而，一条秀美花鳉看起来与另一条一模一样的事实，就其本身来说根本谈不上是一种悲剧。这种鱼的生活看起来像是一个噩梦，只是在人们思考以下问题时才能成立：如果我们以同样的方式繁殖的话，人类生活会是什么样子。

在演化的过程中，大多数物种都已发现：分化出雄性来是具有优势的。为什么秀美花鳉中没有雄性呢？是因为这一物种尚未演化到分化出雄性这一步，所以表现出了一种原始的生活形式吗？秀美花鳉是胎生鱼类家族中的一员。它的所有的近亲鱼种中都存在着雄性。然而，这些雄性却都是同类相食者。每当它们看到一条雌鱼在生幼鱼时，它们就会游到那雌鱼的肚子底下，而后，在那些幼鱼刚来到这个世界时就狼吞虎咽地一条接一条地吃掉它们。

为了防止那些雄鱼吞食它们的幼崽，胎生鱼类家族的雌鱼都会在生孩子之前寻找一个躲藏的地方。鱼群越大，那身为母亲的鱼想要找到一个能安全躲藏的地方就越难。换句话说，在某个特定区域中生活的鱼的数量越多，那些在出生后就立即会被吃掉的幼鱼的数量也就越多。雄鱼的同类相食行为是作为一种残酷的生育控制方式起作用的，为的是防止物口*过剩。

秀美花鳉就不必担心会有同种的雄鱼来吞食它们的幼崽。除了暂时离开它们的领域去与近亲鱼种中的雄性们交配并在交配后立即回家外，它们避免与任何雄性接触。它们会用鳍猛击任何胆敢跟在

---

*　"物口"是译者给德文或英文单词"population"用于非人动物时的汉译名。在现代汉语中，"population"通常被译为"人口"，但这种译名若用于非人动物则会造成语义和逻辑混乱（如"旅鼠或蝗虫人口过剩"之类的说法）。为避免出现这一问题，译者主张将用于非人动物的"population"译为"物口"（其中的"物"是"动物"或"物种"的简称）；在涉及具体动物时，则以该动物名或其简称代换"物口"之"物"的办法来翻译该词，如"鸟口""鱼口""鼠口""蝗口"等。——译者注

它们后面的雄鱼。秀美花鳉所表现出来的并不是一种未能发展出复杂精致的繁殖方式的原始生活形式。相反，它们已经获得了一种能防止幼崽被同类相食的雄性所吞食的特殊的适应能力。无论如何，这一物种向我们展示了：在没有雄性的情况下，一个动物社会是如何生存下去的。

一些作为普通金鱼的祖先的鱼类群体也全都是由雌性组成的。这些全都由雌性组成的社会已经在乌拉尔和高加索山周围地区——如俄罗斯的莫斯科附近、罗马尼亚——以及德国的勃兰登堡等地被发现。毫无疑问，这样的动物社会在其他地区也会存在。

也许，秀美花鳉是由某种原本既有雄性也有雌性的鱼种演变而来的。要发现那些没有雄性的另类物种的真实详情，我们必须回溯数以亿年计的演化史。这些物种代表着非常原始的生命形式。不过，我们得一开始就弄清楚一件事情：繁殖行为的演化，并不必然呈现为生命形式不断地从初级向"更高级"演化的一种稳定、连续、渐进的过程。诚然，在一定程度上，我们有理由认为"进化"即朝着进步方向的演化。毕竟，某些诸如性别、雄性的发明已经被证实在较晚近的物种的发展中是不可缺少的。但另一方面，生命演化的历史上也充满了明显的"退化"和返祖现象，在这些现象中所出现的特征是会被人类看作不怎么先进的。例如，灰雁是实行一夫一妻终身制的，而这种动物中的许多与性有关的问题——像同性恋、卖淫、不忠等——都会使人想起人类中的同类问题。然而，人类在动物界中的最亲的近亲之一、比灰雁要更"高级"的青潘猿则是过自由的性爱生活而不是实行一夫一妻制的，在两性关系方面，青潘猿与人类的相似程度还不及灰雁与人类的相似程度。（在此，我得提醒一下提倡自由性爱的人：不要轻易断言在演化的等级上这种形式的性行为是必然比一夫一妻制更高级的。）由此，演化并不服从人类的道德要求。也就是说，人类不应想当然地认为：在性道德上，较高等动物也必然是高出较低等动物的。

影响性行为的因素很多：双方的攻击性，平息彼此的攻击性、激发彼此的信任感和抑制彼此的逃跑欲望的能力，性生活的和谐程度，以及亲和性对子关系的强度等。此外，环境因素也起着决定性作用，因为食物供给、敌人多寡、气候与地貌等条件也会促成某种特定形式的两性关系。最后，动物自己也会通过教学来习得并传承适当的性行为形式。例如，日本短尾猴就既能适应父系社会也能适应母系社会。

影响动物生活的因素的多样性，使得我们难以对动物的行为模式做出分析，也难以对类似的行为模式在人类生活中所起的作用做出判断。因此，本书的读者们应该将这一点牢记于心：各种动物的演化所牵涉的过去与现在的力量是错综复杂的。

起初，生物世界中并不存在雄性，也不存在性行为。最初的生物都是无性繁殖的。要理解这一事实，我们首先必须懂得繁殖是什么性质的活动。

我们可以将繁殖界定为，某些大蛋白质分子准确地复制它们自身的生物化学性能的表现及其结果。如我们所知，包括几百万种各具特色的动植物在内的所有的生命，以及雄性与雌性的分化，都是蛋白质分子以其所可能的、最高效的方式复制它们自己的结果。

在我们这个星球上的生命史刚刚开始的时候，大自然就倾向于尽可能准确地复制所有现存的生命形式。在数十亿年前，当地球还是单细胞生物的家园时，那时的地球生物是无所谓雄性与雌性的。所有那些微小的、用显微镜才能看到的生物都是中性的，它们中的每一个都以分裂成两个完全相同的个体的形式来进行繁殖。

通过分裂来进行的生殖使得由此而产生的生物体具有两个令人嫉妒的优点，即永远年轻和某种意义上的不朽。如果一只阿米巴（变形虫）去寻找自己的祖先，那么，即使回溯上亿年，它也不会碰上一具祖先的尸体。当我们在显微镜下看到一只阿米巴时，我们所看到的可能是个仅仅在一个小时之前刚出生的生物，它的出生就是作为其父母的那个细胞分裂成了两半。那个身为父母的细胞则是昨天在身为祖父母的细胞分裂成两半时出生的，而那个祖父母细胞则是两天之前出生的，以此类推。由此，通过回溯数十亿代阿米巴的繁殖史、直到最后追溯到那第一个单细胞生物出现的时候，我们就可以描绘出一只阿米巴所属家族的完整的树状繁衍图。

从来都不曾有过任何一只现在活着的阿米巴的直接祖先死亡过。如果一只阿米巴死了，那么，它就不能再分裂，也就不可能有后代。有毒物质、饥饿、不利的气候条件以及以阿米巴为食的天敌从来都不曾要过那些身为父母的阿米巴的命，而只要过它们的双胞胎兄弟的命。然而，一只阿米巴虫的不朽只是在它已活过数不清的岁月这个意义上说的。我们不可能预言它在未来也是不朽的。关于它的未来，我们所能唯一稳妥地做出的预言是：它不会因年老而死亡。如果它不饿死、不被天敌吃掉、不中毒或被恶劣气候所害的话，那么，这种微小的生物就会永远年轻，因为生物学的经验法则告诉我们：只要一个生物体不停止生长，那它就不会衰老。

许多人都会对巨龟经常能活到300岁而人类很少能活到100岁

感到疑惑。答案是：巨龟们一直到死前几年才停止生长。在200岁时，它们仍然在生长，只不过不像20岁时生长得那么快了而已。它们的**持续生长**就是它们**保持年轻**的秘密。能活到100岁的鳄鱼也是这样；毫无疑问，恐龙同样如此。加利福尼亚巨杉直到死前不久才停止生长，它们可以活到4 000岁那么大的岁数，能生长到超过100米的高度。

我们只能在显微镜下看到那微小的阿米巴。尽管它从来没有变得很大，但它却能够持续生长长达数百万年。一旦它的身体达到一个临界尺寸，它就会分裂、生长，再分裂、再生长，如此循环不已；而且，只要我们这个星球上的生命还没有全部灭绝，它就还会继续生长下去。

单细胞生物的简单结构，使得它们能够自我分裂并持续不断地自我更新，从而使它们永远年轻与不朽。可惜的是，多细胞生物不能以这种方式运作。放弃年轻与不朽是高度发展的生命形式为它们的复杂化所必须付出的代价。获得与失去总是并存的，这一法则同样适用于生命演化史。随着生命形式变得更加复杂，因年老而死亡的现象也就在这个世界上出现了。

在多细胞生物产生前，大自然已经在单细胞生物的繁殖行为方面取得一种革命性创新，即无性的（指尚未出现性别差异的生物个体之间的）性行为。

鞭毛虫就是表现出了无性的性行为的生物之一，这是一种通过类似于毛发的鞭毛的振动来在水中推动自己前进的单细胞生物。鞭毛虫是一种梨子状的、通常以自我分裂的方式繁殖的生物。然而，有时，某个这种微小的生物也会用它的身体的尖锐的一端，猛地刺

相杀相爱：两性关系的演化

进另一个同类的圆球状的底部，并藏身于其中。接着，这两个生物体就融合成了一个个体。人类中的情侣们有时会幻想他们两个能够完全变成同一个人。对某些原始生物来说，这种幻想就是现实。

两个生物体融合之后不久，新的个体就以自我分裂的方式进行繁殖。于是，就像魔法书中所写的那样，首先是两个变成一个，而后一个又变成了两个。

这种梨子状的通过融合来繁殖的生物代表着"雄性"与"雌性"的出现吗？到底什么是雌性，什么是雄性呢？

我们可以将雌性界定为能产生卵子的个体，而将雄性界定为能产生精子的个体。根据此定义，那些互相融合成一个个体并以这种方式进行繁殖的生物是无性的。然而，我们又可以将这种能从同类的后臀部进入其体内的生物体看作一个精子细胞，而将它的同类看作一个卵细胞。在这一意义上，这两个生物体实际上又的确分别成了雄性与雌性个体。然而，如果那个所谓的"雄性"碰上了另一个伙伴，它可以同样容易地扮演起"雌性"的角色，那么相应地，另一个同类就成了"雄性"。由此，"无性的性行为"这一术语意味着：两个没有确定性别的生物体，表现出了某种类似于性行为的行为。

尽管鞭毛虫还没有确定的性别，但它们的确已经表现出了特化即雌雄分化的苗头。在显微镜下，科学家们已经发现：这种微生物的圆球状的臀部有一个深色的圆圈，那是一种供伙伴们瞄准用的"靶子"一样的东西。那些具有这种圆圈状标记物的微生物会表现出一种扮演雌性角色的倾向，而那些没有这种标记的微生物则表现出了扮演雄性角色的倾向。当然，其中小一点的"雄性"会把大一点的"雄性"当作雌性来对待并会溜进它的体内。此外，一个"雌性"

也经常允许另一个"雌性"爬进它的体内。不过，从来不曾有过某个小个子"雌性"刺入某个大个子"雄性"体内的事情。由此可见，这种生物的"雌雄"双方中只有一方可以转换其性别角色，而不是双方都可以自由转换。

在鞭毛虫中，一个"父亲"或"雄性"与一个"母亲"或"雌性"融合成了一个中性个体，而这个中性个体又以分裂的方式进行繁殖，至少起初时是这样的。但那个由两个个体融合而成的个体却成了一种全新的生物。它既包含着来自"父亲"的成分又包含着来自"母亲"的成分，它兼有其父母双方的成分与性质，又与其父母中的任何一个不完全相同。它是具有其自身的独立性的一个个体。

这一新现象代表着演化史上的一次革命。它意味着：身为父母者不再充当用来复制成千上万完全一样的后代的模板，而是作为遗传调色板上的许多色彩鲜明的颜料之一起作用。

无性性行为的发展加速了演化。从此以后，生命形式可以在无须等待有益突变的机遇的情况下变化与发展。通过融合，两个个体便可以创造出一个具有一整套新特征的个体；而等到这一新个体成熟时，又会轮到它创造新的生命组合并由此创造更新的生命个体。

有时，为了创造新的个体，单细胞生物并不真正互相融合。它们可能只是简单地交换"经验"，某些致病细菌就会这样做。通常，这种单细胞细菌是通过分裂来繁殖的。然而，有时候，两个细菌会像两条并排停靠的船那样靠在一起，通过一种"纯洁的"或无性的"性行为"——通过彼此的细胞壁来交换遗传物质——来进行相当于性行为的接触。而后，那两个微生物就会各走各的路。不过，这时它们已经是两个新的个体，因为它们体内的遗传物质已经发生了

相杀相爱：两性关系的演化

变化。

有一种会引起斑疹伤寒的细菌会产生对某种特定的抗生素的抗药性，而后，通过一种名副其实的集体"性"狂欢行为将这种抗药性传递给它的同类。结果，那种抗生素对治疗那种病不再有效。这种形式的"微生物性行为"对那些细菌自己来说是有利的，但对医药界人士来说却成了一个严重问题。

多细胞生物的出现使得繁殖问题更加复杂。突然间，单个细胞的分裂就不再代表着个体数量的增长。取而代之的是，新出现的多细胞生物中的所有细胞都只对一个个体的生长有贡献。在这种新情况下，生物又如何繁殖后代呢？

很有可能，经过数百万年，自然界才演化出了对这个问题的解决办法。从逻辑上看，多细胞的生命形式的出现似乎是不可能的。因为其中包含着一个两难困境：究竟是先有鸡还是先有蛋呢？

如果不能孕育后代，那么，多细胞生物便不能存在。而多细胞生物能够演化出某种繁殖方式的前提是这种生物已经存在。因而，严格说来，这样的生物本来应该是根本不可能存在的。

尽管如此，不可能的事还是出现了。它是怎么发生的，我们不知道。在自然这个伟大的实验室里制造出来的某些早期物种中，有少数物种一直活到了今天。关于在遥远的过去这个世界上曾经存在过些什么，这些物种可以给我们一些提示。令人吃惊的是，其中的一些物种与古希腊神话中的怪物具有惊人的一致性。

根据传说，那时候，在今天的阿尔戈斯（Argos）附近的沼泽地里栖居着一条九头巨蛇。它叫许德拉（Hydra）。每当有勇敢的战士砍下它的一个脑袋时，那个伤口里马上就会长出两个脑袋来并将那个勇士吞噬掉。

　　事实上，这样恐怖的怪物确实存在。不过，只是对水蚤来说它们才是恐怖的，因为"怪物"的身长最多两厘米，这便是水螅。

　　尽管它们身材短小，但这些池塘、水洼中的居民却能做某些古希腊神话中的怪兽所不能做的事情。如果它们的触手被割掉了，那么，那只触手原来所在的地方就会重新长出几只触手。而且，那只被切下来的触手还会长成一只完整的新水螅。如果我们将一条水螅切成 200 个微小片段，那么，从那些不过像尘埃微粒那么大的水螅残片中就会长出 200 条水螅来。水螅是可通过断体方式来繁殖的。

　　如果一条鱼在吃一条水螅时吧嗒吧嗒地将它嚼碎并将水螅的碎

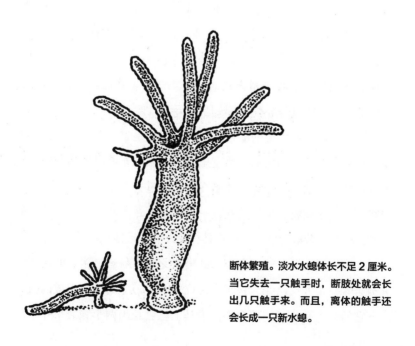

断体繁殖。淡水水螅体长不足 2 厘米。当它失去一只触手时，断肢处就会长出几只触手来。而且，离体的触手还会长成一只新水螅。

相杀相爱：两性关系的演化

屑撒进了水中，那么，这条鱼就会为其"受害者"带来"子孙满堂"的结果。

不过，在一般情况下，水螅是通过"发芽"的方式来制造后代的。水螅的腹部会生出芽状的凸起或者说胞芽，这个凸起会变成一个水螅宝宝，并最终脱离母体。对水螅宝宝所附着并要最终脱离的母体，我们可以同样称之为父体，因为对这种动物来说，雄性也能生孩子！

区别一条水螅是雌性还是雄性的唯一方法是看其在种群数量爆炸期间的行为。食物充足、天气暖和的时候，某个水域中的水螅的数量就会每天翻番。这个时候，它们是以芽生的方式来繁殖的。水螅呼吸时要排出二氧化碳，这些二氧化碳会积聚在水体中。当这种气体达到临界浓度时，它就会变成一种性刺激素：在它的作用下，在此之前无性的水螅便会临时性地变为雄性与雌性。在二氧化碳的作用下，水螅"腹部"外侧会出现隆起，水螅是雄是雌就看那包块中产生的是精子还是卵子。精子和卵子一旦成熟便会被排入水中。从那时起，卵子是否会受精就要看机遇了。

由此，在出现水螅数量过剩时，这种无性别生物就会突然转变成有雌雄之分。当水螅数量达到无灭绝之虞的时候，这种动物才可承受得起"奢侈"的有性繁殖。当水螅数量萎缩到一定程度时，这些水螅又会重新变成无性的。

当然，在这种情况下，我们不能在原本的意义上谈论水螅的性别，而只能说它们在一定条件下临时性地具有了类似于雄性与雌性的特征。

这一转变的优点显而易见。只有在水螅密度很大的情况下，那些在水中自由漂动的精子和卵子才会有机会相互碰上，受精现象才可能出现。在水螅数量过剩的情况下，有性繁殖比无性繁殖更有优势。这是为什么呢？娇弱的水螅及其芽体在寒冷的天气下会死去。也就是说，它们无法在欧洲、西伯利亚或北美越冬。但它们的受精卵却能在历经寒冬后生存下来。这样，偶尔出现的有性繁殖使得水螅在热带地区之外，也能在地球上较寒冷的地区繁衍生息。

而在其他物种中，无性繁殖可能更具优势。为了避免灭绝，蚜虫必须在春夏两季快速繁殖，它们没有可能将时间浪费在觅偶、求爱、交配这样的事情上。这样，在这两个季节，大量雌蚜虫聚集在一起，吸吮植物嫩枝的汁液。在从未与雄性接触的情况下，这些雌蚜虫所生下的幼虫当然也都是雌性的。

就像单细胞生物与秀美花鳉一样，雌蚜虫也按照某个已然确定的范本制造复本来批量地繁殖后代。这些身为"处女"的动物所制造的后代是与它们自己一模一样的复制品。

在阴冷的秋季，雌蚜虫又开始分娩。它们扭动着身体产下雄幼虫，不久，这些雄蚜虫就开始与雌蚜虫交配了。这种远非纯洁的怀孕方式使雌蚜虫由生孩子的处女变成了产卵的雌性。与水螅的情况一样，在冬天，只有虫卵才能过冬，而所有的蚜虫都会死掉。

若一种动物的生殖方式在两性生殖与单性生殖之间交替转换，动物学家们就会称之为异质生殖交替。

应该强调指出的是，有性生殖的原初目的并不像有些人经常声称的那样是防止近亲繁殖。实际上，性别及有性繁殖的出现是为了使生物能以受精卵的形式在寒冷的气候条件下安然过冬。自然界没有必要创造出某种专门措施来禁止生育，因为由近亲繁殖而导致退

　　　　　　　　　　　相杀相爱：两性关系的演化

化的动物是不可能长期存在的。

而在热带，昆虫们没有必要生产能过冬的卵，而且，对物种的延续来说，雄性也是没有必要存在的。因此，在热带地区，许多动物都是在对雄性几乎无所依赖的情况下存在并延续下来的。

例如，在生活在亚马孙流域的动物种类中，某些竹节虫、锯蝇、瘿蜂和姬蜂都是雌雄比为 1 000∶1 的动物。在其中的某些动物中，有时从受精卵中只生出雌性后代来，另一些时候，又只生出雄性后代。由此，雌性大量过剩与雄性大量过剩的时期交替出现，似乎这些昆虫对到底哪种状况更好无法做出抉择。

蜜蜂和蚂蚁就不生活在这样的混乱状态中。在它们的社会中，雌性是从受精卵中孵出的，雄性则是从未受精卵中孵出的。一种信号系统控制着不同社会等级成员的繁殖，以使任何一个社会阶层的成员都不多不少正好是那个群落所需要的。

在澳大利亚，有一种叫斑点安基乐（Anchiole maculata）的竹节虫。在持续几代孤雌生殖后，那些雌性后代会由于不明的原因而变得不育。这时，要使虫群免遭灭绝，那些雌虫就必须找到雄虫。

某些种类的叶虫和袋蛾中的雌性在有雄性的情况下会与它们交配。而在雄性短缺的情况下，那些雌性也无意于做"墙花"（喻指社交场合中无伴而独自靠边站者）。这时，它们就会直截了当地以孤雌生殖的方式来繁殖后代，而且专生雄性，等这些雄性成熟后，它们就可以与群内的雌性交配了。这些雌性昆虫是以一种 DIY（自己动手）的方式来解决繁殖问题的：它们自己制造出雄性而后与之结婚！

在引述这些稀奇古怪的性行为时，我绝不是想要糊弄读者，而只是想要表明：自然界是一个巨大的实验室，在这个实验室中，两性间的关系已经历过无数的形态变化。被环境影响所修改的本能的行为模式，决定着对每一物种来说最适合的繁殖方式。

我对叶虫和袋蛾的繁殖行为的上述讨论也许会让读者感到疑惑：雌性生物究竟是怎样凭孤雌生殖生出雄性后代来的呢？毕竟，秀美花鳉的例子所告诉我们的是：孤雌生殖所创造的是与母亲一模一样的复制品，因而，所有的后代肯定也都是雌性的。关于袋蛾的研究已经为这个问题提供了答案。雌蛾的卵细胞中有两个而不是一个细胞核，细胞分裂时两个核融合成一个核。于是，那个卵细胞就能以通常的方式演变成一只幼虫了。

在袋蛾的例子中，从一开始，雌性的卵细胞中就储备了应急用的雄性的精子。如果卵子未被某个雄性所受精，那么，储存在卵细胞中的"雄性替代品"便行动起来，使卵子发育成雄性后代。

有时，会有女士（从来都没有男士）来问我：人类是否也可以通过孤雌生殖来繁殖。对男人来说，这个问题中隐藏着不祥的暗示，因为如果人类也能孤雌生殖的话，那男人就无须存在了。

多年以来，人们一直相信，孤雌生殖只出现在昆虫和最低级的动物中。现在我们知道，这种想法是不对的。例如，秀美花鳉就是一种脊椎动物。此外，动物学家们还发现孤雌生殖也出现在高加索地区和亚洲西部的安纳托利亚的三种岩蜥蜴，以及中国与里海之间地区的鞭尾蜥蜴中。这些动物都是由雌性组成的。这些雌蜥蜴不像秀美花鳉那样通过与其他亚种中的雄性交配来激活胚胎发育。它们直接产下未受精的蛋。从那些蛋中孵化出来的都是雌蜥蜴，或者什么都没有孵化出来。通过检查那些未孵化的蜥蜴蛋，动物学家们发现：那些蛋中有已经死亡或残缺不全的雄性胚胎。在这些蜥蜴中，雄性在被孵化出来之前就"流产"了。

由此可见，孤雌生殖并非"雄性"发明之前才存在的一种原始的生殖方式，而是从已经同时拥有雄性与雌性的物种中演化出来的。由于某些未知的原因，某些物种中的雄性已被事实证明是对其所属的物种有害的或根本就是多余的。（顺便提一句，那些在努力寻求这个问题的答案的科学家统统是男的。）

20世纪60年代，科学家们成功地在脊椎动物中引入了孤雌生殖。[1] 当时用来做实验的动物是火鸡、兔子和老鼠。这方面最成功的研究是由苏联研究者们进行的。1970年，他们将金属电极贴在母老鼠的卵巢上，用电脉冲刺激卵子。在全身麻醉的情况下，母鼠下腹部被剖开，以便插入电极。电流刺激不久之后，卵细胞便开始分裂。不过，这个胚胎只生长了7天就死了——这可能是手术与连续不断的观察所造成的。目前，用这种办法来繁殖活鼠的可能性看来微乎其微。因此，迄今为止在人类中引入孤雌生殖也是不可能的。

然而，一旦科学家们在一个新领域中开始实验工作，他们就会打开许多条研究途径。男科学家们私下里肯定已经对这样的想法感到惊恐不安：终有一天，哪怕这一天还很遥远，孤雌生殖可以借助人为手段在人类身上得到实现，而那时男人将会成为多余的。因此，他们已经开始致力于"雄性单性生殖"实验：先将卵细胞里的胞核吸出来，然后将雄性的精子细胞置入其中；由此，雌性染色体被全部从卵细胞中排出，并由雄性染色体取而代之。为了扭转女性占上风的局面，一些男科学家正在努力创造一个男人支配女人的程度比现在更甚的世界。然而，即使在男人占统治地位的全盛时期，女人仍然需要被用来生产卵子，因此，他们不可能将女人完全消灭掉。

对他们来说，这是多么遗憾的事啊！

此外，即使是由一个只包含雄性染色体的卵发育而成的生物体，仍然会继承其母亲的一些特征。因为除细胞核内的染色体外，细胞质也在一定程度上决定着后代的特征。这就是公马和母驴杂交所生下的后代是驴骡，而公驴和母马杂交所生下的后代是马骡的原因。在这两种情况下，杂交产生的后代都像母亲而不是更像父亲。

人们经常忘了这一基本的遗传法则，并错误地相信孩子的性状一半是从其母亲那里继承下来的，一半是从其父亲那里继承下来的。其实，那适用于马和驴子的法则同样也适用于人类。所有孩子的遗传性状都更多地来自母亲。

另一些有关卵子和精子的科学实验也有助于说明这一事实。例如，科学家们已经能做到将含有雌性染色体的细胞核从卵细胞中拿掉，而后，在其中置入另一种动物的精子细胞。也就是说，他们在试图引发不同种动物之间的雄性单性生殖行为。这便是所谓的无核卵块发育。

机警的读者会注意到：这种实验可以被用作在实验室中进行的、两性之间的战争的武器。无核卵块发育实验可以被用作反对女性的武器。如果可以通过将人类的精子移植到其他动物的卵细胞中去的方式来繁殖人类的话，那么女人们便可以从孕育与生孩子的重负中解放出来。然而，基于同样的理由，女人们对人类这个物种的存在来说也就变得不必要了。那将真正是个纯粹由男人组成的世界。

不过，无核卵块发育的动物实验至今也只在蝾螈身上取得了有意义的成果。在实验中，普通的平滑蝾螈的卵子中被注入掌状蝾螈、阿尔卑斯山蝾螈、冠毛蝾螈的精子。但由此而产生的胚胎却从未发育到能不依赖于母亲而独立生存的阶段。卵子与精子之间的种间差别越大，胚胎停止生长的时间就来得越早。由于雄性的染色体中所包含的遗传信息与雌性卵子细胞质中的遗传信息不匹配，那些被改造过的卵子只能发育成无法生存的畸形或残废的动物。

由此，迄今为止那些试图通过遗传操控手段来剥夺雌性存在的生物学理由的努力全部都以失败而告终了。遗传学家们所发动的性别之战陷入了停滞状态。

现在，我们必然会问这个问题：雄性到底有什么用呢？除了各种孤雌生殖的全都由雌性组成的动物，以及雌雄比例为 1 000 : 1 的动物外，在世界上的大多数动物种群中，"世界的主人们（谑称男人或雄性们）"都占了一半。它们消耗了环境中可供给的一半食物资源，但它们又为自己所属的种群提供了什么呢？

它们帮助养育孩子了吗？在动物界，很少有雄性帮助雌性养育孩子的动物。在面对异种之敌时，它们为自己的同类提供保护了吗？当它们的确提供保护时，这样的保护通常是效果相当差的。在面对同种之敌时，它们为自己所属群体中的成员提供保护了吗？如果一个物种中没有雄性的话，那么，该物种也就无须由雄性来提供旨在对抗来自同种的其他群体的雄性敌人的保护。由此可见，雄性存在的唯一正当理由就是有性繁殖所提供的优势。那么，这种优势存在于什么之中呢？

秀美花鳉的例子告诉我们：如果所有的后代都是其母亲的一模一样的复制品，那么这个世界会是多么单调。但是，每个个体的独特性真的构成了一种生物学上的优势吗？个性崇拜不会只是人类所特有的一种偏见吗？如果每一种动物都是以一个最高效的可复制百万次的"模特"为范本复制而成的，那么，事实上，这不是更具优势吗？人类欣赏并称赞个性。但个性不过是演化的一个副产品，而不是演化的动力。

我们已注意到：借助性接触进行的遗传信息的交换使得某些细菌变得对人类所制造的药物具有抗药性。可见，性行为加速了物种演化进程。然而，生物数学家们通过将突变率、群体规模及自然选择效应考虑在内的计算得出结论：有性繁殖开始加快演化速度的前提是，动物种群的成员必须达到上亿个。而当种群的**物口**少于1亿时，雄性的存在只会减慢而不是加快演化速度。

不过，有性繁殖的确有一个高出其他繁殖方式的优点。如果在某种孤雌生殖的动物中出现了某种有益突变，那么新特征要传遍整个物种得花相当长时间。"旧版本"的动物逐渐消失并被"经过改良的新版本"的动物所逐渐取代。直到整个物种都是由"改良版本"构成的，这个物种才能从另一个有益突变中获益。

而在种群成员数量足够大的条件下，有性繁殖则可使一个物种同时获得两个或更多有益特征而不必等物种中的大部分旧个体都消亡。由此看来，尽管有性繁殖的优势看似很少，但事实上，这种优势是如此巨大，以至很少有物种不曾演化出雄性，尽管这一事实对某些热衷于女权运动的人来说可能是令人痛苦的。

相杀相爱：两性关系的演化

第二章

雌雄一体

雄性的创生

鳄鱼礁是美国佛罗里达群岛中的一个小珊瑚岛，一个由棕榈树、沙滩、海浪和湛蓝的天空所构成的天堂。

当加勒比的海水盖过头顶时，带着水中呼吸器的潜水员就会发现他已置身于另一个天堂，一个《天方夜谭》中的乐园。在水下 3~8 米深的地方，潜水员会碰上大片大片色彩艳丽的海葵，那些海葵在随着海浪的节奏摇摆着。海水与火红的珊瑚和海绵一起激荡起伏着，翠绿色的植物盘旋环绕在海胆群的周围。在深水区，状如剃须刷的银莲花展开它们的冠状花朵，看起来就像是一个个东方的华盖。五彩斑斓的带鲃（佛罗里达鲃）鱼群在一座珊瑚礁边跳着舞，那集体舞的造型就像是个仙人圈。在那里，潜水员看到的最大的动物是一条 15 厘米长的看起来像一道火焰的鱼，它的一身鳞衣闪动着明亮的橙色，在其中点缀着深蓝色的斑点，并分布着与它的鳍的白色顶端相匹配的白色条纹。那条火焰似的鱼在另一条色彩不起眼得多的鱼身旁徘徊着。毫无疑问，那大一点的是条雄鱼，它正在向一条雌鱼求爱。我们就称它为保罗吧。

当保罗与它的宝琳（指那条雌鱼）齐头并进时，它开始像一只鼓一样地振动起来。与此同时，它的女伴开始排卵，那些卵子在水中漂浮着往下沉，看上去就像一个个小小的肥皂泡。接着，保罗释放出一股乳白色液体，给那些卵子授精。

接下来，我们看到的是一番不同寻常的特异景象。在那些卵子受精几秒钟后，保罗身上的亮橙色"火光"开始闪烁并熄灭。那些深蓝色斑点开始长大，直到雄鱼的整个身体转变成点缀着紫色的靛蓝色。黑色的边缘使得它的闪亮的白色的鳍也变得暗淡起来。与此同时，宝琳在一眨眼间就换上了它的情人刚才所"穿"的那种火焰似的"服装"。

宝琳现在看起来和行动起来都像条雄鱼，它围着保罗打圈圈，进行着所有的求爱仪式。突然，保罗排出了一堆卵子，而宝琳则将精子喷在这些卵子上面。

由此，这两条鱼的变化可不只是表面的。在卵子受精后，雄鱼立即就变成了雌鱼，雌鱼则立即就变成了雄鱼。带鲌是雌雄一体的，而且，它可以在几秒钟内改变其所扮演的性别角色。它是雌雄同体的，就像古希腊神话中的（神的信使）赫尔墨斯与（爱神）阿佛洛狄忒的那个传奇式的亦男亦女的子女一样，他或她后来变成了既是林中仙女们的恋人，又是男性牧神们的热忱的爱慕者。

在现代，在水下用鱼叉捕鱼的人们在大批地杀死珊瑚礁上的鱼类，从而使那儿的鱼类数量锐减。带鲌的变性能力有助于保护这一物种。当两条带鲌相遇时，即使两者是同一种性别的，它们也能交配，因为每一条都能在一瞬间变成异性。事实上，通过互换角色，每一对鱼伴侣都能交配两次。此外，如果一条带鲌未能碰上另一个它的同类，

　　　　　　　　　　　　　　　　相杀相爱：两性关系的演化

那么，它就先产卵，而后就立即变性并排精，从而使它自己的卵子受精。这样，一条雌带䲁就能自己充当自己的雄性配偶。

这种鱼透露出了演化史上的下述事实：也许，雄性的存在会被事实证明是对某个特定物种有益的，但两种性别具体落实到不同个体身上的做法则绝不是必需或必然的。事实上，某些物种看来已经发现，作为雌雄同体者过生活也是有其优势的。

带䲁并不是唯一能变性的鱼。在䲁科、隆头鱼科、鲷科等科的鱼中，有许多种鱼都是雌雄同体的。不过，这些鱼变性的速度没有带䲁那么快。

䲁科鱼类包括巨大的鞍带石斑鱼，这种鱼体长可达4米，重可达0.5吨。当其3岁左右达到性成熟时，大部分鞍带石斑鱼是雌性的。随具体种类而定，大部分䲁科中的雌性会在约5~10岁变成雄性。动物性别从雌性到雄性的转变被称为"雌性先熟（雌性特征比雄性特征先成熟并先表现出来）"。

在许多种䲁中，雄鱼其实就是较年长时的雌鱼。这种动物群体都是由年轻的雌性与较年长的雄性组成的，它们中根本就没有年轻的雄性或年长的雌性。

在变成雄鱼之前，雌鱼要经历一些转变期。在150余种䲁中，某些会经历非雄非雌的阶段，另一些则会经历较短时期的雌雄同体阶段。这些转变期的经历时间长短随䲁种类的不同而不同。在带䲁中，这种转变期只有几秒钟，而且，在许多年内，这种鱼都可保持其变性能力。

隆头鱼科甚至比䲁科更加令人称奇。在某些隆头鱼中，竟然有两种雄性。其中，第一种雄性是性成熟时为雌性并在维持雌性身份一些年之后转变而成的雄性，第二种雄性是"原初的雄性"，即诞生时就是雄性的雄性。由此，在雄性创生史上的某个时刻，这种"真正的雄性"曾经是与雌雄同体者并存并一起演化的。

在社会等级序列中，这两种雄隆头鱼拥有不同的社会地位。原初的雄性是"他—男"：它们体形大、体格强壮、色彩鲜艳、攻击性强、善于在海床上筑巢。而那种由雌性变成的雄性则体形较小并保留了一部分雌性所具有的单调而暗淡的保护色彩。它们体侧的三条水平方向的条纹就是其较低的社会等级的标志。这种标志具有平息那些原初的雄性的攻击冲动的作用。有时，那些具有雌性气质的雄鱼也会试图去筑巢，但它们总是做不好这种事。它们的社会角色其实相当于是那些原初的雄性的谦卑副手。

当屋主在家时，它的副手就会顺服地在鱼穴附近徘徊，而不会进入穴中。而当主人外出去看它的三到五个其他的鱼穴时，看守鱼穴、以免被强盗抢占就成了它的任务。当然，在原初的雄鱼外出时，或许会有某只雌鱼朝鱼穴游过来。在这种情况下，那个"仆人"就会表现得像一条与其主人一样的雄鱼了。

在发育后不久，原初的雄鱼就会摆出一副王者的样子。它们凭借自己的攻击性、体力优势和支配行为来统治其他个体。只有借助如此这般强行占有支配**权** *的方式，雄鱼才能将自己从仅仅作为雌鱼

---

* 在政治学语境中，英语词 Right 和 Power 或对应的德语词 Richtig 和 Macht 通常被分别汉译为**"权利"**和**"权力"**。在汉语中，**"权利"**与**"权力"同音**，又都可被简称为**"权"**，因而人们常常**混淆**并**混用**这两个词。权利或 Right/Richtig 的核心含义是行为主体可做什么的资格，即行事资格，而非利益（尽管资格可与利益相关）。因此，为突出其行事资格含义，译者主张：将**"权利"**改称为或将**"Right/Richtig"**改译为**"权格"**。**"权格"**中的**"权"**与**"格"**同义，都意为（行事）资格；将**"权"**与**"格"**捏合为一个词只是为了顺应现代汉语词已大多双音节化的自然演化趋势。在现实生活中，无论东西方，普通大众乃至大部分理论家实际上

相杀相爱：两性关系的演化

交配伙伴的低下地位提升到较高地位。如果雄性未能获得比雌性卵子的授精者更高的地位，那么，它们就会过着一种很不幸的生活。在许多种蜘蛛中，一旦交配结束，雄蜘蛛立即就会成为其配偶的口中食。而雄蜂一旦与雌蜂一起举行它们的飞行婚礼，那么，它们所能做的就是消耗而非获得精美的食物；因此，它们就会被逐出蜂巢并死在被流放的途中，或者干脆被蜇死。

我们已注意到：在鮨中，雄性是从雌性转化来的。这一事实是否意味着雄性是一种比雌性更高级或更先进的生命形式呢？

其实根本就不是这么回事。在别的物种中，也有雌性是由雄性演变而来的。例如，在非洲热带地区生活着一种叫作玛瑙螺的蜗牛，它们看起来就像是普通的食用蜗牛的"巨人版"。这种蜗牛有时会重达 0.5 千克，它随身带的"房子"则会高达 20 厘米。食用蜗牛是雌雄同体的，两个蜗牛可以同时互相使对方受精。而玛瑙螺则在大约 6 周到 1 岁大时是雄性，后来才变成雌性。这样，在这种情况下，雌性就显得是比雄性"更高级的"生命形式了。

从雄性到雌性的性转变被称为"雄性先熟"。

有些动物的性别取决于体形大小而不是年龄。例如，每一个曾

大多是在管理资格意义上使用"权力"或"Power/Macht"一词的，因而，"权力"或"Power/Macht"的实际含义其实通常是"管理权格"，而非某些理论家所界定的（个体或组织对他者的）行为影响力。从"权力"概念产生的心理过程看，译者认为：行为影响力意义上的所谓"权力"其实是人们基于根深蒂固的隐喻思维，仿造自然力虚构出来的一种犹如魅力、亲和力、性吸引力等心理层面的比喻性"力量"，而非诸如水力、电力、磁力、重力等在意识之外实际存在的力量。由于人们通常所说的"权力（Power/Macht）"实指管理权格而非行为影响力，因而，为了"权力"概念能切合实际并避免相关的语用和理解上的混乱，译者认为有必要对其重新界定：**权力**即（机构、职位或个体的）**管理**或支配**权格**。由此，"权力"是一种**权格**，因而统一于权格。基于上述理由，译者主张：应将"权力"改称为或将"Power/Macht"改译为"**管理权格**"［可简称为"**管（理）权**"］。此外，在权格分别与地位或利益密切相关的情况下，译者选择将"权格"分别表述为"**权位**"或"**权益**"。——译者注

在北海（欧洲西北部海域）度过假的人都碰上过学名叫绿沙蚕、俗称为海虫的沙蚕。这种动物只要身体少于 20 节，就会维持其雄性之身并产生精子。而当它长到超过 20 节时，它的身体就会产生卵子而非精子。由此，在这种动物中，年轻的全都是雄性，而体形较大的成年者则全都是雌性。如果我们将雌性的身体切掉一部分使其少于 20 节，那么，它立即就会重新变成雄性。而且，如果我们将两条雌性沙蚕放进一个装了半瓶沙子的罐头瓶中的话，那么，其中较小的那条就会重新变成雄性，这样，它就可以使剩下的那条雌沙蚕的卵子受精了。爱的咒语施加在它身上的力量使得它能魔法般地改变自己的性别。

除绿沙蚕外，另一种动物也似乎能利用（古希腊神话中的）喀尔刻女巫的魔杖。在大多数动物中，受精时染色体的偶然的组合模式决定着后代的性别。但在有一种动物中，幼虫是中性或无性的。它既能变成雄性，也能变成雌性。只要被雌性所触碰，这种中性的动物就会变成雄性。

潜水员们已经在地中海的岩石海床上发现了这种奇特的动物。这种动物中的雌性是绿色的，大小大致相当于一条腌黄瓜。从其一端伸出一个约 1 米长的吻*，吻又在其末端展开为两片，就像大黄茎上的两片叶子。这种雌虫就是被称为绿叉螠的螠虫。

绿叉螠的幼虫不像它们的母亲，它们很小。一开始，它们只能随波逐流。如果碰巧能碰上它们的母亲的长吻，那么，它们就会黏附在那吻上。几天之后，它们就会变成只有几毫米长的雄虫。这时，

---

* 吻：动物口器或头端凸出的部分。如原生动物、纽形动物以及一些昆虫都有吻。——编者注

相杀相爱：两性关系的演化

雄虫会停止生长，并像一个小脓包似的在相对说来体形巨大的配偶身上过着依附生活，它会逐渐进入雌虫的肠子并最终进入输卵管，那里就是它命里注定的生存之地。在那里，它变成了它的配偶的一个组成部分，靠雌虫体内的养分过着寄生的生活；在那里，它做的唯一的事就是给那些像流水作业线上的零部件似的、从那儿经过的卵子受精。

在一条雌螠虫体内曾经发现过多达 85 条这种短小的雄螠虫。在自己的卵子发育成幼虫后，那母亲就会用它的魔杖去碰触它所有的孩子，将它们转变成自己的丈夫，而它将与这些丈夫一起过着终身的一妻多夫的生活。

然而，某些幼螠虫会在海中漂流上一年也遇不上一个与自己同类的雌性。如果发生这种情况，那么，它们就会逐渐长成它们正在

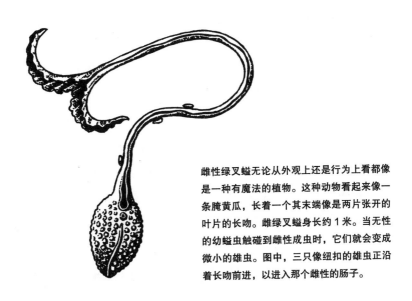

雌性绿叉螠无论从外观上还是行为上看都像是一种有魔法的植物。这种动物看起来像一条腌黄瓜，长着一个其末端像是两片张开的叶片的长吻。雌绿叉螠身长约 1 米。当无性的幼螠虫触碰到雌性成虫时，它们就会变成微小的雄虫。图中，三只像纽扣的雄虫正沿着长吻前进，以进入那个雌性的肠子。

寻求的那个东西，即那些找不到雌性来将自己转变成雄性的幼蟵虫就会自己变成雌性。

没有一个在沉思默想着遥远星球上的事物的科幻小说家能想象得出一种比绿叉蟵与其配偶更奇特的两性关系，而如此奇特的两性关系竟然就活生生地存在于这个地球上！虽然它们可能显得奇怪，但绿叉蟵的交配方式却是非常高效的；因为这种方式既能够控制种群数量的增长，还能够防止雄性过剩和雌性短缺。

那微小的雄蟵虫——住在其妻子卵巢内的寄生者——实在是雄性特质的完美典范。它的身体是专门为方便生产精子而设计的。在它身上，没有任何与雌性的体质和功能相像的地方。

这一事实听起来是不可思议的：在生命的最初阶段，绿叉蟵在体质上的可塑性居然如此之强，以至于它可以同样轻而易举地变成一个雄性或雌性；而后这两种性别的个体在身体的大小、形状与生理功能上的差异又是如此不同，以至于它们看起来简直就不像是同一个物种的成员。蟵虫是两性异形现象最极端、最典型的例子。也就是说，雄性与雌性具有完全不同的体形，而且，每种性别的个体的体形都是与其特定的性的功能相适应的。

这样看来，以下设想或许是合乎逻辑的：在大多数动物中，雄性与雌性都会呈现出完全不同的身体构造与行为。然而，在高等动物中，两性的体形差异显然不可能很大。较复杂的动物需要传承多种多样的遗传特征。在这种情况下，可被用来构造性别特征的基因就相对很少了。由此，在高等动物中，雄性与雌性在许多方面都是相似的。

在一种特定的动物中，雄性与雌性之间的相似性越强，雄性的雌性气质及雌性的雄性气质也就越强。而且，这种相似性越强，区分雄性与雌性的难度也就越大。在稍后的章节中，我将讨论起初性别不明的动物。

在动物界，雌雄同体与只有一种性别之间的差别并非截然分明。例如，青蛙看起来是只有一种性别的，然而，我们不能说这种动物是纯雄性或纯雌性的。如果对一只雄蛙实施阉割，那么，它不会像被阉割的男人或公牛一样变成无生殖能力的阉人或阉牛，而会变成雌蛙。此外，若食物缺乏，那么，雌蛙就会直接变成雄蛙并停止繁殖，因为在那种情况下，即使生下了孩子，也没东西可吃。

人类中男女之间的差异其实并没有人们通常所认为的那么大。众所周知，有不少这样的事例：有些生而为男人的人会逐渐变为女人，反之亦然。当然，这样的人通常得经历一番外科手术，以改变其身上所保留的那些原初的性别特征。

人类中的雌雄同体者会产生几乎一样多的雄性与雌性激素。不过，他们也可能随时会产生更多的某种性别的激素。

人类中会出现假两性畸形。在这种情况下，这个人会拥有某种性别的生殖腺却又表现出许多另一种性别的身体特征。在 20 世纪 60 年代，我们就看到过这样的新闻标题：某个看起来像女人的技能高超的运动员实际上是个男人。

同性恋是性别身份模糊现象的一种较为温和的形式。在某个短暂或很长的时期，一个男人会体验到女人对男人的情感反应从而感受到男人对自己的性吸引力。同样，一个同性恋女人会感受到男人对女人的相应的反应。由此，同性恋可说是一种部分的雌雄同体现象。当同性恋者表现出与自身生理性别相反的性取向时，他或她会体验到两性中的某一种性别对异性的情感。

当一个幼儿在性激素变得不稳定而又受到环境因素的影响时，他或她就会轻易地跨过两性间的情感界限，并像个异性那样对这个世界上的事物做出反应。在这种情况下，他或她就会变成一个同性恋者。在我将写的一本关于亲子关系的书中，我将进一步讨论这个问题。

现在，我只想指出：许多动物必然也会面对同性恋问题。这一事实证明：**同性恋并非**一种不道德现象，同样也非一种变态或**病态现象**。事实正好相反，在自然界中，同性恋其实是**一种普遍现象**。

第二篇

吸引与排斥的种种信号

第三章

一见钟情

结对本能的发现

凯（Kai）是一个 19 岁的身体结实、对人友善的年轻人，他正在跟他的第六任女朋友谈恋爱。尽管他所喜欢过的女孩子们在许多方面都各不相同，但她们都有一个共同点，即都有着一张圆形、线条柔和、看上去很温和的脸。每当凯看到一个具有这类特征的女孩子或她的照片，他就会觉得被她所吸引。

凯自己一点都不像他所欣赏的女人们。相反，他长着一张看起来严肃并精力充沛的脸和一个显得坚毅的下巴。他的女友们都喜欢他的这些显得有点严峻的特征。

在约会服务所和婚姻介绍所工作的人大都知道：**人们常常被相貌特征与自己相反的异性所吸引**。在科学史上，最早发现这一事实并进行研究的是一个研究人类对天气的反应的**生物气候学家**。

几十年前，曼弗雷德·库里（Manfred Curry）注意到：天气暖热时，某种类型的人会变得烦躁、易怒，而另一种人则会对寒冷的天气产生消极反应。[1]他还**发现：怕热的人常常会与怕冷的人结婚。**

根据是对暖热气候还是寒冷气候敏感，库里将人分为**热敏型**与**冷敏型**两种基本类型。热敏型的人往往长着圆形的脑袋、带有酒窝的丰满的脸颊、大眼睛、圆滑而鼓起的前额和肥厚的双唇。通常，他们的嘴角也是上翘的。

冷敏型的人的特征恰好相反。他们长着长而窄的脑袋、绷紧的面颊、平坦而多皱纹的"富于理智的"前额，以及往往紧闭着的两片薄唇。他们的嘴角大多是往下倾斜的。

大多数人属于**"杂交型"**，兼具这两类人的特征。例如，一个基本上属于热敏型的人其眼睛可能具有冷敏型的人的特征。尽管如此，这一**经验规律**还是适用于包括"杂交型"在内的每一个人：一个人的**热敏型或冷敏型特征越明显**，其配偶所具有的**相反特征就越明显。热敏与冷敏特征各具一半的人往往会与同一类型的人结婚。**本书的读者们不妨试着分析一下自己所认识的那些夫妻，看看他们的结合是不是服从这一规律。

许多人都已经注意到这一事实：人的脸型各色各样，脸型相反的人往往会彼此吸引。然而，这一点还没有得到科学的证明。毫无疑问，我们都知道：有些人的情况看来并不符合这一规律。

凯也是一个例外。23岁那年，他结婚了，但新娘却是一个与他以往总是欣赏的女性相当不同的人。他的妻子是个平平常常的人，他们两个的婚姻看来是乏味的。

男人会和与他一直喜欢的那种类型相差很大的女人结婚，许多从事计算机约会安排工作的专家对这种倾向都已经感到绝望。我相信：人们经常与那种不是"他们所喜欢的类型"的人结婚，是因为

相杀相爱：两性关系的演化

他们不懂得体质类型相反的人之间所具有的相互吸引力的意义。

"一见钟情"，或者说**对一个体质类型与自己相反的人的发自本能的爱慕之情**来自一种无意识的喜爱之情。突然之间，两个人体验到一种理性无法解释的亲如手足的关系。罗马神话中将这种体验描述为两个人同时被爱神丘比特的箭射中了。

一种**本能法则**规定着**相反者相吸**。而通常这种吸引力都是互相的。起初，一方会想方设法向另一方献殷勤，另一方则会进行各种预备性仪式活动——假装拒绝另一方的求爱并以各种方式考验他。最后，被求爱的一方就可能会对投桃者报之以李。

这种本能性的**亲和感**构成了（社会性）**结对本能的情感基础**。那么，到底什么是结对本能呢？

1965 年，动物行为研究史上发生了一个划时代的历史事件，那就是结对本能的发现。在我看来，这一发现比此前 15 年中出现的关于攻击性的所有论著都更能使我们看清楚人类的行为。可惜的是，至今为止，对结对本能大多数人仍然一无所知。尽管事实上所有的社会行为最终都起源于这一强大的内驱力，但大多数动物行为学家至今仍然无视它的重要性。

海尔格·菲舍尔（Helga Fischer）认为：**结对本能在动物行为中起着基础性的作用**。她说："至今，人们仍普遍接受这样的看法，所有社会行为都源自性、攻击与逃跑'本能'。然而，就灰雁的行为来说，这种观点已被证明是错误的。灰雁们的社会关系植根于另一种本能，那就是结对本能。卡彭特（Carpenter）、沃什伯恩（Washburn）与德沃尔（DeVore）、阿尔特曼（Altmann）、古道尔（Goodall）等人认为：这一本能在维系着密切社会关系的其他动物

（如灵长目动物）的行为中可能同样起着作用。"[2]

本书的目的就在于描述结对本能及其在动物与人类的结偶与婚姻行为中的作用。

正如菲舍尔在上面那段话中所说明的，结对本能与性无关*。此外，她还认为：包括雌雄对子关系在内的社会关系并不是性驱力而是另一种独立的本能所导致的结果。菲舍尔曾以一些简明扼要的语句描述过的**结对本能**的发现会在一定程度上**有助于人们看清楚当代的婚姻问题**。现在，许多人的婚姻都是失败的，因而，许多孩子是在父母之间已经没有爱情的家中长大的。在某种程度上，现代婚姻的危机也许是由错误评估了那些真正使人们结合在一起的力量所引起的。**对什么是持久的伴侣关系以及如何才能造就持久的伴侣关系的无知，导致了许多人去寻求那种于己不合适的伴侣。**

根据弗洛伊德的精神分析理论，人类的所有行为都是由性本能支配的。现代的社会改革者们也常常将由解除性压抑和性禁忌而来的自由看作建立更美好社会的关键。

甚至，某部20卷的现代百科全书的作者们也对什么才是真正构成"**月老的红线**"的东西感到困惑。这套百科全书中论及性现象的一卷中这样写道："与性器官密切关联的性本能使得物种的繁衍成为可能，并导致了爱情及持久的伴侣关系的产生。"[3]难怪会有那么多人**以为性的吸引力**就**是持久婚姻的**唯一可能的**基础**。

在这本书中，我将阐明，性本能与基于亲和感的结对本能是两

---

* 根据后文（及相关的生活经验），性关系是否和谐也会影响到当事者对对方的亲和感的有无或强弱，从而影响着当事者的结偶意愿。由此，此处的"结对本能与性无关"这一表述实际上是不够准确的。准确的表述应该是：**结对本能与性没有必然相关性**（结对本能与性可相关也可不相关，可在性或性关系之外独立存在）。——译者注

相杀相爱：两性关系的演化

种完全不同的力量。有时，这两种本能可以共存并互相影响，但亲和性对子关系绝不是起源于性的。

结对本能是作为一种社会化力量而起作用的。纯粹的性本能所起的作用恰恰相反。它使得两性聚到一起来交配，**但性关系只能持续几分钟**，而且，其性质主要是攻击性的。**交配后**，两个动物就像此前一样**彼此疏远**。如果性行为与结对本能不相干，那么，它就会具有卖淫或强奸的性质。

性欲望的表现集中在颈部以下的身体部分，亲和感的表现则集中在脸部。性本能驱使两个动物或人去满足生理需要，结对本能则促使人去寻求友谊或伴侣关系。

回到我们原先讨论的问题。是什么导致了许多约会服务机构替人们安排了不合适的配对对象呢？凯又为什么会进入一个不幸的婚姻呢？

在打算结婚前，凯无意识地听凭自己本能的对异性的相吸共鸣感或自然的亲和感，来指导自己与女性的关系。但当他开始为自己寻找婚姻伙伴时，他却错误地认为，**性吸引力**才是充满爱情的幸福婚姻的保证，并因此而找了一个其魅力**主要在脖子以下**的妻子。

我们已经注意到：相反者相吸。所以，热敏型的人会本能地喜欢冷敏型的人，体质类型相反的人也会互相具有性吸引力。不过，在性方面互相吸引的人并不一定在冷热敏感性的类型上也是互补并相互吸引的。换句话说，**亲和力**并不总是与**性吸引力**携手并进、步调一致。冷敏型的男人可能会被热敏型的女人的面容所迷住，但在性方面会感到兴味索然，甚至反感。出于同样的原因，一个男人或女人可能会在性方面被某个面容并不讨自己喜欢的人所吸引。在海因里希·伯尔（Heinrich Boell）写的一个故事中，男主人公先用毛巾将妓女们的脸遮住才与她们做爱。[4]

　　人们在考虑结婚时常常会将多得让人眼花缭乱的**许多事情都考虑在内**。他们会对金钱、对婚姻是否有助于提升社会地位、对谁当家掌权、对双方是否都想要孩子等等患得患失、忧心忡忡。然而，**方方面面都兼顾并不能保证婚姻一定幸福，性吸引力同样不能提供这样的保证**。成功的婚姻必定有赖于夫妻双方间的某种强有力的个体间关系。

　　如果两个人基于性吸引力而结婚，那么，这两个人就很可能都是占有欲强的，就会像一般人一样很容易就互不喜欢，还可能都会成为嫉妒的牺牲品。从根本上看，嫉妒来自伴有使伴侣感到内疚的性方面的自卑感。

　　人们常说：爱情绝不可能是经久不变的，当爱情之火熄灭时，责任感会迫使婚姻双方保持忠诚。但不幸的是，当爱情从婚姻中退出时，很少有人能抵挡得住移情别恋的诱惑。许多私人侦探主要是靠追查夫妻间不忠行为的证据来赚钱过活的。尽管如此，**爱情不可能长久**的说法仍然是**不准确的**。*的确，**性吸引力**（及单纯的性伴侣关系）**是不能持久的，但**（由基于亲和感的结对本能铸就的）**亲和性对子关系是能持久并使一对夫妻长久相伴的**。

　　结对本能是比性本能更强大的内驱力。动物之间的性关系显示，在短时间内，性激情会比亲和性对子关系中的喜爱之情更强大，但

---

*　作者认为：爱情是基于亲和性**结对本能**、一方对另一方或彼此觉得**亲密和谐**并欲**相伴**时产生的**情感**，是**持久**乃至可维持终身的。而基于性本能、由性欲望的满足产生的情感是短暂的。在作者看来，"爱情不能长久"的说法其实是在混淆上述两种情感、**将性快感误当成爱情**的情况下产生的。——译者注

相杀相爱：两性关系的演化

性激情只能持续较短时间。如果原先两人之间的亲和性对子关系很牢固，那么，偶尔的不忠并不能摧毁这种关系。只有当亲和性对子关系不牢固时，不忠才会导致离婚。如果这种关系足够牢固的话，那么，即使配偶双方已共同生活了很多年并且彼此都知道对方的各种缺点，这种关系仍然会持续下去。甚至，在配偶之一已亡的情况下，这种关系依然会在未亡人心中存在下去。

就像其他形式的本能行为一样，亲和性对子关系也是在动物演化史早期就已发展出来了。若想发现它的根基，我们就必须把目光转向动物界。

如果没有"一见钟情"，那么，大多数动物就无法生存与繁衍。它们的生命短暂，而它们的学习能力也很有限。只有本能才能告诉一只蜉蝣其性伴侣看起来应该像什么。它不可能去照镜子，先看清楚它自己的样子，而后去寻找另一个与自己相像的动物个体。而且，它当然也不会知道它为什么得去与其他的同类个体交配。

因此，大多数动物肯定天生就内置着它们的性伙伴的某种"标准照"。当它们突然看到某种特别吸引自己的东西时，在不知为何的情况下，它们就会不惜任何代价地朝它跑、飞、游或爬过去，就像一个"一见钟情"的人所做的那样。

动物们天生就有的"标准照"通常不会是一张完整的肖像照。一个动物个体必须具有高度复杂的神经系统才能凭本能识别某个形体的所有细节。像昆虫这样的小动物是无法记住如此复杂的形象的。由此，许多动物实际上是凭对某些特别醒目的**标志**的感知来识别性伙伴的。

例如，一只处于爱情饥饿状态的苍蝇会朝任何（1）苍蝇般大小的（2）黑色的东西飞过去。每个人都观察过圈养动物的围栏中的苍蝇的行为。一只雄蝇不仅会飞落在其他雄性及雌性苍蝇的身上，还会飞落在螺丝钉的钉头上或一小堆动物粪便上。它可能会在犯过许多错误后才真正找到一只雌蝇。不过，在某个苍蝇成堆的围栏中，它迟早都会是个幸运儿。

臭虫的交配就要危险得多了。因为它们的交配有时就等于谋杀。雄臭虫的性器官就像一把有一个急弯的弯刀。它并不试图将它的性器官插入雌性的张开的生殖器中，而是危险地将它的性器官刺入雌性的背部并将精子释放到它的血液中，血液会将精子传送到生殖器官中。有时，雄臭虫的确会因此而杀死雌臭虫，不过，它的伤口通常是会康复的。通过清点一只雌臭虫背上的伤疤数目，我们可以知道它的交配频率。甚至雄臭虫的背上也有这样的伤疤，因为臭虫无法区别雄性与雌性，因而，一只雄虫与另一只雄虫"交配"的事也经常发生。雄臭虫会刺入任何（1）臭虫般大小的（2）黑色的（3）平面形状的东西。当然，注入雄性体内的精子是不会产生后代的。

在较高等动物中，关于性伙伴的"标准照"已被设计成能避免臭虫中所出现的那种认错"人"的情况。这样的"标准照"已使得动物个体能识别同物种的成员并能区别雄性与雌性。

例如，在黑暗中寻找配偶时，热带与亚热带萤火虫就不是凭身体状貌而是凭一套闪光信号系统来识别同种异性萤火虫的。

在美国南部，生活着许多种萤火虫。这些微小的空中"书法家"已演化出一种能使它们避免认错"人"的复杂的通信密码。如果不是因为这套密码，雄萤火虫或许就会与异种的雌萤火虫交配。每隔5.7秒，北美萤火虫就会在空中升降一次，由此"画"出一幅由一系列小峰小谷组成的飞行图。每当到达谷底时，它就会点亮它的黄绿色小小灯笼，直到到达下一个峰顶时，它才会将灯光熄灭。就这样，它不断地在一片黑暗中书写着大大的字母"J"。

在一种与北美萤火虫同属不同种的萤火虫中，雄虫所"画"出的飞行图中的峰谷则比较低矮，而且，当它沿着波形线往上飞时会发出三次闪光。在同为阜提萤属（Photinus）的萤火虫中，另一种萤火虫中的雄性则在空中直线飞行并每隔 0.3 秒发出一次闪光。这一属中的第四种雄萤火虫也是直线飞行的，它们每隔 3.2 秒用光划出一条弧形轮廓线。在阜提萤属的第五种萤火虫中，雄虫采用 Z 字飞行模式并每隔 2.7 秒闪亮一次，在这段时间中，它们会在夜空中"书写"出六个微小的"M"字母。阜提萤属的雄萤火虫像直升机一样在空中盘旋，一开始发出的光较弱，后来则越来越亮，在求偶飞行表演达到高潮时，它所发出的光则会突然熄灭。

这六种光信号编码方式当然还不是萤火虫的灯光表演节目的全部。萤火虫大约有 2 000 种，每一种都有它自己的灯光闪动模式。编码的意义随着灯光的色彩、光动轨迹的形状、每两次发光之间的时间间隔、每次发光持续时间的长短以及发光时光强度的调节方式而变化。

不会飞的雌萤火虫等待在草丛中。如果它们辨识出了与自己同种的某个雄性的灯光密码，那么，它们就会点亮自己身上的"着陆信号灯"，并以此来作为对雄性所发出的信号的回应。如果雄萤火虫在发出光信号时发生了即使是很小的错误，那么，雌萤火虫就会继续待在黑暗之中而不给任何回复。

即使最小的信号错误也会使得雄萤火虫无法吸引性伙伴。通过对演员和哑剧演员的表演行为的观察，我们都知道，一个人的几乎觉察不到的面部表情的细微变化都可能使得我们对某个我们此前一直喜欢并信任的人突然失去信任。同样，雄萤火虫的信号错误也会使得雌萤火虫不信任它。

通常，雌萤火虫会以发出一次短暂的闪光的方式对雄萤火虫的信号做出回应。然而，若要雄萤火虫能认出它来，那么，它就必须在精确的时间点上发出信号。雌北美萤火虫必须在雄虫发出信号后恰好 2.1 秒时点亮它的灯。在另一种萤火虫中，这个间隔是 2.2 秒。由此，如果雌北美萤火虫迟或早了 1/10 秒亮灯，那么，雄萤火虫就会从它身边一飞而过。我已说过萤火虫大约有 2 000 种。在大多数种类的萤火虫中，雌性是在 0.2 ~ 4 秒之间发出光信号的。由此，0.2 ~ 4 秒之间的间隔是很"挤"的。为了避免出错，不同种类萤火虫的计时系统必须是绝对精确的。

在妖扫萤属（*Photuris*）的萤火虫中，有一种萤火虫中的雌性是肉食性的。它们利用闪灯式信号编码来获得肉食。这种雌萤火虫蹲伏在黑暗草丛中等待着猎物及情人。如果一只肉食性雌萤火虫辨认出一只妖扫萤属的雄萤火虫的信号，那么，雌虫就会在恰好 2.1 秒之后闪亮起它自己的灯，等着雄虫来到自己身边，而后吃掉它。这种雌萤火虫能识别至少 12 种萤火虫的信号编码并能用正确的"口令"对每一种雄萤火虫的信号做出回应。它们实在就是动物界中的塞壬（古希腊神话中善歌唱的海妖），只不过它们是用亮光而不是歌声来引诱雄性。

这种肉食性雌萤火虫的行为透露出了关于使动物们能识别性伙伴的本能图式的一个重要事实。在正常条件下，这种图式是能相当

图中展示的是萤火虫们在某个亚热带地区的某处旷野上空举行的焰火表演。每种萤火虫中的雄性都会将它到来的信号打给在草丛中等着的雌性看。这种信号是由对每种萤火虫来说都是唯一的某种闪光模式构成的。本书正文中已对多种不同的信号模式做了详细描述。

有效地起作用的。然而，动物们也常常无法将真实事物与相关模拟物区别开来。这样，一种通常有助于它们正常生存的信号也可能会导致它们走向毁灭。

有时，人类也会陷入同样的陷阱之中，被骗子们的花招所欺骗。例如，那种承诺跟人结婚的骗子。当这种骗人的绅士被带上法庭并面对 10 个或 20 个被他骗财骗色的女性时，她们都很可能会原谅他，因为"他是那么好的一个人"。一个假装的信号已使得她们迷了眼。

有些人也许会觉得我所描述的萤火虫的行为与人类的行为之间的相似性有些牵强附会。然而，我并不是想要把我们所知道的关于动物的事实应用到人类身上，而是想要探讨动物与人类共同的行为模式的基础是什么。同样的行为意味着其中有同样的规律在起作用。构成人类与动物的蛋白质是同样的基本要素——氨基酸。同样，人类与动物的本能与行为模式也具有一定的共同的要素。亲和性结对本能就是这样的要素之一。此外，**我们都更容易从观察他者而非自我观察中学会了解事物**。由此，**研究动物能极大地促进我们对人类自身的理解**。

在昆虫们无法看到彼此的形貌的夜晚，它们必须借助光来互相联系。这样，萤火虫就将其配偶的身体这一相对复杂的形式简化成了一种简单的符号。不过，即使在白天，仍然有许多物种的成员借助于某些抽象化了的符号来识别自己的配偶。例如，在加拿大东北部的巴芬岛上，银鸥生活在与三种近亲冰岛鸥、北极鸥、塞耶鸥很近的地方。这四种鸟彼此之间的相似程度实在太高，以至于人类几乎无法区分它们。这四种鸥都是实行一夫一妻制的，但它们都只是在交配季节才交配，一年之中的其他日子则是各自独处的。尽管这

　　　　　　　　　　　　相杀相爱：两性关系的演化

些鸥之间非常相像，但银鸥从来都不会犯与别种鸥交配的错误。

显然，使雄性与雌性银鸥能互相识别对方的不是翅膀羽毛的灰色调，因为当科学家们将它们的翅膀染成其他颜色时，这种鸥仍然会选择与自己同种者为配偶。那么，银鸥到底是怎样识别性伙伴的呢？

巴芬岛上的四种鸥的眼睛周围都有眼圈。眼圈宽度仅 1 毫米。同种的鸥是根据它们的眼睛和眼圈的颜色来互相识别的。银鸥的眼睛是浅黄色的，其眼圈的颜色则在暗黄到浅棕之间变动。塞耶鸥的眼睛的颜色与银鸥的一样，但其眼圈是浅黄色的。冰岛鸥的眼圈的颜色与银鸥的相同，但其眼睛是深黄色的。当一只银鸥碰上一只别种的海鸥时，它看上去显然不想与之发生性关系，就像一个人不会想与红毛猿发生性关系一样。

一个科学家只需通过给鸥的眼圈漆上更"有魅力的"颜色就能打破不同种类的鸥之间的社会性屏障。同样，眼圈颜色的变化也可摧毁此前一直和谐的鸥的婚姻。

在做关于银鸥的眼圈颜色的实验期间，美国动物学家尼尔·格里芬·史密斯（Neal Griffith Smith）获得了一些惊人的发现。[5] 在一只雌银鸥找到配偶之前，史密斯将它的眼圈漆成了一种较深的颜色。雄银鸥们似乎对颜色较深的眼圈并不反感，事实上，一只雄银鸥后来成了那只雌银鸥的配偶。接着，那个动物学家加深了一只雄银鸥的眼圈的颜色。结果，那些雌银鸥变得完全不愿意理它，自然，它也就不可能找得到配偶了。

然而，在交配过之后，雄银鸥与雌银鸥的行为则会颠倒。这时，如果雌银鸥的眼圈被漆成较深的颜色，那么，它的配偶就会拒绝它。

雄银鸥会因为这种颜色上的变化而不能"原谅"它，因而，这对伴侣就会吵架并且分手。但如果眼圈颜色被漆深的是雄银鸥，那么，雌银鸥倒是会原谅它容貌上的那点毁损的，不会因此而试图离开。

我们难以解释鸥在交配前后的行为变化。尽管这样，史密斯的实验还是告诉我们这样一个事实：那些设计好了用来吸引配偶或令配偶反感的信号在不同的时间产生了不同的效应。根据它来自雄性还是雌性，同样的信号具有不同的意义。而且，在交配之前与之后，来自同一配偶的同样信号也会产生不同效应。

雄鸥与雌鸥在行为上的这种变化会让我们想起来要去问一问：为什么结婚前后男人与女人在行为上也会表现得如此不同？我们常常听到这样的说法：一旦人们结了婚，他们就会放松下来，不再努力去给对方以深刻印象。这种放松常常产生一种除幻去魅的作用。例如，当一个男人看到他妻子在没有化妆的情况下看起来什么样子时，他可能就会感到失望。**化妆、发型、服装样式等都会强化或改变那些吸引人或让人反感的自然信号**。正如海鸥与萤火虫的情况所显示的那样，即使标志性信号的细微变化也会使其效应发生根本变化。通过改变发型或停止修眉，一个女人看起来就会像是个与她以前看起来不同类型的人。结果，她和她的丈夫就会吵架，尽管从表面上看他们所吵的是些与她的发型或眉毛毫不相干的事情。

结对本能的发现给了我们一把可用来理解人类的心理化妆现象的钥匙，而且，或许还能帮助我们避免某些类型的婚姻问题。

在无声电影时代，许多美国电影明星都怕改变自己的化妆造型或以不同于公众已经习惯的角色出现在人们面前。许多试图扮演其他"类型"的角色的演员立即就会被公众拒绝。在葛丽泰·嘉宝

相杀相爱：两性关系的演化

（Greta Garbo）的最后一部影片《双面女人》中，她扮演了两种女人。一个是"良善的"、单纯的、充满活力的滑雪教练，另一个类似于嘉宝最经常扮演的那种角色——夜总会歌手或荡妇。在这部影片中，那个荡妇与其说是女主人公还不如说是个女恶棍。这样，观众无法认同这是嘉宝扮演的"典型"角色。结果，这部影片惨遭失败，嘉宝也因此放弃了她的电影生涯。

当代的电影明星们也往往本色出演或再三地扮演同一类角色，而不是冒险去扮演多种类型的角色。

动物们并不理解那些设计好了用来吸引潜在的配偶并让其他种类的动物反感的符号的意义。实际上，这些符号是直接作用于动物的感官的。这种符号有许多种形式。面部特征、眼睛的颜色、闪光、气味、滋味、声音与音调、姿势、灿烂阳光下光彩夺目的色彩展示等都会对潜在的性伙伴具有近乎魔力一般的效果。

让我们来看一个昆虫世界的简单事例。雄果蝇是通过给雌果蝇"唱情歌"来获得芳心的。只有雄果蝇的歌声的音调不高不低恰到好处时，雌果蝇才听得到它的请求。

果蝇有 2 000 多种，它们总是群集在腐烂的水果周围。微小的果蝇只有大约 2 毫米长。许多种果蝇都是彼此极为相像的，即使专家也只有借助显微镜来检查它们的内部器官，才能将它们区别开来。然而，一只雌果蝇根据一只雄果蝇所跳的求爱舞就能识别它是不是自己的同类。雄果蝇是在雌果蝇的背后而不是前面跳求爱舞的。它仿效雌性的脚步，将脚放在距雌性蝇只有 0.1 毫米的地方。与此同时，它展开一只（而非两只）翅膀并振动起来。

直到这一刻为止，各种果蝇的求爱仪式都是一样的。然而，一旦雄果蝇开始振动它的翅膀，雌果蝇便很快就会知道它是不是自己的同类了。只有当雄果蝇一边跳着舞一边用翅膀"唱"出音调正确的歌时，它才能证明它们是同类。如果它是个可接受的伙伴，那么，雌果蝇就会允许它用长长的喙去碰自己并与自己交配。如果它唱的歌音调不对，那雌果蝇就会飞走或扇动起翅膀将它赶走。在果蝇社会中是不会出现强奸现象的。

果蝇的情歌构成了一种由嗡嗡的音调所组成的莫尔斯电码。例如，雄黑腹果蝇发出的音调相当于我们人类音乐中的 E 调。它以每秒 29 次的频率发出这种信号。黑腹果蝇的近亲拟果蝇所发出的音调与黑腹果蝇的相同，但其频率只有每秒 20 次。第三种果蝇近似果蝇的雄蝇也以每秒 20 次的频率发出信号，但它们的音调是相当于人类音乐中的 C 调的较高的音调。拟暗果蝇的音调与此相同，但频率只有每秒 5 次。

由此，每一种果蝇都有着它自己的密码。动物学家们发现：在 2 000 多种果蝇中，只有两种果蝇所"唱"的"歌"是完全一样的。但这两种果蝇，一种生活在欧洲，另一种生活在北美。因此，对这两种果蝇来说，雌蝇与另一种果蝇中的雄蝇交配并产下混血儿的可能性是不存在的。

不过，科学家们还是成功地做到了使不同种类的果蝇互相交配。科学家们用胶水将一只雄果蝇的翅膀粘在它的身体侧部，这样，它就无法制造它的嗡嗡的歌声了。然后，他们又将它放到一只另一种类的雌果蝇身旁并播放雌果蝇所属蝇种中雄蝇所"唱"的求爱歌曲。结果，雌果蝇上了当，与那只雄果蝇交配了，并生下了混血儿。

雌果蝇的"词汇"中只有一个"单词"——一种相当长而响的

相杀相爱：两性关系的演化

哼哼声。这种声音的意思是"国际性的"，这个世界上的 2 000 多种果蝇中的雄蝇们都知道它的意思，那就是："不！"

就这样，听觉与视觉信号能在可能的配偶中引起正面或负面反应。即使是相对"正确的"信号形式的轻微偏差也会使某种本应积极的回应变成反感或冷淡。不过，模仿某种信号可以欺骗可能的配偶。

打动企鹅的心的方式是打动它的耳朵。

为了繁殖后代，每年都有来自南半球各地的 10 万多只阿德利企鹅登陆南极洲沿岸。这种企鹅的眼睛是用来在水下看东西的，在陆地上，它们近视得很厉害。由此，对所有拼命寻找配偶的企鹅群来说，每一只企鹅看起来都是与另一只很像的。不管一只身穿"长大衣"的雄企鹅看起来多么帅，其外貌对雌企鹅都是不起作用的。能给雌企鹅留下深刻印象的其实是雄企鹅的大合唱形式的高声尖叫，这种粗声刺耳的叫声有点像驴叫。

如果一只雄企鹅看到另一只企鹅看起来像是没有找到配偶的样子，那么，它就会用扁平的嘴推起一块石头沿着地面滚动并小心地将石头放到另一只企鹅的脚边求爱。那被求爱的鸟可能会以三种方式来对那块作为礼物的石头做出反应。它可能会将身体前倾并对着那个求爱者愤怒地高声尖叫，那尖叫实际上意味着："你这个傻瓜，你没看见我也是雄的吗？"如果它用它的粗短的翅膀扇击那只雄企鹅，那么，这就意味着它是一只雌企鹅，但它并不喜欢那只雄企鹅的歌声。否则，它就会接受与雄企鹅一起唱的邀请。如果它选择后面一种过程，那么，它就会开始围着雄企鹅跳舞，与此同时，它还会与雄企鹅一起进行抒情而温柔的二重唱，尽管那歌声只是一种呱呱声。

　　人类或许会对阿德利企鹅的呱呱声何以会有催情作用感到奇怪。然而，不管是通过视觉表象或声音还是气味或滋味来传达的，吸引性伙伴的信号都只是在被同一物种的成员接收时才是有效的。在这个世界上不存在放之四海而皆准的美的标准，没有一种动物能够理解对另一种动物来说的魅力到底是什么。

　　就像企鹅一样，人类也可能会对与自己同类的成员所发出的声音产生强烈情感反应。人类会"**一见钟情**"，也会"**一听钟情**"，甚至还会"**一嗅钟情**"。因为，有时，我们的确会说："他的气味让我觉得恶心"，而这样的话意味着我们本能地不喜欢某个人。

　　在人类的世界中，有一个完整的工业行业一直在忙着制造诸如除臭剂、抑臭皂、漱口水这样的产品，这些产品专门用来去除各种自然的气味，以创造出气味芬芳又无菌的人体。另一种工业——香水工业所负责的则是，制造各种仿造的香味，以取代那些在除臭过程中失去的气味，并激起他人对自己的喜爱的反应。遗憾的是，这种仿造的气味并不总能激起合乎当事人所愿的反应。

　　为什么数以百万计的人会允许广告商们操纵自己、让自己投入一场旨在肃清自己身上的自然气味的狂热运动？这种现象是难以解释清楚的。其中的部分原因或许是他们在社会关系层面上觉得不安全或内疚。觉得不安全的人需要有某种东西来作为其不安全感的聚焦点，内疚的人需要有某种东西来作为他们推卸罪责的替罪羊。气味可以被说成是任何罪过的罪魁祸首，通过清除气味，人们觉得他们可以借此消除他们的罪责或缺点。

　　人际关系在一定程度上可以是以气味为基础的，因为气味会引

　　　　　　　　　　　　　　　　相杀相爱：两性关系的演化

起人与视觉表象和声音所引起的相类似的反应。由此，我们可通过干预自然气味来影响人际关系。不过，科学家们尚未完全弄清楚嗅觉器官在我们的生活中所起的作用。所以，如果我们想要研究香味所能加在生物之上的魔力，那么，至少目前我们必须将目光转向动物界。

我们都知道动物会对彼此的气味表现出兴趣。两只狗相遇时，它们肯定会互相嗅闻。一进入某家兽医诊所的候诊室，公狗就会注意到其中的母狗。它会摇着尾巴兴高采烈地急匆匆地朝母狗跑过去，它会先用公利比扎马似的高傲的步态在母狗周围高视阔步，而后开始嗅其臀部。几秒钟后，它的尾巴就半垂了下来。为了挽回一点面子，它转而去这里那里嗅一些其实它根本不感兴趣的东西，而后又走开了。似乎那只母狗之于它根本就"臭味不相投"似的。

由于狗关注气味甚于关注容貌，所以，一只大丹犬会与一只苏格兰小猎犬交朋友。

雌鲸发情时会在其身后留下一股香味，就像飞机会在天空中留下一道尾迹一样。这样，雄鲸就能在广大深邃的海洋中跟踪一只雌鲸了。

在非洲平原上，母羚羊在孩子一出生时就会去嗅它们。此后，它就可凭孩子的体味来识别它们。母羚羊只给自己的孩子吃奶，并拒绝其他体味不同于自己孩子的幼羚羊的要求。如果某个孩子死了，那么，母亲就会等在尸体旁边，继续嗅着"遗臭"，直到孩子的尸体开始腐烂、它不再能识别孩子生前的气味为止。母羚羊的这种行为不是本能的，而是习得的。也就是说，只有当它已经熟悉自己孩子们的体味时，它作为母亲与自己孩子间的母子对关系才会出现并发展下去。

皇蛾原产于东南亚。这种蛾的翅膀张开时有25厘米长。它是世界上最大的蛾之一，它鲜亮的色彩和优美的体形又使它成为最漂亮的蛾之一。然而，没有人知道为什么天蚕蛾科中演化出了如此巨大而美丽的蛾，因为无论是雄蛾还是雌蛾，都没有对伙伴的体形大小或美观表现出任何哪怕是略微的兴趣。雌蛾停在树枝上，发出一股用来吸引雄蛾的香味。雄蛾对香味发出者的体形大小、美丑、圆扁、图案及色彩是否显得有活力等漠不关心。而且，雌蛾愿意与任何对它的香味做出回应的雄蛾交配。

动物学家让一张皱纹纸沾染上一只雌天蚕蛾的香味，然后把它系在一根树枝上。[6]接着，就有几只雄蛾扇动着翅膀飞了过来，并试图与那张纸交配。而那只看起来美得诱人的真雌蛾则停留在紧靠着那张纸的一个玻璃柜中，但那些雄蛾却根本不注意它。它们被一种活雌蛾才有的、作为一种交互感应信号的、有魔力的香味的仿制品给骗了。

在某些动物中，会激发爱情的并不是体形或声音或气味的美，而是行为的美，简而言之，是魅力。

安乐蜥科的各种蜥蜴生活在中南美洲。这种动物的行为是何为"魅力"的典型例证（至少对其他属的蜥蜴来说是这样）。

在巴拿马海湾珍珠群岛的一个岛上的一块岩石上，一只蛇鳞蜥属的饰金蛇鳞蜥正在晒太阳。我们就以北欧神话中一条巨龙的名字来称它为小法夫尼尔（Fafnir）吧。后来，一只安乐蜥科蜥蜴以黄鼠狼般的敏捷扭动着身子、沿着地面朝那块岩石爬过来。那个外来者看上去与小法夫尼尔几乎完全一样。在现在已知的蜥蜴中，有165

种属于安乐蜥科，只有动物学家才能分得清其中的许多种类。

　　小法夫尼尔肯定知道那个闯入者的身份。如果那陌生蜥蜴属于另一种类，那么，小法夫尼尔根本就不会理它。然而，如果那个新来者也是一只饰金蛇鳞蜥，那么，它就会成为一个竞争对手，因而，小法夫尼尔就必须将它从自己的后宫中和自己的领地上赶走。

　　当那个闯入者离小法夫尼尔大约 1.5 米远时，小法夫尼尔朝着它

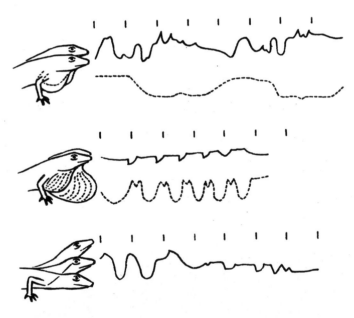

安乐蜥科的蜥蜴是通过点头来互相交流的。上方的曲线显示的是蜥蜴抬头与低头的幅度。下方的虚线显示的是它的喉部气囊的运动轨迹。刻度间隔是每格 1 秒。上图显示的是安乐蜥科的蜥蜴借此使自己这一种类的蜥蜴与其他种类的蜥蜴交流的一组点头动作系列。中图显示的是饰金蛇鳞蜥的一组点头动作系列。下图显示的是一只蛇鳞蜥属的雄蜥蜴朝它的"后宫佳丽"之一亲切地点头的过程。

往前跳了 24 厘米左右，接着，又跳了约 25 厘米。这样，那两头小龙就在相距只有 1 米的位置上面面相觑了。

现在，那闯入者开始点头：抬头—低头—抬头（这次的头抬得没有第一次那么高）—低头—半抬头—低头—全抬头—半低头—全抬头—半低头—慢慢地全低头。那外来的蜥蜴持续发了 4.5 秒钟的信号。而后，它又重复了一遍。做第二遍的时候，它将头高高地抬起并鼓起了喉部的气囊。那信号的意思是："我是一只绿安乐蜥。"

饰金蛇鳞蜥小法夫尼尔给那个外来者递上了一张它自己的"名片"。每隔 3/4 秒，它都会略微低下头，接着又重新抬起头。在点头的过程中，它会暂停点头的动作，鼓起喉部的气囊又立即让它扁了下去。

现在，那两只蜥蜴都已经知道它们是不同种类的，因而不是竞争对手。紧张过去了。从此以后，小法夫尼尔就没再去管过那个外

一只雄饰金蛇鳞蜥在威胁其他蜥蜴时会使得自己看起来有平时的 3 倍那么大。

相杀相爱：两性关系的演化

来者，因为对其他种类的蜥蜴的成员，它既无须抱有敌意也没喜欢的理由。同样，小法夫尼尔的"后宫佳丽"们也都对那个闯入者置之不理。

如果点头形式的密码显示那两只蜥蜴是同一种类的，那么，供识别身份的信号就会转变成威胁。那两个对手会并排平行而立，鼓起喉部气囊，竖起背上的锯齿形肉冠，并鼓起它们的身体以使自己看起来显得更大。通过使身体鼓起来，它们能使自己看起来有平时的3倍那么大。与此同时，它们会张开嘴巴，伸出肥大的舌头。它们两个都会以这种令人印象深刻的姿态、以每秒两次的频率上下点头，同时，以四脚着地并上下运动腿部的方式表演"俯卧撑"。这就是蜥蜴的威胁方式。

两只旗鼓相当的蜥蜴会花上一个小时来进行这种模拟性的战斗，它们互相威胁着并努力给对方留下深刻印象。通常，自觉处于劣势的蜥蜴会改变它的体色——从绿色到浅棕色，并将那块地方留给体色呈鲜绿色的胜利者。两只蜥蜴真的投入肉搏战——用各自的尾巴互相鞭打、猛烈地跳上对方的身体并踩踏——的情况是非常少见的。

体力较弱的雌性成员则不怎么注重回避流血。安乐蜥科的雌蜥蜴体形要比雄蜥蜴稍小一点。然而，当它们吵起架来时，它们很少将时间花在互相威胁上，而是直接互相撕咬，直到发生流血事件。雌蜥蜴不如雄蜥蜴强壮，也不如雄蜥蜴大胆，但一旦交战，它们就不怎么克制自己的攻击冲动了，它们会真的互相撕咬起来。在缺乏对攻击性的自制力方面，雌蜥蜴也很像许多其他动物中的雌性。

安乐蜥科的雄性与雌性蜥蜴也用点头的方式来互相识别。点头可用来威胁、标示所属的种类，也可用来传达友好之情。许多动物在求爱仪式中表达喜爱之情的姿势与表达敌意的姿势是非常相似的。

雄性与雌性饰金蛇鳞蜥会像两个不共戴天的仇敌一样摆出一副威胁的姿态并互相朝对方点头。但与此同时它们又抑制着两种攻击信号：它们既不张开大嘴也不伸出长舌。同样，男人也会在女人面前炫示自己的力量，就像他会在一个男性竞争对手面前所做的那样；但与此同时他又会让对方明白，他只是想要引起她的注意，而不是要威胁她。

狗在一起玩战斗游戏的时候，它们肯定会不断地摇着尾巴并摆动着耳朵，以便传达出这样的信息——它们只是在玩而不是真的想要伤害对方。如果一只狗停止对其玩伴发送玩游戏时所特有的信号，那么，那场模拟的战斗就会很快转变为一场真正的战斗。

魅力与攻击性只有一线之遥，更准确地说，魅力是从攻击性的威胁行为中演化来的。作为攻击信号的威胁行为逐渐变成了引起性伙伴注意的亲和性信号。

与动物们一样，人类也是通过不知不觉之中做出来的微妙姿态来表达友好之情的。这里，我所指的不是微笑或张开双臂拥抱某人这样的姿势。这两种姿势都是有意识的，并可以按照意愿假装出来。然而，有些反应是无意识的。通过分析大量的照片，艾雷尼厄斯·艾布尔-艾贝斯费尔特（Irenaeus Eibl-Eibesfeldt）发现：当一个人碰上自己**喜欢**与**信任**的人时，其**双眉**就会**上扬**约 1/16 秒。[7] 这一反应是瞬间发生的，而且是完全**无意识**的。

当另一个人同样无意识地注意到某人在扬起他的双眉时，他很可能会想："我的天，多好的一个人啊！"这样，约会就会有一个良好的开端。微笑很容易被解释成不诚恳、具有讽刺意味，甚至包含

相杀相爱：两性关系的演化

恶意。而不自觉地**上扬**的**双眉**则毫不含糊地传达着**喜爱之情**。

我们常听到这样的说法："第一印象是至关重要的。"实际上，第一印象常常是具有欺骗性的，但人们往往根据他们在最初几次会面时产生的模糊感觉来判断对方。

人类为他们的任何所作所思编造正当的理由。理智并不能很理性地起作用。我们用理智来证明那些我们的感受已经让我们去相信的东西是对的。理智不是独立自主的，**理智其实（常常）是情感的工具**。能让我们将情感与本能置于理性的控制之下的方法只有一个，那就是学会懂得本能加诸理智之上的力量。只有当我们理解了我们的本能冲动时，我们才能使它们与真实的世界相和谐。

我曾经认识一个智商很高的少年，那时他 17 岁，正在经历一段学业上的困难时期。他嘴角的小皱褶使他呈现出一副略微具有嘲笑意味的表情。他的几乎全都被长头发所盖住的大大的黑眼睛看起来一副睡眼惺忪的样子。他的大部分教师都认为他"粗鲁、愚笨、不爱学习"，并想要将他从学校开除。他们其实是根据他的外表来对他做出判断的。这样，即使他写得一手好文章也不能改变他们对他的肤浅看法。同样，人们经常认为骆驼是"高傲的"，因为它们的鼻子总是高高地翘在空中。

我跟那个孩子的老师们交谈过，我努力跟他们解释为什么他们本能地不喜欢他。一旦他们理解了自己的行为，他们就能与他建立一种良好的关系了。

情感使我们能够比单凭理性时更好地理解某些事物。尽管这样，情感或好恶感觉还是常常具有欺骗性的。在对任何人做出判断前，我们都得自问一下：我们在回应的是什么类型的信号，这些信号又是否准确反映了那个人的意图。

　　当我们碰上另一个人时，我们的各种感官就不停地被各种印象所轰炸。我们接收各种视觉与听觉信号，嗅到各种气味，看到各种姿势。毫无疑问，在我们所接收到的信号中有许多是我们当时完全未加注意的。有些动物只对一种信号敏感，另一些则能相继或同时接收两种信号，而人类则对许多种信号都相当敏感。只有理解影响着我们的潜意识的所有信号，我们才能真正成为自己的主人。通过学会理解我们的本能反应，我们就能解开这一本能与理性缠结的戈尔迪（Gordian）之结，并用这根解结而来的阿里阿德涅（Ariadne）线来引导我们在自己的情感迷宫中穿行。

第四章

被误导的行为

仿拟所导致的不当反应

一些年前，巴西城市桑托斯的热病沼泽地附近建起了一个变电站。当技术人员接通电流时，数以百万计的携带着黄热病病毒的蚊子朝电站飞来，并被烤死在热得烫手的机器上。变电站的工作人员不得不用推土机来不停地清理那些成堆的死蚊子。但是，多到遮天蔽日的数不清的蚊子还是持续不断地飞来，飞向必然的死亡。

在飞行途中，这种蚊子中的雌蚊发出振动频率在每秒 500 ~ 550 次的嗡嗡声。在交配季节，雄蚊会朝这种嗡嗡声飞去。它们会对任何发出这种声音的东西做出反应，就像那个东西是它们的某个雌性同类一样。它们的反应是本能的，在它们出生之前，这种行为程序就已经在它们的遗传物质中编排好了。

那个新变电站中的变压器所发出的声音恰好就是埃及伊蚊的雌蚊所发出的声音。那些雄蚊将这个巨大的技术设备当成了一只巨大的超级雌蚊并像那些被塞壬的歌声所诱惑的水手一样被诱入了死亡的陷阱。

人类的技术已经将这个世界改变了如此大的程度，以至于这种蚊子的自然本能会将它们引向巨大的灾难。而蚊子并非唯一遭受人类的技术进步所带来的苦难的动物。

加拿大马鹿是欧洲马鹿的一种更大也更壮观的近亲物种，原产于北美。在繁殖季节，加拿大马鹿中的成年雄鹿并不像欧洲红鹿中的成年雄鹿那样断断续续地叫，而是发出连续持久的汽笛般的声音。

有一天，加拿大中南部温尼伯湖西面的铁路上出现了一种新型电力火车头。碰巧的是，这种新火车头所发出的汽笛声正好与雄马鹿发出的声音非常相似。以前，蒸汽火车头发出的低沉的嘟嘟声总是会将马鹿赶到远离火车的地方；但现在，那些成年雄鹿却像堂吉诃德大战风车一样攻击起这种新型火车头来。这种巨大的机器显然不是那种试图抢走它们的"后宫佳丽"的竞争对手，但光那汽笛声就已足以使那些成年雄鹿的其他官能都失去作用了。它们所能看到的所有的东西就是这样一个不惜一切代价也得去赶走的敌人形象。那里的马鹿持续不断地被火车撞死。直到后来那条铁路上的火车安上了声音比较低沉的汽笛，这种悲剧才告结束。

俗话说：神欲灭一物，必先使其盲。动物与人类都被赋予了迫使其按某种方式行事却不顾行为后果的本能。那些埃及伊蚊就是被它们在本能上会产生感应的、关于何为配偶的感觉印象弄得失去了判断力，而那些马鹿则被关于何为敌人的感觉印象弄晕了头。由此可见，有时，本能会将生物引向毁灭。

不过，为了避免现实与本能之间的危险的冲突，大自然经常进行使某个动物能核实朋友或敌人的身份的"审核试验"。灰蝶就是一种能够"检验"其配偶或伙伴的身份的动物。

我们注意到：夜行的雄皇蛾会朝着雌皇蛾发出的香味的方向追赶。雄灰蝶是白天出行的。它会在一根树枝或一株蓟草上等着，直到看到一只雌灰蝶飞过。它会追赶任何（1）大的（2）黑色的（3）附近的（4）有翅在扇动的东西。当然，许多种蝴蝶都符合这里所描述的这些特征。就这点而论，蚱蜢、蜻蜓、小鸟、落叶，甚至灰蝶自己的影子也都符合这些特征。雄灰蝶会追赶所有这些与雌灰蝶相似的东西或它们的仿拟物。不过，它会让某个假定的雌蝶接受三种附加测试。

第一种测试：它所追赶的物体的行为是否像雌灰蝶？雌灰蝶会飞升在空中，游戏性地与雄灰蝶一起盘旋好一会儿，而后才往下落。如果那个不明飞行物并不如此行事，那么，那只雄蝶就会返回它的岗位，继续等待雌蝶飞过。

第二种测试是一种仪式性舞蹈。如果那雄蝶所追赶的雌蝶愿意与它一起降落在一根树枝上，那么，那雄蝶就会在正好与雌蝶相对的地方停下来。雄蝶会面对着雌蝶，将背上的折叠着的翅膀反复地上下舞动起来。与此同时，它将自己的触须向两侧伸展开来，并让触须在空中做圆周运动。而后，它张开翅膀，将那雌蝶的触须压在自己的双翅之间，用自己翅膀上有着看起来像眼睛的明亮图案的那个部分反复地摩擦着它们。最后，它会以一个鞠躬结束自己的表演。

雄蝶翅膀上的眼状斑点含有对雌蝶有催情作用的芬芳物质，在它的作用下，雌蝶就愿意交配了。对人类来说，那种香味闻起来像烟草的气味。如果一个科学家用手指将雄灰蝶翅膀上的芳香物质擦掉，那么，那雌蝶就不会对那种仪式性舞蹈有反应了。一只没有香味或没有这种蝶所特有的香味的雄蝶会被雌蝶拒绝。这种香味构成了雄灰蝶对雌灰蝶的第三种"识别测试"。只有通过了这三种测试，那两只灰蝶才会交配。

荷兰动物行为学家尼古拉斯·廷伯根（Nikolaas Tinbergen）就是凭着他对灰蝶的这三种测试的研究（与康拉德·洛伦茨和卡尔·冯·弗里希一起）获得了1973年诺贝尔生理学或医学奖。[1]因此，科学界认为这种审核性测试行为是一种极为重要的现象。灰蝶的行为告诉我们：为了保证动物不会对作用于本能的信号产生误解，自然界已经建立了附加的审核机制。

尽管如此，误解还是会发生，因为无论自然界还是人都能设计出各种仿拟物或相似者出来。例如，有一种肉食性萤火虫会模仿别种萤火虫的闪灯模式，从而捉住猎物。这样，猎食者就可发送一种被猎食者会对之产生感应的信号，并在其落入陷阱时把它吃掉。此外，一种弱势的动物也会模仿某种更危险的动物，从而吓跑天敌。

灰蝶

相杀相爱：两性关系的演化

不会伤人的大黄蜂蛾长得与大黄蜂如此相像，以至于从来没有鸟会试图去吃它们。

动物们会通过测试来确保自己没有被模仿物所欺骗。基于同样的道理，通过检验自己的观念是否符合实际从而确认自己未被自己的本能所欺骗，人类也可努力去更符合实际地理解他人。首先，我们应该谨防有些人故意构造歪曲他人或他群形象，因为这种形象会使那些被其歪曲者显得像是我们的敌人。这种被歪曲了的形象有时是会导致种族灭绝的。

我们已经注意到那些眼状斑点——那些灰蝶翅膀上的眼睛"图像"——部位含有一种有催情作用的芳香物质。但这种拟眼其实还有另一种功能。这种拟眼通常是不会被看到的，因为当蝴蝶在空中飞时，那些拟眼不过是一团模糊不清的东西；而当蝴蝶停下来休息时，它通常都是将翅膀折叠起来的。然而，如果一只鸟侦察到一只蝴蝶静静地停在一根树枝上并飞下去想吃它，那么，蝴蝶就会立即张开它的翅膀。当那只鸟看到两只大大的眼睛一动不动地盯着它时，它就会大吃一惊。因为对鸟来说，那对眼睛看上去就像是猫或貂鼠之类天敌的眼睛。这样，那个原本可能被伤害的蝴蝶就骗得自己的天敌相信，它自己也受到一个强敌的威胁了。这时，那只受到惊吓的鸟就会飞走，留下那只蝴蝶安然无恙地继续待在那里。

当一只知更鸟看到红色时，它的确是会"分外眼红"，就是说，它总是将那块红色理解成一个自己的同类竞争对手的红色胸脯。由此，一只知更鸟会去攻击一束被漆成红色的无生命的羽毛。同样，一只蓝松鸦会去凶猛地啄一束蓝色的羽毛。因为，当一只蓝松鸦看到蓝色时，它也会"分外眼红"。

在交配季节，雄刺鱼会攻击其辖区中任何一个像它们一样有着红色下腹部的东西。如果我们将一个台球或一片木头的下部漆成红色，那么，刺鱼就会去攻击它。廷伯根家的窗台上有只养刺鱼的鱼缸，每当屋外的街上有红色小汽车开过时，那鱼缸里的刺鱼就会摆出一副攻击姿态。[2]

许多动物的寿命都很短暂，以至于它们还没来得及知道它们的敌人看起来是什么样子时，危险就已经降临了。如果一只鸟只能从经验中学会一只猫看起来是什么样子，那么，在那一课学完之前，或许它就已经被猫吃掉了。由此，为了生存，大多数动物必须天生就有关于什么形状的东西会给它们带来危险的知识。许多动物的神经系统尚未复杂到足以记录敌人的形状的所有细节。所以，它们只能对在轮廓上与天敌或同类的形状有些相像的某些抽象符号起反应。

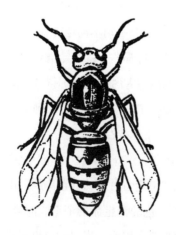

右边的大黄蜂蛾是一种不会伤人的蛾。许多肉食动物都被其与大黄蜂相像的外表所欺骗，因而不敢吃它。换句话说，它们被它们自己的敌害图式欺骗了。

相杀相爱：两性关系的演化

围栏蜥蜴是一种原产于墨西哥和美国的蜥蜴。当这种蜥蜴中的雄性准备战斗时，它们会给自己化上战争妆——体侧会出现蓝色条纹。有一天，一个动物学家将一只围栏蜥蜴的"后宫佳丽"中它特别宠爱的一个转移了出来，并在这只雌蜥蜴的腹部用油漆描上了蓝色条纹。[3]统治那个后宫的"帕夏"*立即就对那个妻子进行攻击并将后者赶跑了。而后，这位"帕夏"开始热切地向领地上的一位雄性求爱——那雄蜥蜴被那个动物学家漆上了灰色。

不幸的是，那只灰色的闯入者立即对它进行了攻击，闯入者用嘴咬它并用尾巴抽打它。那个帕夏无力还手。而且，那只灰色雄蜥蜴咬得越是凶猛，它就越是不顾一切地向它求爱。如果不是因为那个动物学家将它从打架现场转移掉，那么，闯入者很可能会把对方杀死。

看来，那种能触发动物的本能反应的信号比现实更具有影响力。

即使是无生命的物体也能充当引发爱慕之情的信号和表示危险的信号。例如，树蛇和在树上猎食的肉食性哺乳动物们会对伸展到水面上的树枝感到本能的害怕。当然，它们不是自觉地意识到在水面上方猎食会掉到水里。其实，当它们看到在自己的下方有一个平坦、明亮的广阔区域时，它们会本能地害怕，并会立即撤出那个让它们觉得危险的区域。

对织巢鸟来说，"在我下方的平坦、明亮的广阔区域"这一信号就具有不同的意义了。这一信号不仅不会使它们害怕，反而会给它们一种安全感。因此，织巢鸟们喜欢将聚居区筑在伸展到河面上的

---

* 帕夏（Pasha），奥斯曼土耳其帝国行省总督及其他高级军政官员的称号，在德语中引申为习惯让女性伺候的男性，此处用来比喻拥有雌性后宫的雄性动物。——编者注

树枝上。尽管它们并没有自觉地意识到：在这样的地方，它们的巢会因为远离肉食动物而几乎百分之百是安全的。

织巢鸟还会将巢筑在大路的上方，因为就像河面一样，大路也是符合"在我下方的平坦、明亮的广阔区域"这一信号特征的。肉食动物也会被那条仿拟的河所欺骗，从而让那些鸟能平安地在那里栖息。

近年来，一些动物学家开始谈论"敌害图式"。实际上，每一种动物都天生具有几乎与它在现实中所有的敌害种类一样多的图式。

例如，斑姬鹟就有猫头鹰、伯劳鸟、南美秃鹰与猫等天敌。这些天敌之间长得并不很相像。然而，在斑姬鹟生活的同一区域内，尽管有约50种鸟和哺乳动物与斑姬鹟的天敌们长得很像，但它们并不会伤害这种小鸟。是不是仅仅因为画眉鸟长得与红背伯劳有点像，斑姬鹟就必须一见到画眉鸟就逃呢？

有两种信号使斑姬鹟能够识别红背伯劳：（1）从伯劳的耳朵一直伸展到它的眼睛和前额的黑色条纹；（2）它的通常体色——浅灰色脑袋、喉部与胸部以及深棕色翅膀和尾巴。

如果它看到一个只具有这两种特征之一的木制模型，那么，斑姬鹟是不会害怕的。但当它看到同时具有这两种特征的木制鸟模型时，它就会害怕了。

幸运的是，这两种关键信号之一的单独存在并不会使斑姬鹟惊慌。如果那样的话，那么，斑姬鹟需要担惊受怕的时间就太多了。例如，它会害怕具有与红背伯劳一样的体形和体色的画眉鸟，害怕像红背伯劳一样前额上有黑色条纹的环颈鸻。

当斑姬鹟碰上猫头鹰时，一套与上述信号不同的信号就会对它发出警告：（1）一种长着色彩由浅到深的羽毛的圆胖直立的体形；（2）看上去真实的羽毛（一只雕刻出来并被描色的木头鹰是不会使斑姬鹟害怕的，但一只内部用填充物撑起来的羽毛逼真的玩具鹰会吓到它）；（3）对称排列的双眼（斑姬鹟是不会去理睬一只掉了一只眼睛的填充玩具鹰的）。

同样，警告斑姬鹟防范鹰、秃鹰、貂和猫这些敌害的信号也是各不相同的。

一种动物的天敌越多，其"天敌认知系统"也就肯定越复杂；而这一系统越复杂，这种动物也就越容易犯错误或被天敌的仿拟物或相似者所欺骗。天敌特征的复杂性超出一定程度后，单靠本能是不能给动物提供足够的、使之免受天敌伤害的保护的。就这一点而言，那种动物就必须在实际生活中学习认识其天敌看起来是什么样子的。

我们已经注意到：如果一只鸟只能从它自己的经验中了解一只

红背伯劳是伯劳家族中的一个成员。图中，这只红背伯劳借助一根刺将一只甲虫钉在了荆枝上。这种鸟还会捕捉并吃小蜥蜴、小老鼠及一些像斑姬鹟这样的较小的鸟。

猫是不是它的敌人，那么，它很可能活不过这一课结束的时候。因此，要学习，那只鸟也得有其他的鸟来教它：猫是危险的东西。

当鸣禽瞥见一棵树上的树枝间有一只鸣角鸮（一种猫头鹰）时，它们就开始具有责骂意味地叫起来。而后，同一区域中的所有鸣禽就会拍着翅膀飞到那只猫头鹰的周围并一起加入那表达愤恨之情的大合唱。这种行为具有两种功能：一是赶走那只已经无法抵挡这样疾风暴雨式的辱骂的猫头鹰；二是教育年幼的鸟儿们，鸣角鸮是某种可怕的东西。鸟儿们对猫头鹰天生就具有一种不明确的、本能的害怕。较年长的鸟的这种行为强化了这种害怕，并在年幼的鸟儿们头脑中建立起了一个关于天敌的现实印象。

牛与猪对狼和狗、梅鲷对海鳗、狒狒对蛇、青潘猿对花豹等也会做出具有同样敌意的回应。

动物与人类的仇恨心理是一样的。仇恨是一种被同种其他成员所触发的本能。集体仇恨具有教育作用，借此，动物可学会认识自己的敌害看起来像是什么样子的。

与集体仇恨一样，集体逃跑也具有教导年幼者们认识自己的敌害的作用。驯鹿对不同种类的狗的叫声的反应是不同的。如果已很熟悉某种狗，那么，它们就不会去理睬那只狗的吠叫，并继续自顾自地安静吃草。然而，如果有一群不熟悉的雪橇犬从旁边经过，那么，它们就会逃跑。

实际的经验可教会一只动物认识到某种它绝不可能凭本能知道的东西：如何区分"善良的"与"邪恶的"。

1913 年，德国西部艾弗尔地区的一个农村男孩在路上发现一只受了伤的寒鸦并把它捡了起来。他想带它回家并护理直到它康复。

然而，其他的寒鸦却误解了他的动机，它们群集在它们的仇敌周围并对他高声尖叫。在男孩此后的生命过程中，他就被那些寒鸦打上了"他是我们寒鸦的仇敌"的烙印。每当那些鸟看到他在田野中时，它们总是群集在他周围，并对着他责骂与尖叫。60年后，那些幼鸟还在被教导去恨他。[4]

与其他动物一样，人类也会对本能的"敌人图式"起反应。西方电影与侦探小说显示：人会本能地不信任一切看起来黑暗、陌生、危险、肮脏、低级、野蛮或者骗人的东西。那些制片者充分利用了我们对某些类型的信号的本能反应来为自己谋利。而那些观众无论是美国人、日本人、因纽特人、欧洲人还是来自丛林的非洲人，立即就知道"那个男人是个坏蛋"，即使那个反派角色还没有开始做坏事。

而且，与其他动物一样，人也会对他们相信是敌人的形象的东西起情感反应。而后，为了证明他们对之所抱的感情是正当的，他们会热衷于表达集体仇恨，并一起与共同的敌人作战。恐惧与嫉妒的情感为他们的仇恨提供着养分。政府、报刊、电台与电视都会广做旨在强化人们对敌人的仇恨的宣传。作家以及其他宣传工作者也会在构建敌人图式方面出上一份力。这种图式基本上与纳粹党徒攻击犹太人，或白人攻击黑人，或爱尔兰新教徒攻击天主教徒，或执政当局攻击政治活动家时所构造的敌人图式是一样的。敌人总是被描绘成危险而低劣的。人们会从言论到行动对这种敌人图式逐步做出回应。他们开始对被他们看作敌人的别的人类群体实行灭绝，就好像他们所杀的是某种昆虫似的。与此同时，那些构造了这种敌人图式的人则会装出一副无辜的样子，似乎这种恐怖行径与他们自己的言论无关。

　　与这种群众性的歇斯底里发作做斗争的唯一方法就是更充分、更深入地理解敌人图式是怎样影响人的心灵中的无意识领域及其活动的。我们的本能会使我们成为那些蛊惑人心的煽动者的掌上玩物。人类总是有一种优越感，总是倾向于认为自己要比攻击鸣着汽笛的火车头的加拿大马鹿、啄着一束红色羽毛的知更鸟高明一些。但人类其实与任何其他动物一样容易被自己的本能所欺骗。我们人不会对像一声汽笛或一种颜色这样简单的信号起本能性攻击反应。但我们人却会对用言辞描绘出来的某种敌人的黑白肖像起反应。我们发现自己很快就会相信事物，仅仅因为我们想要相信它们。由此，对我们的本能反应，我们必须保持警惕。

　　我经常谈到本能、反射性动作及本能性反应。那么，到底何为本能与反射，它们在动物的求爱与交配活动中又起着什么作用呢？为了搞清楚这些术语的含义，接下来，我将用两章的篇幅来专门讨论反射与本能的概念。

第三篇

非理性的力量

第五章

洗脑与情感的反常

条件反射

随着一阵尖锐的闹钟声响起，5 只狗走向那个角落并躺了下来。不一会儿，它们就进入了酣睡状态。是什么原因导致了这种看起来矛盾的行为呢？

卡迈·克莱门特（Carmine Clemente）将一根细细的导线通过每只狗的头盖骨插进了它们脑中的不到 1 立方毫米大的睡眠控制中心。[1] 简而言之，当神经电脉冲向这个睡眠中心发出身体已经疲倦的信号时，脑神经细胞就会发出使身体进入睡眠状态的电信号。在克莱门特的实验中，那根插入每只狗的睡眠中心的电线就充当了一条会向狗脑发出它已经疲倦了的信号的人造神经。这样，实验中的狗很快就睡着了。

在完成这一阶段的实验后，这位科学家又开始在狗因受电流刺激而睡着前的短暂时间内启动闹铃。在 3 天之内重复进行了 20 次这一过程之后，他就能仅仅通过铃声来使那些狗入睡了。每当铃声响起时，狗的耳神经就会向狗脑发出使狗入睡的信号。这些耳神经承担起了那根作为人工神经的电线的工作，因而，现在，电线就可以撤掉了。这种反应就叫作条件反射。

条件反射是对已然存在的反射行为的适应。人与其他动物的行为都可通过条件反射来加以操控。那么，反射的确切含义是什么呢？

欧文·劳施（Erwin Lausch）将反射现象描述为："我们的身体是依靠无数的反射来行使功能的。当有尘埃窜入我们的眼睛时，我们就立即开始眨眼并流泪以便将尘埃冲刷掉。当我们从暗处走进光线明亮的地方时，我们的瞳孔就缩小。如果有东西进入了气管，那么，我们就会感到憋气并会不停地咳嗽，直到迫使异物离开气管。当直肠已塞满了东西时，括约肌就会收缩。在我们身上，有咽与噎的反射，有调节呼吸与血液循环、胃肠活动、唾液与胆汁以及胃液分泌的反射。据估计，有两万多种反射在保护着人体组织并使其能在无须由人脑不断做出各种决定的情况下尽可能协调地运作。"[2]

反射是一种无意识的神经机制。感觉细胞接受刺激后就会向中枢神经系统发出信号，这种神经冲动是通过中介细胞传递给其他神经的。这些神经向身体的不同部分发送信号，使之能做出适当的反应。就像医生在我们的膝盖上轻轻敲击时所激起的膝跳反射一样，反射活动都是自动的、无意识的。与本能反应不同的是，反射是与情感无关的。就像机器人的行为一样，生命体的反射活动是无关心智的，而不是有预谋的。

在打电话时，有时我们会听到另一条线路上传送着的遥远的声音。这种"搭线"现象也会干扰反射的正常运作。当有第二种此前本无意义的信号与引起反射的刺激一起出现时，就会发生这种现象。

动物或人类都会不知不觉地将这一新的信号与原来的刺激相联系，这样，这种新信号就变成了所谓的"条件刺激"。

条件反射现象最广为人知的事例就是伊凡·巴甫洛夫所做的关于狗的著名实验。当一条狗看到食物时，它就会分泌唾液。这是一种自然的或非条件的反射。但是，如果在狗得到食物前不久总是有铃声响起，那么，过了一段时间后，当听到铃声时，它就会分泌唾液，即使它不能再得到任何食物。当一只动物被训练成会以它先前对一种自然刺激起反应的方式，对一种此前本无意义的信号起反应时，由此发生的反射活动就叫"条件反射"。

上面所描述的条件反射听起来似乎不足为害，但它却会像魔法一样召唤出操控人类行为的力量所造成的恐怖景象。**若想改变人的行为，没有比训练他们服从条件反射更可靠的方法了**。以行为疗法从事精神病治疗的医生们会用这种技术来使有精神问题的人们从中得益。但另一些人则运用这种技术来洗脑。

行为主义的创始人约翰·沃森（John B. Watson）提供了一个关于操纵行为的力量会被滥用到何种地步的事例。[3]沃森常在进托儿所训斥他的 11 个月大的儿子阿尔伯特前敲响一面锣。过了一段时间，每当听到锣声，孩子就会害怕。这种做法会在一个人后来的生活中引起严重的情感伤害。一旦沃森已经建立起这一条件刺激，那么，他就能按其所愿地操控他儿子的行为。那个孩子喜欢玩豚鼠，但父亲不希望他那么做。每当阿尔伯特朝那些动物爬过去时，沃森就会敲一下那面锣，什么话都不说。过了一段时间，那个孩子就变得很怕豚鼠，以至于一看到那种动物就会尖叫着跑开，甚至在那些动物离他还相当远的情况下也是这样。此外，他还逐渐变得害怕其他有毛皮的东西，例如兔子、皮大衣甚至圣诞老人面具上的胡须。

一个已经被训练成对某种东西感到害怕的人也可通过再训练治好他的恐惧症。约翰·沃森用这样的方式开始了对他儿子的治疗：他在与孩子隔得较远的地方展示那些豚鼠，与此同时给他儿子巧克力吃。他每天重复三次这一实验，每次都将那些动物靠得离那孩子近一点。后来，阿尔伯特终于克服了对豚鼠的恐惧。

可惜的是，当一个医生试图治疗病人的被训练出来的神经性恐惧症时，巧克力就根本起不了治疗作用了。

20 世纪 60 年代，在精神病治疗的方式上，出现了一个叫作行为疗法的流派。这一流派的治疗专家试图用与沃森用来治疗他儿子的恐惧症完全一样的方法来治疗反常的行为模式。由于他们所使用的方法很像洗脑技术，因而受到了批评。他们广泛使用包括电击在内的多种方法。当病人被训练得对"不受大家欢迎的"生活习惯或行为模式——如同性恋、恋物癖、其他形式的性偏离、酗酒、被害妄想或广场恐怖症等——感到厌恶时，治疗就起效了。

例如，一个同性恋者希望改变他的同性恋倾向。在过去，每当他看到某些类型的影片或图片时，他就会体验到一种快感，即使他知道这种感觉是"变态的"。当他进入"厌恶疗法"的治疗时，病人会被安排贴靠在一部记录其情感反应的机器上。而后，治疗专家就会给他看以前总是能给他快感的那种影片和图片。每当那机器显示那病人正在体验快感时，他就会受到一次电击。在经过多次这样的治疗后，他就会产生一种对同性恋反应的厌恶。

精神分析学家批评厌恶疗法，因为它治标不治本。而且，除了病人自愿选择经受治疗外，这种治疗方法的确与洗脑具有明显的相似性。

动物们是无力抵抗用电击或对脑进行电刺激所进行的条件反射训练的。20 世纪 70 年代，有一个科学家在美国用这种残酷的办法来训练一个富于攻击性的青潘猿。[4] 在计算机的帮助下，他教那个青潘猿怎样温和地对待他人。

就像那些随着闹钟铃声入睡的狗一样，那个叫作帕迪（Paddy）的青潘猿也通过插入它脑中的两根电线来接受训练。其中一根电线被插入了脑中的攻击中心。每当那个猿变得愤怒时，插在攻击中心的那根电线就会发出它将被怒骂一顿的信号。由电线发出的信息被输入计算机。而后，计算机就通过插在表达厌恶的脑区的第二根电线向脑发出电信号。这样，那个青潘猿就将愤怒与厌恶联系在了一起。既然已经不再欣赏自己动怒，那个猿也就逐渐变得像一只温顺的羔羊了。这种形式的情感的转换或倒转是一种特殊形式的条件反射。

除了初始的人为干涉外，整个训练过程都发生在那个青潘猿自己的神经系统内。当被允许发泄自己的愤怒时，正常的青潘猿都会体验到一种满足感形式的反射性反应。对脑的电刺激则建立起了一种将愤怒与厌恶而非满足联系在一起的条件反射。

通过对人使用同一训练方法，我们可将性行为与厌恶、将自杀念头与快乐、将吃东西与羞耻、将偷窃与正义感等联系在一起。换句话说，我们可以在正常人身上复制出那些只有在性心理反常、有自杀倾向、患妄想症及犯了罪的人才会体验到的感受。

而且，要达到这样的效果，我们甚至无须采取电击或对脑进行电刺激之类的方法。行为科学家们已经开发出了远比这种方法更为精妙的方法。在极权国家，政治犯们常常被关在要么永远漆黑一团要么明亮无比的房间里单独监禁，并被迫整天站在那里，或听单调的噪声。他们的睡眠不断地被打断。他们还会被告知自己不久就会被处决。他们会因此而变得在夜里怕白天，在白天又怕黑夜。当犯人的抵抗力被折磨殆尽时，他又会被给予一点儿小小的希望：只要他赞同现政府的某些比较好接受的理论或政策，他的待遇就会得到改善。犯人会因为每一次的合作姿态而得到奖赏。不久，一个条件反射就建立起来了。每当犯人想起他过去的信仰时，他就会将它们与痛苦联系在一起，结果，这些信仰就会显得像是在毁灭他。与此同时，对现政权的适应则变得与"还能活下去"的念头联系在一起了。这种方法比用电击疗法更耗时，而且，看管犯人的人必须熟悉操控人的身心的各种技巧。从表面上看，这种方法似乎比电击疗法要人道一些，但实际上，洗脑甚至比中世纪的刑讯还要残酷，因为被洗脑者没有办法抵抗它。

洗脑能颠覆一个人所有的正常的情感反应，能将恐惧变成快乐，将喜爱变成厌恶。它能使一个人背叛任何原先对他来说弥足珍贵的东西。洗脑是一种精神谋杀。

经历过洗脑的动物会有一段相对平静与安逸的日子，但此后情况就会反复。在停止电刺激治疗的两个星期后，那个叫帕迪的青潘猿就重新变得易怒了。同样，那些因为同性恋问题接受过电击治疗的人也会在停止治疗几个月到几年后恢复他们以前的行为模式。然而，那些以前被纳粹洗脑从而帮助纳粹用毒气室处决一同被关押在集中营中的同伴的囚犯，却在余生中始终处于一种情感上的"残疾"状态。

也许，如果不是因为巴甫洛夫发现了**条件反射**现象，**洗脑**就不可能出现。不管怎样，行为主义动物行为学显然已经对我们的生活产生了深远影响。就像原子物理学一样，行为主义动物行为学所起到的效果也是双面的：它既会给动物们带来伤害也能帮助它们。

广告行业就广泛应用了**洗脑**技术。一本 1973 年出版的德国杂志包含了 86 个广告。[5] 其中只有 10 个广告是含有关于某个产品的特定信息的。而其中的 26 个广告则纯粹是对潜在顾客的情感煽动。值得注意的是，在那本杂志中，只有三种产品——防晒乳、沐浴油、葡萄酒的广告采用了"性感"煽动的方式来吸引顾客。

那些广告首先要煽起的就是消费者的虚荣心——想要显得位高名重的欲望。这些现代神话故事中的 27 个都这样声称：广告中提到的香槟酒、啤酒、柠檬汽水、牛奶、除臭剂、香水、剃须刀片、抵押债券、合成纤维、香烟、汽车、口红等产品都是贵族阶级所用的东西。甚至，军队也在煽动公众的名望欲。11 个军队广告向人们承诺会过上更舒适的生活。9 个广告制造了焦虑，这样，相关产品就能够以救人脱离苦海的救世主的姿态出现了。后一组产品包括汽车、保险、人造黄油、杀虫剂、牙膏、止痛药片。一个果味口香糖广告则利用了人的从众倾向："千百万人已经做了，你也应该这样做。"而 4 个分别宣传摩托车、袖珍式收音机、胶卷式照相机和啤酒的广告则做起了与此相反的煽动："你将是一个独一无二的人。"一家汽车公司这样来吓唬顾客们："如果你等得太久，那么，它们可就全都被人开走了。"葡萄酒、矿泉水、软百叶窗和电器制造商们都在试图使公众相信：购买他们的产品就意味着"做出了正确的决定"。销售润肤霜、啤酒、果汁与胶卷式照相机的商家们都想使人们更加接近大自然。还有 5 个其他公司则模仿着通俗的智力竞赛节目。

有几个广告则试图颠覆人们对某个产品的正常的情感反应。例如，有些广告宣扬以下列出的事物两两之间存在联系：牛奶与男子气、啤酒与排外、柠檬汽水与英国式高贵、化学润肤霜与自然性、剃须刀片与舒适、抵押贷款与赚钱。（而在那段时间，股票市场正在跳水。）

这种大规模的群体操控现象令人担忧，因为这种现象表明：**公众意见是多么容易被控制**。由于电视商业广告将衣物洗得干净与否与良心安宁与否联系在一起，数以百万计本该相当明智的妇女竟然也因此在对自己有没有把衣物洗好的担忧中过着日子。

由政府和警察实施的同样的群体操控则会使整个国家陷入一种杀人或自杀的疯狂状态中。第二次世界大战期间，日本政府所做的宣传就利用了日本人对尊崇阳刚、荣誉、尽职、卫国、克己的武士道精神所怀的感情。这种宣传导致了日本空军的神风特攻队的出现，那些飞行员以驾机撞向敌方目标（飞机、军舰等）的自杀方式飞行，以牺牲自己的生命的方式来摧毁敌方目标。

通过训练动物或人服从条件反射，我们可以在根本上**改变动物或人的行为模式**。巴甫洛夫的实验还只是限于让一只狗在听到铃声时分泌唾液。而现在，这种实验已面向其他的动物或人，因而，现在，想要**改变动物或人**基本**的情感反应**也是可能的了。此外，条件反射还能引发其自身并非条件反射的附加行为模式的产生。人类个体可以通过行为疗法、洗脑与广告来加以操控，群众则可以被训练得按照预定的程序去杀人或自杀。

人类必须用自由意志来抵抗试图操控他们的力量。例如，广告

相杀相爱：两性关系的演化

对人们的情感进行着非理性的煽动。消费者们应该对这种煽动感到愤怒，并在购买前尽一切努力用挑剔的眼光来审查各种商品。然而，在某些情况下，例如，在一个人正在被洗脑的情况下，他所具有的抵抗力是非常小的。就像一个人不能在自己的膝盖被敲时阻止自己的膝跳反射一样，一个正在被洗脑的人同样无法抵抗他人的操控。

反射与条件反射不是适合于本书的主要话题。因此，我将就此做几点简要的概述，而后就转向本能的问题。

1. 除了引起某种行为的反射外，也存在着阻止或抑制行为的反射。

2. 除了条件反射外，还存在着**次生的条件反射**。

例如，让我们假定一条狗已经被训练得服从某种条件反射：它不再在看到食物盘时分泌唾液，而是在听到铃声时分泌唾液。而后，在铃声将要响起前的某一刻亮起一道信号光。不久，每当看到那道光时，那狗就会分泌唾液。

那些蛊惑人心的政客经常利用次生的条件反射来操控人们。他们甚至会**利用**与次生反射的联系所建立的附加反射，即第三、第四或更**多级**的**反射**。如果一个政客想要使公众的意见发生根本性的改变而他又知道自己无法一蹴而就的话，那么，他就会采用"萨拉米（salami）战术"，即以一片片地切萨拉米香肠的方式，**一步步地**或一个反射接着一个反射地**实现控脑计划**。

3. 有时，一个政客会发现：他无法建立控制人的行为所必需的条件反射。在这种情况下，他就会试图通过建立两个互相矛盾的条件反射来引起冲突。而后，他就有借口介入冲突并从中获益了。

例如，让我们假定一只狗已被训练成了一听到铃声就进入养狗场以获取食物。这一反射建立后，那条狗又接受了一看到屋顶灯亮就绝不进入养狗场的训练：如果在灯亮时进入养狗场，那么，它就会遭到电击形式的惩罚。当那条狗已被训练得服从两种反射时，那两种信号就会被同时发送给它。结果是：那条狗既想跑进养狗场去吃食又怕遭到电击。因此，不知如何是好。它一会儿往前跑，一会儿往后退，绕着养狗场打圈圈，还不时地嗥叫着，将自己的尾巴夹在两腿之间。它在承受着两种互相矛盾的情感的折磨，不知道该怎么办才好。这时，它就很容易被唆使去攻击它的同场伙伴们，并毫无理由地撕咬它们。

行为主义动物行为学可以很容易地被用来操控人类。我相信：**在人类社会中，具有足够的反思性判断力从而能觉察到自己的情感是否在被动机不良的人操控的人，只有不到 1/10，具有内在力量来抵抗操控的人还不到 1/20。**也许，这本书会使这样的人的数量稍稍增加一点。

第六章

本能，行为背后的原动力

什么是本能

当一个人觉得饿时，他会走进食品杂货店，买些食物带回家，烹制一下，然后吃掉。他不会为了好玩而买食物，而后扔掉它们。

然而，猫却常常会"只是为了好玩"而非因为饥饿而猎食。如果它们不会享受捕猎本身的乐趣、不会为捕猎而捕猎，那么，它们就无法活下来。猫所具有的聪明不足以让它做出这样的推断：如果饿了，它就得跑到并坐在一个老鼠洞旁，坐在那里等着，直到有老鼠跑出来，以便把它杀了并吃了。与根据理性判断行事不同的是，猫享受捕鼠过程中的每一步并为每一步活动本身的乐趣而活动，而不管它们与整个活动的最终目的的关系。猫的行为常常只是假装埋伏与悄悄跟踪猎物。它会坐着看空空的浴缸里的排水管，当它这样做时，它并不指望管道里会冒出一只老鼠，而只是享受埋伏着等待猎物这种日常游戏的乐趣。此外，猫还会享受捕获各种东西的乐趣，即使捕获的只是一个线团、一块破布或另一只猫的尾巴。

四种各自独立的本能在推动着一只猫去跟踪、捕捉、杀害并吃掉它的猎物。在这些本能中，有些本能强一些，有些本能弱一些。为了搞清楚哪种本能最弱也即最快得到满足，动物学家保罗·莱豪森（Paul Leyhausen）定时连续地向一群猫供应活老鼠。那些猫最早停止的活动是吃老鼠。但即使在身体已不再饥饿后，它们还是继续杀死那些老鼠。接着，它们会厌烦杀戮，但仍然在继续跟踪与捕捉那些老鼠。终于，它们逐渐失去了捕捉的兴趣。它们最后放弃的则是跟踪。

猫的各种本能之间的这一层次结构使猫得以有效地发挥各种功能的作用。猫先得长时间地跟踪猎物，而后才会有机会捕捉它。由此，猫的跟踪本能必须强于捕捉本能。此外，由于被捉住的老鼠容易逃跑，因而，猫得更热心于捕捉而非杀戮。同理，由于猫可能会被从猎物身边赶走，因而，猫的杀戮本能就必须比吞食本能更强。

值得顺便一提的是，即使在肉食动物中，杀戮本能也并不像许多人所设想的那么强，这是我们应该注意的。

猫的**本能的层次结构**可以解释它们对待自己的猎物时表面上的残酷性。一只刚吃完饭的家猫应该已经不饿了，但它的跟踪、捕捉与杀戮的欲望并没有得到满足。因此，一离开食物盘，它就会直奔地下室去捕鼠，在找到老鼠后，它会先把老鼠玩弄一通，然后才杀死它并把它丢弃在地上。猫并不在乎自己所玩弄的是老鼠还是线团。它的行为并不是虐待狂式的或残酷的，因为它并没有关于自己的受害者所承受的折磨的概念。只有人才能够欣赏对另一个生命的折磨。猫只不过是喜欢玩自得其乐的游戏而已。

在猫的四种独立自主的本能——跟踪、捕捉、杀戮与吞食——

中，每一种本能所发挥的作用都只是到这种动物所处的环境所需要的程度。通常，野生丛林中的猫并不会玩弄它们的猎物。

猫的行为显示出了通常情况下本能行为的下述事实：

1. 许多人单用一种本能——解除饥饿的本能——来解释猫的行为，但这种解释是错误的，是由实际上，本能的行为模式往往是由一些互不相关的本能分别推动的，是由一系列个别、独立的行为组成的。例如，"性本能"表现为一系列互不相关的行为：寻找性伙伴、识别性伙伴、对攻击与逃跑本能的克服、两个性伙伴交配准备状态的同步化，以及实际的交配行为。

2. 本能行为根本不同于反射行为。我们可能会说本能是反射的一种更高级的形式。行为主义心理学家将动物与人的所有行为都解释成是由条件反射引起的。然而，有时，他们会犯将本能与反射混为一谈的错误。

我们已经注意到：每一种反射都是以一种相对简单的神经机制为基础的。反射弧的组成是：感受器、传入神经、接受传送过来的神经冲动的中枢神经、接受调节神经细胞传送过来的神经冲动并给腺体与肌肉下达如何行动的指令的传出神经。就如同机器人的行为一样，反射行为是无意识的。

当行为涉及某种本能时，发生在中枢神经系统中的信号处理过程就要比反射更为复杂了。就像咖啡、安眠药、麻醉药及其他影响脑活动的药物一样，激素会影响调节神经细胞——增强、抑制、改变它们对刺激的反应。

神经细胞之间互相传递神经冲动的区域叫神经突触。激素 A 会加速某一组神经突触之间的神经信号的传递，抑制另一组神经突触之间的神经信号的传递，而对第三组则可能完全不起作用。激素 B 则会对别的神经突触产生同样的效应。

激素是在体内制造并储存的。有时，激素供应会处于匮乏状态，这时，就需要花时间来重新制造激素并增补其储备了。这意味着：与反射不同的是，本能行为是可变的。某个动物服从某种本能的倾向，会随着影响着神经系统的激素在某个特定时刻的数量多少而变化。

本能论的基本点是：一个动物个体是否准备好了服从某种本能，部分地依赖于"动机"，即驱使动物以某种确定的方式行动的某种内在的压力或驱力。反射是瞬间发生并绕过自觉的意识领域的。不过，在实施某种本能行为前，我们能自觉地感受到那种要这样做的冲动。当一种冲动变得可以被意识到时，我们就可能体验到一种本能与理性之间的冲突。**通常，理性会成为本能的工具。**由于我们都抱着我们是自己的生物本能的主人而非它们的奴隶的幻想，至今，我们对自己的本能仍然所知甚少。

本能行为是一种源自某种关于内在必然性的感觉或内迫感的行为。

当一只喜欢打猎的猫连续数周温顺地吃着食物盘中的食物并连一只老鼠都不去捕时，它的捕捉猎物的驱力就会逐步增强并变得非常强大。不久，这一驱力就会变得如此强大以至于那只猫会用任何东西——线团、苍蝇或自己的影子——来作为老鼠的替代物并去捕捉它们。最终，这种内发的驱力会变得如此急迫，以至于无须外在刺激也能引发这种本能。到了这一步，那只猫就会跟踪起某个看不见的猎物来。

由此，一个人或动物未进行某种本能行为的时间越长，推动着这种行为的内驱力也就变得越强。而内驱力越强，最终引发相应行为所需的刺激强度的阈值也就越低。

本能行为得以出现的第一步是刺激的接收，即感官对某种能引发行为的东西的觉察。在感官接收的许多印象中，只有少数会沿着神经通路被传到脑中的"行动中心"。这些印象相当于专门用来引发某种特定本能的符号性信号。有时，感官本身会"过滤掉"不相干的信号。例如，传播黄热病的雄埃及伊蚊的"耳朵"根本就听不到高于或低于它的雌性同类所发出的嗡嗡声的音调的声音。

雄皇蛾的触须能闻到许多种香味，但只有少数特定的感觉细胞会对雌蛾所发出的具有性诱惑力的香味起反应。当这些细胞接收到恰当的信号时，雄蛾的神经就会将这种信号直接传递给神经核，这时，神经核就会迫使那只雄蛾朝香味所在的方向飞去。

埃及伊蚊与皇蛾到底是服从反射还是本能，这一点是有争议的。不过，毫无疑问，银鸥是依本能而行的。当某只银鸥要选择一个配偶时，它的脑就会过滤掉那些它对之"无动于衷"的信号。只有当银鸥看到自己的潜在配偶的眼睛和眼圈的颜色都对时，它才会着手进行下一步——实际的求爱活动。

因此，就像一把钥匙配一把锁，刺激必须与神经系统相适应才能引起相应的本能行为。刺激所必须适应的"锁"或神经机制叫作先天释放机制，而作为"钥匙"的信号则叫作适配刺激。

在人类中，热敏型的人的面部特征就是会让冷敏型的人觉得有吸引力的先天释放机制的适配刺激。

先天释放机制并非决定动物是否进入服从某种本能的准备状态

的唯一决定因素。动物们的刺激阈值，即引发本能所需的刺激的最低强度是在不断地变化的。例如，当一条鲨鱼刚开始攻击一群鲭鱼时，它运动得既慢又平静。但在它已吞食了最初的受害者且海水已因鲭鱼血而变红时，鲨鱼的刺激阈值就比较低了，这时，它就会开始一场肆无忌惮的屠杀。

由此，当一只动物再三受到能使其表现出某种本能行为的刺激时，它的刺激阈值就会变得低一些，相应地，触发这种行为所需的适配刺激的强度也就可以较弱一点。如果一只动物因再三做出某种行为而变得能比以前更轻松自如地做出这种行为了，那么，我们就说它已被敏化了，或者说变得更敏感了。

如果一种本能行为已经很久没有表现出来了，那么，这种本能就会衰退。当猫变肥并变懒时，它们就会不再对追逐老鼠感兴趣。此外，无论哪一动物个体，如果它进行某种本能活动过于频繁以至于该活动成了一种习惯的话，那么，动物个体也就不再乐在其中，在这种情况下，那种本能同样会衰退。

另一方面，某种本能行为的重复会给动物越来越强的快感。**本能会因受"锻炼"而增强**，因而，动物个体就会越来越倾向于服从这种强化了的本能。不幸的是，动物的攻击本能就经常以这种方式表现出来。康拉德·洛伦茨在《论攻击》一书中表明：**当一个动物或人喜欢进行攻击行为时，其攻击欲望就会增强**。有些人错误地相信表现攻击性是件好事。但实际上，他们这样做是在**"锻炼"攻击本能**，因而会**变得更加富于攻击性**。

动物或人的本能行为受许多因素的影响。动物的本能是随着身体的发育而成熟起来的。随着神经纤维的生长，神经细胞就会通过

相杀相爱：两性关系的演化

突触互相连接起来。身体也随着发育而开始制造各种激素。外部力量可促进或抑制成熟过程。在这本书的稍后的章节中，我将会讨论那些在雄性向其求爱连续几周后才会感受到交配冲动的雌性动物。

与反射不同的是，本能并不是固定不变的力量。动物个体的**经验可修改**它的**本能**。例如，我们知道：寒鸦能学会知道某个敌人看起来像什么并将这一知识传播给其他寒鸦。而且，随着动物个体的成熟，它会经历一些极易受环境影响的阶段。与遗传因素相配合，动物个体的经验也有助于模塑其"人"格。在我关于亲子关系的书（**《温暖的巢穴：动物们如何经营家庭》**）中，我将更广泛深入地讨论这个问题。

动物听从某种本能冲动的准备状态是随一天中的不同时段而变的。例如，人在夜晚要比在白天胆小些并更易受到惊吓，而人在白天要比在夜晚更具有攻击性。

本能驱力的强度也随季节而变化。许多动物感觉到有强烈交配欲望的时间在一年中只有几周、几天或几个小时。在一年中的其余时间中，它们对性完全不感兴趣。激素活动控制着交配周期。

我们可将本能描述成一种来自遗传的、以某种方式表现出来的内驱力。内驱力是受激素与神经系统活动调节的。本能行为通常是由某个外部刺激所引发的。不过，有时，本能行为也可由内部自行触发。在服从反射机制时，动物个体以直接进行所需的行为来对刺激做出回应。而在听从本能的情况下，动物个体对内在或外在刺激的直接回应就不是某种行为而是某种情感：如果将要进行某种令其愉快的行为，那它就会生出一种期待感；如果得避开某个威胁，那它就会生出一种厌恶感。驱动着动物个体进行它所需做的**本能行为**

的动力是情感。如果动物个体按情感倾向付诸行动，那它就会得到一种满足感形式的奖赏。

我们已经注意到：如果某个动物个体自最后一次进行某种本能活动已经过去了很长时间的话，那么，这种本能活动就无须由外部刺激来引发了。在这种情况下，由内在刺激所引起的、看起来自发的情感就会迫使动物个体去寻求符合本能需要的外部刺激。当一只猫在一块草地的高高的草丛中蹑手蹑脚地穿行时，它是在为它的捕捉与杀戮欲望寻找一种外部刺激，也即在寻找猎物。当动物个体在寻找一种触发某种本能的刺激时，这种行为就叫作欲求行为。

一个人在某一时刻其攻击本能的激发所需的刺激强度的阈值很低时，会四处走动，以便发现某个他可以找碴与之吵上一架的人。同样，一只已徒劳地花了好长时间在寻求配偶却不得的野兔最终会变得欲火焚身，以至于它会不加选择地向任何它所看到的雌性求爱。

当一只猫在猎取一只老鼠时，它在进行的其实是几种分别由不同的本能控制的活动。其中的每一种活动都是一种欲求活动，一种寻求某种能引发打猎过程的下一阶段的刺激的活动。猫为了捕捉而跟踪，为了杀戮而捕捉，为了吃食而杀戮。

动物个体听从某种本能而行动时必有某种情感伴随在这种行动的前、后以及整个过程中。一个人在吵架前会觉得愤怒。在吵架的过程中，他会体验到各种各样的情感。例如，他会觉得害怕，如果另一个人试图还手的话。吵架过后，根据自己是赢了还是输了，他会觉得欢欣鼓舞或者垂头丧气。

当我们的本能活动起来时，我们至少会体验到我们所能体验的广泛多样的情感中的一种。如果我们期待着某种好吃的东西、一场风流韵事、一次旅行、一场社会事变、一次赛事、一笔钱，我们就会分别感受到不同的情感。激素、美好或不美好的记忆、希望与恐惧及压抑都在影响着我们对事物的感受；在特定情形下，一个人的感受会随着别人对自己的反应而变化。

动物与人类所拥有的本能，与所拥有的情感及情感色调一样多。每当我们体验到某种情感时，本能实际上就已涉及其中了。

在一些年前，科学界还存在着一帮强烈反对拟人论，反对**较低等动物也像人一样有悟性、德行与情感**的观点的动物学家。诚然，像灵犬莱西、袋鼠斯基皮、海豚飞宝、"医生"的宠物等电视上的动物角色都是拟人思维的产物。没有任何一个真实的动物会像这些虚构的动物一样思考与感受。另一方面，拒绝承认其他动物具有任何与人类哪怕只是略微有点相似的情感也是错误的。如果一只狗在看到主人时摇尾巴，那么，对此，某些拘谨的动物学家会将其描述为仅仅是一种"机械反应"。但我相信：在这种情况下，这种说法——**狗摇尾巴是因为它对看到主人感到高兴**——是**相当可信的**。

拒绝承认动物也有与人相似的情感是自从某些科学家只用反射来解释动物行为以来出现的（机械论看法的）一种延续。那些动物学家会说："谁知道动物在进行本能活动时是否产生了感受呢？"

人们曾一度相信：只有人类才能体验到真正的情感，因为只有人类才能在音乐和诗歌中表达情感。但实际上，动物与人类之间的差异在于人有相对较高的智力、说话能力，以及将知识传递给后代的能力。其实，其他高等动物具有与人类一样丰富的情感，而且，它们体验到的情感之强度还高于人类。人的智力和说话能力使其能以艺术的形式表达自己的情感。但心电图和脑电图显示：其他高等动物体验到的情感洪流比人类的更强劲有力、汹涌澎湃，其转折也更突然、急剧，其下降与消失的速度也更快。

只有较高等的动物才能体验到情感。而像原生动物、海绵与水母这样的低等动物的行为则完全是由自动进行的反射所调控的。若要体验到情感，一种动物就必须演化出对本能的反应机制。在**动物演化出本能后，情感就成了行为背后的动力**。例如，若非因为感到受驱策或被逼迫，人类很少会采取什么行动。实际上，**人所做的每一样事情都是对各种驱力的响应**，这些驱力有安全与名望需要、社会性结对本能、恐惧本能、性冲动与攻击驱力等。

宗教热忱可看作人想要获得未来生活安全保障的一种努力，因而，它也来自本能驱力。理想主义与利他主义也来自同一源头，不过还得加上社会性结对本能。进行慈善活动会给人以一种满足感，出于对这种情感体验的预期，我们会渴望去帮助他人。未被人们所认可的天才们也能从自己的工作中得到如此强烈的满足，以至于在没得到他人认可与赞赏的情况下他们也能自得其乐地活下去。

人常在自身**行为的真正原因**上自欺欺人，但真实的原因其性质永远**都是情感的，即本能的**。

意志在人类生活中起着枢纽作用，它是本能与理性的中介。一方面，意志是人自觉地用来使自己去进行或克制自己不要进行某些活动的理性力量。另一方面，意志本身又类似于一种本能。

人生而具有或强或弱的意志。训练与经验可以加强或减弱意志。我们对自己的行为的道德价值观或责任感会使我们用意志来调节自己的行为。不过，我们并不总是具有按照自己的选择来行事的力量。人的意志给了人在各种可供选择的事物中进行选择的自由，但意志自由总是相对的而不是绝对的。

意志是本能与理性的中介，它既非单纯的本能，亦非单纯的理性，而是**与本能和理性都有某些共同之处**。

如果一个人只有理智没有情感，那么，他会像个什么样子呢？他将不会有孩子，因为对他来说，孩子只不过是一大堆麻烦。他不会需要爱。他不会去听音乐或看画作，因为没有一种艺术会让他有感觉。他还会对食物乃至生命本身都漠不关心。这样的人将会像一个机器人。他将没有做任何事情的理由，甚至没有使自己活下去的理由。一台计算机要运行，得有人去给它编程序、给它打开电源开关、给它提供数据。如果没有人去操作，那么，它就只不过是一只没有任何主动性的金属箱子。

近年来，许多人在用麻醉药来毁掉自己的情感和本能生活。他们避开实际的生活目标和真实的满足，转而生活在一个梦幻的世界中。他们用药物来不费吹灰之力地满足自己对满足感的欲望。由此，他们无须在实际行动和现实世界中寻求快乐。这种**由毒品产生的"幻境旅行"摧毁了人的本能**，结果，这些人的本能就停止了运作，就变得像是一台台没人去操控的计算机了。

使本能得到满足的不是某个目标的达到，而**是本能行为本身**的进行。一只猫可以在第一次朝一只老鼠跳过去时就捉住它，但这时其捕捉猎物的内驱力远远还没有得到满足。因此，它会继续玩弄它的猎物。当它已满足自己的捕捉猎物的内驱力时，它才会体验到杀戮的内驱力。

当一只金仓鼠感受到强烈的奔跑冲动时，它就会往外跑——如果它生活在亚洲大草原上的话，或在小跑步机上跑——如果它被关在笼子里的话。在跑步机上跑对我们来说似乎是一种无用的活动，但金仓鼠却会在机上整天跑个不停；如果有人拿掉跑步机的话，那么，笼里的金仓鼠就会显得十分不快。

与使得金仓鼠在跑步机上跑步的驱力一样，我们人的行为也是由与之相似的各种驱力驱动的。也就是说，我们人的本能欲望是通过本能行为本身，而非行为之外的目标的达到来得到满足的。对正在寻找吵架机会的富于攻击性的人来说，如果他的对手试图以接受他的要求的方式友善地解决争吵的话，那么，他的攻击驱力是不可能得到满足的。事实上，富于攻击性的人所需要的是继续争吵。别人越对他让步，他就会变得越愤怒，直到他终于得到他想要的交战机会。他想要的其实不是某个特定目标的达到，而是一场**目的在于行为本身***的战斗。只有通过争吵他才能释放自己被压抑的攻击欲望。

因此，在我们与他人争吵之前，了解争吵的真正原因是十分重要的。

现在，让我们来对我们关于本能行为的知识做个概括：本能行为是由一系列行为片段组成的，其中的每个片段都是由一个独立自主的本能引起的。本能的强度是变化的，可调节的。在自然环境中，动物的本能的强度可以被调节，以使它们得到最佳生存机会。

在生理层面上，本能行为是与由神经细胞和影响神经细胞的激素构成的神经生理机制相联系的。因此，本能是随着个体的生理发育而逐渐成熟的。此外，激素也会使本能在一天或一年中的不同时

---

* 这种表述其实是日常语言（而非科学语言）层次的，是不够准确的。准确的表述应该是："**目的**（在行为过程中）**通过行为本身得到实现**"。译者选择在正文中按字面原义翻译该短语，只是为了忠实于原文，而非译者赞成或愿意迁就这种（常常模糊混乱的）日常语言层次的表述。——译者注

相杀相爱：两性关系的演化

间发生强度上的变化。

引发某种本能所需的刺激强度随着上次进行某种特定本能行为后所过去的时间长短而变化。如果一种本能很久未得到释放，那么，动物或人就会去寻找引发这种本能的刺激。这种刺激可以是将某种信息传递给先天释放机制的一种符号性信号，也可以是动物必须学会识别的一种更为复杂的形象。一个与关键刺激有相似之处的物体也会引发某种本能反应（例如，一个线团可作为老鼠的代用品并由此引发猫的捕捉本能）。在缺乏关键刺激的代用品的情况下，动物也会自发地进行某种本能行为（例如，一只猫会悄悄地跟踪一只想象中的看不见的老鼠）。

动物会变得对本能敏化。如果一种本能得不到释放或被释放得非常频繁以至于成了一种习惯，那么这种本能就会衰退。不过，本能行为的重复也能提高动物的快感，并由此提高动物进行这种活动的倾向性。失望或惩罚则会对本能行为起抑制作用。

本能并非固定不变而是可被经验影响的。早期经验、意志力、个体品德和责任感都会增强、改变、抑制或阻碍本能行为，在人类中尤其如此。我们通常意识不到自己的行为的真正动机，因而不知道我们其实是在按本能行事。

在感觉到关键刺激后、进行某种本能活动前的时间中，动物个体会体验到某种迫使或禁止它行动的情感。情感在反射活动中不起作用：但通过将动物个体训练成服从条件反射，我们可改变其情感反应。对条件刺激的反应既不是完全本能的，也不是完全反射的。尽管如此，条件反射的运用还是使人得以复制通常与本能行为有关的情感反应。

总之，不是某个目标的达到而是本能行为本身，才能使本能获得满足。

本能的性质是难以精确界定的。我们可造出一个能精确模拟出某种反射活动的机器人。我们也可精确地将反射界定为一连串电脉冲。但**本能涉及情感**。因此，本能是一种**比反射复杂得多**的现象。

例如，我们可以造出一只电子猫——一只装有轮子、由电动机驱动、由自动转向系统导向、用光电管做眼睛的金属猫状物体。我们可为这只机器猫编好各种活动程序，这样它便能跟踪猎物，埋伏在鼠洞外，捕捉并吞食老鼠。我们可以编制让机器猫对外部刺激起反应的程序，但我们却无法编制让它感受到追逐的快乐、感受到恐惧或感受到杀戮带来的满足感的程序。

什么是情感呢？科学家们猜测：情感是与一种神经-激素交互作用的机制相联系的。但我们却一点都不知道这种机制是怎样产生与本能有关的、促动或抑制相应活动的情感的。我们甚至不知道情感到底是某种可分析与复制的生理机制的产物，还是由某种人类无法理解的现象引起的。只要我们还没有搞清楚情感是怎么产生的，本能的性质就仍然会是一个谜团。当然，我们可以去研究本能行为并就动物与人类的心理问题得出某些实际有效的结论，但迄今为止我们仍无法准确地界定到底何为本能，就像我们无法准确界定到底何为物质、能量、空间或时间一样。

有些人觉得本能就应该是某种低下、原始、兽性与邪恶的东西。其实，本能之邪恶与否就像情感之邪恶与否一样。某些情感会导致高尚行为，另一些会导致卑下行为。若非有群居的本能和与伙伴结成持久性对子关系的本能，那么，人类就会是像北极熊那样坏脾气的独居动物。

高尚的理想或卑鄙的目的都在通过激起我们的情感来影响我们的行为。说到底，我们无法理性地证明："有些事是正派人一定得做或一定不能做的"这种信仰是具有充分理由的。这种信仰其实是建立在一种内在的必要感的基础上的，也就是说，它是建立在一种天生的社会性本能的基础上的。这种本能构成了人格的基础。如果孩子的养育方式不当，那么，这一基础就会被摧毁。但如果我们的基本的本能并没有什么不对，那么，它们将会比所有的道德律令和这个世界上所有的社会学理论都能更可靠地指导我们的行为。这种难以用理性来分析的社会性本能在我们自身内部起着一种"神圣之声"的作用。事实上，正是这些**社会性本能**构成了**良心**的**基础**。

当然，在本能与情感领域占有席位的并不只有良心，此外，它也是魔性——那种反复无常、破坏性强的人不能或不愿控制的横扫一切的破坏性力量——的发源地。那些具有凌驾于他人之上的管理权或支配权的人都几乎没有例外地屈服于这种恶魔般的力量。就像闪电和雷声一样，权力与权力的滥用总是相伴并存。

魔性是真正的恶魔。它使一个人听从于自己的那些会产生最坏的后果的本能，并任其发挥到伤害他人并有意识地压制理性与道德的忠告的地步。

我们应该对罪过与邪恶的概念加以清楚的区别。罪过是指一个人的本能行为违反了宗教戒律，但一个犯了罪过的人并没有伤害他人。

过去，人们曾经为**人性本善还是本恶**而争辩。其实，人类的本能预先决定了人会表现得**既善又恶**。若无本能，那么，人就无所谓善恶，就不过是个没有灵魂的机器人。

其实，**本能**本身是**无所谓善恶**的。我们会赞赏一只狗替它的主人守行李的行为，而不会赞赏一只狗咬我们腿的行为。然而，我们却不能将（非人）动物的行为说成善的或恶的。只有当一个**明**白事**理**的**人**去**故意地伤害**另一个人，并**有意识地**拒绝动用自己所具有的抑制破坏冲动的力量时，我们才能说这个人的意图或行为是**恶**的。*

---

* 在本章最后两段话中，作者认为：在**本能**层面上，动物乃至（仅凭本能而行）人的**本性**是**无所谓善恶**的；善恶是有**理性**的**人**凭理性**有意**做出**利他**或害人之举时才有的。换言之，作者在此处的观点是：**善恶**概念只适用于有**理性**的**人**，而（在此他似乎认为无理性的）动物（乃至丧失理性的人）仅凭**本能**做出的利他或害他**行为**是**无所谓善恶**的。但在（译者看过的）作者的其他书中，他的观点则有所不同；要而言之，即**利己**是动物的**本性**，也是动物能做出在个体层面**利他**而在（血缘、姻缘、友缘）群体层面广义利己的行为的**基础和归宿**（或利己是利他之母，利他是间接利己或群体意义上的利己）；利己行为的合理与否即善恶取决于是否损他。由此看来，作者有时是承认**动物行为**也是**有善恶之分**的。译者认为：若根据行为的**利害效果**来评判**善恶**，那么，无论人类还是动物的，无论基于本能还是理性的行为都有善恶之分。当本能尚未起作用即尚未驱动行为时，仅仅作为一种**潜能性**生物学事实的**本能**尚未对具体事物之具体目的产生利害效果，因而，**无所谓善恶**。在这个意义上，译者赞同作者的（本能意义上的）动物**本性**无所谓善恶的观点。——译者注

第四篇

相聚的问题

第七章

从杀戮到爱情

攻击性的克服

"若仅从逻辑上看问题，我们就很难理解人们为什么会费心费力地去生养孩子，"沃尔特·富克斯（Walter R. Fuchs）这样写道，"对女性来说，生孩子是很痛苦的事，而把他们养大则是个漫长而艰苦的过程。一个做丈夫的得努力工作多年才能维持一个家庭的生活。由此，若仅从逻辑上分析两性关系，那么，人类就绝不会去惹繁殖这个麻烦。然而，大自然却夺走了人类的理性，因而，人类行为便不合逻辑了。如若不是因为我们是如此非理性的动物，人类这一物种就会走向灭亡。尽管这话听起来像个悖论。"[1]

促使动物们去履行自己最重要的生命职责的不是理性而是本能。即使对最聪明的动物——人来说，这一点也是正确的。人类的许多本能是从富于智慧的动物出现之前就生活在地球上的动物们那里继承下来的。要对两性关系的各种模式做一番详审细查，我们就必须回到生命演化的开端。

雄性的"发明"带来了许多问题。我们已经注意到：为了两性能互相识别，大自然不得不发明出许多巧妙办法。然而，两个伙伴互相认识与吸引之时也就是双方间的问题刚刚开始之时。

　　尽管互相吸引，但雄性与雌性还是互相害怕，因为双方还是彼此陌生者。人类中的情侣们也从低等动物那里继承了这种害怕。

　　在某些动物中，雄性与雌性则不会体验到强烈的互相害怕之情。在这类动物中，自然已发明了可使配偶们避免互相谋杀的技术。在某些情况下，这种免害技术会不起作用，这时，交配行为就会伴随着同类相食现象。

　　曼弗雷德·格拉斯霍夫（Manfred Grasshoff）对一种叫作比利牛斯园蛛（苍白园蛛）的蜘蛛做了令人震惊的描述。[2] 在搜寻了一段时间后，一只雄比利牛斯园蛛发现了一只雌园蛛所织的一张大小相当于自己身体 4 倍的网，并开始像拉动拉铃索似的拖动其中的一根信号线。在轻快地拉扯了 8 次后，它又猛烈地拉扯了一下，那一下震动了雌园蛛的身体。在停了几秒钟之后，雄园蛛又开始"按响"那根信号线。在它继续发了 5 分钟的信号后，雌园蛛才下滑到那根信号线旁，露出它的腹部并颤动两双前腿，似乎在邀请雄园蛛与自己交配，并同时发出了要杀了它的威胁。

　　雄园蛛逐渐向雌园蛛靠近，然后，在相距约 0.5 厘米的地方停了下来。雄园蛛对那根信号线的猛扯慢慢地变成了它整个身体的颤抖。当雄园蛛向前伸出它躯干下面的那双前腿并将第二双腿也朝前伸出时，它停止了颤抖。它停了一会儿，一动不动。而后，它似乎在拿它的须肢，即含有精子囊的那条腿瞄准雌园蛛的生殖器开口处。它重复瞄了几次，而后终于将须肢突然刺入雌园蛛的生殖器开口处。

不过，它的第一次交配尝试失败了。一瞬后，那只雄园蛛吐出一根丝线并下垂到一个距离雌园蛛较远的安全之地。后来，它又往上爬回到原来的地方，并再次开始向雌园蛛求爱。每隔30秒，雄园蛛就做一次想与雌园蛛交配的尝试，在失败了十几次之后，它终于蹲在了雌园蛛的身体下方，用它的背贴着雌园蛛的腹部。接着，它将须肢插进了雌园蛛的生殖器。在它保持这一姿态的过程中，它的腹部正好位于雌园蛛下颚之下。雌园蛛立刻用双颚戳进它的身体。交配持续了9分钟。接着，那雌园蛛将它的新郎猛地向前推到自己的颚下，并将其活活地吃掉了。

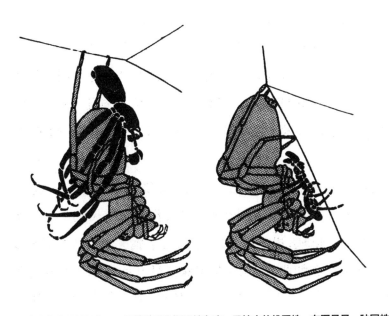

右图为在交配过程中，一只雌比利牛斯园蛛在吃一只较小的雄园蛛。左图是另一种园蛛中欧十字园蛛。雄中欧十字园蛛比雄比利牛斯园蛛大一些，这种雄园蛛通常都能成功地将雌园蛛按住，这样，无论在交配之前还是之后，雌蛛都无法吃掉它。雄蛛的体形越小，它在婚床上被吃掉的危险也就越大。

对这种蜘蛛的进一步观察和对它们的身体构造的检查表明：如果雌蛛不将它的致命的颚戳进雄蛛的身体，那么，雄蛛与雌蛛就无法交配。如果它不用颚将雄蛛固定在合适的位置上，那么，那个小个子雄蛛就会从它的大个子新娘的盔甲上滑出去。

中欧十字园蛛是比利牛斯园蛛的近亲，其雄蛛的体形只是略微小于雌蛛。雄蛛会突然朝雌蛛扑过去，并像一个摔跤运动员一样用它的多条腿缠绕在雌蛛身上，这样，雌蛛便无法咬它或用蛛丝来裹囚它了。它维持着摔跤运动员的姿势，并以动物世界中破纪录的速度——3~20秒就完成了交配。而后，它很快地溜走了。在地面上躲藏了几天后，它死了。对此，雌比利牛斯园蛛或许会说：让一只雄蛛在交配之后再活上几天不过是优质蛋白的一种浪费而已。毕竟，一旦它为它的生殖目的尽了力，除了作为新娘的营养品之外，它已经毫无用处了。

不过，绝大多数雄性并没有被安排要为这样一个实用目的服务。通常，肉食性昆虫都能找到足够的食物，而用不着去吞食自己的配偶。在3万种蜘蛛中，伴有同类相食现象的交配行为只是例外而不是常规。由此可见，大自然显然没有将一切东西都安排成只是为实用目的服务。事实上，一个雄性个体被引诱到一个必然要杀掉并吃掉它的动物面前，这样的事绝不是正常的。在这方面，雄比利牛斯园蛛的行为是相当异常的。

同类相食的交配行为并没有发展成别的样子，因为从某种角度看，它对物种的延续是有利的。这种异常现象之所以在演化的过程中没有消失掉，是因为总的说来，它对物种的存在也没有什么害处。在大多数蜘蛛种类中，雌性并不吞食自己的配偶。这证明无须自毁

　　　　　　　　　相杀相爱：两性关系的演化

的繁殖是更有效的。雄比利牛斯园蛛有充分的理由害怕它的谋杀成性的新娘。由此，这种动物如果要生存，那么，其雄性的交配欲望就必须强于对死亡的恐惧。通常，自保本能都要强于所有其他的本能。由此，在生物演化史上，发明能在交配期间使雄性能得到保护的技能，显然要比发明能克服对死亡的恐惧的雄性来得更为有效。

除了十字园蛛的摔跤运动员式的姿势外，大自然还发明出了许多能够使雄性在交配期间得到保护的技巧。雄螲蟷（一种穴居地下、洞口有活动门的蜘蛛）的颚的构造，使得它能将雌螲蟷的身体卡在两颚之间从而免遭其咬。

盗蛛科的一种蜘蛛中的雄蛛能在与配偶的斗争中以智取胜：它会在事先捉一只昆虫并用丝线包扎好，而后带给雌蛛作为礼物。当雌蛛忙于享用作为礼物的食物时，它就趁机赶紧与雌蛛交配而后溜之大吉。这种蜘蛛中的雄蛛甚至动作敏捷到如此的地步：在那雌蛛还没开始吃那作为礼物的昆虫之时就已经完成了交配。而后，它又急忙夺过那个礼物逃跑了。这样，在雌蛛的婚宴上，它就既没有作为礼物的食物可吃，也没有作为丈夫的食物可吃。

最著名的同类相食的雌性是螳螂目中的雌性。其中有许多是螳螂科的成员。罗伯特·伯顿（Robert Burton）曾经描述过一种非常奇怪的螳螂。在这种螳螂头部（这种动物并不具有真正意义上的脑）的神经系统中，存在着一种阻止雄性性器官排出精子的抑制机制。在整个动物界再也没有别的抑制性反射机制能如此完美地起作用。只有当那一神经机制被破坏，即当雄螳螂的头被人用刀片割掉或被雌螳螂咬掉时，它才能释放出自己的精子。

当雄螳螂看见一只雌螳螂时，它就会"僵住"。接着，它会从雌螳螂的背后、从身体左侧悄悄地爬上雌螳螂的背。它爬得如此之慢，以至于人只有借助于快速摄影机才能发现它的运动。那雄螳螂花了一个多小时才移动了 30 厘米。任何显得突然的运动都将意味着死亡。雌螳螂是一种贪得无厌的同类相食者，一看到雄螳螂，它们就会立即将其吞吃掉，连个交配机会都不会给。当雄螳螂靠近雌螳螂时，它会一跃而起、一下子跳到雌螳螂背上。如果它不能准确判断那个它能一跃而上的距离，那么，它立即就会被吃掉。如果它跳起后降落在了雌螳螂右侧的地方，那么，它就会被分两个阶段吃掉。一旦雄螳螂摆出交配的姿态，雌螳螂就会咬掉它的头，以此来解除

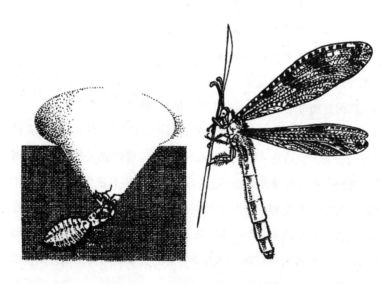

左图，一只幼虫阶段的蚁狮捉住了一只落在一个圆锥形凹坑中的蚂蚁。最终，这只幼虫将发育成右图中的长着一对漂亮翅膀的动物，这种动物同样是一种贪婪的同类相食的动物。

那抑制它释放精子的神经机制。接着，相应的反射机制就会使那无头的身体释放出精子，从而给雌螳螂受精。一旦性行为结束，雌螳螂就会将雄螳螂的身体吃得只剩下翅膀。

就像雌螳螂一样，雌蚁狮也不相信雄性具有与自己平等的权格。当幼虫成熟时，它们就不再是"黑暗陷阱中的大腹便便的居住者"［理查德·格拉赫（Richard Gerlach）[3]］，而是长着漂亮翅膀的动物了。成年期的它们看起来显得那么轻盈，以至于直到最近科学家们还是相信它们肯定是靠饮蜜露活着的。

实际上，与幼虫时期一样，成年蚁狮也是贪得无厌的肉食动物。甚至，雌蚁狮的肉食性比雄的更强。它们不仅吃大多数种类的蝇和其他昆虫，还会在交配后立即吃掉自己的新郎。而后，它们还会吃所有错误地想要接近它们的雄性。它们甚至不愿费心先与这些迟到者交配而后再吃；因为在交配过一次后，它们就没必要再这样做了。

导致雌螳螂和雌蚁狮吞食雄性的有两个因素。首先是它们的贪得无厌的旺盛食欲。当螳螂们被圈养在一个玻璃容器中并被供以大量活昆虫时，它们从来都不会停止吃东西。其次，螳螂与蚁狮将所有其他昆虫都看作潜在的牺牲品。它们会吃任何无力抵抗它们的东西。使得这两种雌性能够识别猎物的先天释放机制不允许它们将自己的配偶与其他昆虫区别开来，因而，它们只能以与对待其他猎物一样的方式来对待配偶。

某些蠓中的雌性同样是本能的奴隶，同样不能将同种雄性与别种猎物区别开来。蠓是一种长不足 1 毫米的小蝇，它能穿过蚊帐孔眼溜到蚊帐里面来，而后将人叮得很疼。蠓的种类很多。某些种类的蠓并不叮人或其他哺乳动物，而是吃很多种蝇，包括同种的雄性。

成群结队的雄性苍蝇、蚊子、蠓聚集在水沟中、林中小道旁、树下、灌木丛与石头边，甚至像牛与人这样的移动物体周围。那些飞舞着的像小块云团一样的雄性蚊蝇吸引着愿意交配的雌性蚊蝇的注意，因而，那些雌蚊蝇也会朝它们飞过去并加入它们的队伍。

就像其他种类的雄蝇一样，雄蠓也成群结队地聚在一起、四处飞舞。以猎食别的蚊蝇为生的雌蠓对一群雄蚊蝇是否与自己同种是漠不关心的，它们的兴趣不在交配而在猎食。

那由雄蚊蝇组成的"云团"会变成一场大屠杀的现场。当雌蠓飞抵"云团"时，它会降落到一只雄蚊蝇的背上，用腿紧紧地抓住雄蚊蝇，将颚掘进其头部，并在其甲壳之内注入腐蚀性很强的唾液。一会儿工夫，雄蚊蝇的身体就溶解了，这时，那雌蠓就像我们用一根吸管吸食瓶中的牛奶一样将雄蚊蝇甲壳内的溶液吸出来。吸食完后，它就扔掉了那个空壳。

雌蠓吃所有的雄蚋和雄蠓，包括它们同种的雄性。如果它吃掉的是一只同种雄性，那么，这个雄性将会在死后成为它的配偶。当它扔掉其空壳时，这个雄性的性器官所在的身体末端就会黏附在它的腹部并使它受精。与此同时，已经降解为液体的雄性自己也在从头到尾流经它的身体。

当然，无论是雄性还是雌性蠓都不知道发生了什么事情。只有人类才能将性行为与后代的繁殖相联系。雄蠓的本能在迫使着它与其他雄性一起集群而舞。**雄蠓**实际上根本就**不寻求雌蠓**，而**雌蠓所想的也不是性而只是猎食**。它没有同种雄性看起来该是什么样子的概念。它只知道如何识别猎物。它的新郎的形象只是起到引发其猎食冲动的关键刺激的作用。**蠓无性驱力，雌蠓的交配行为只是一种反射活动**，一出**猎食**戏剧的一种**副产品**。

有些哺乳动物的交配习惯近乎同类相食。例如，犀牛是一种装甲配备得像昆虫一样的动物，它们的求爱行为就是极为粗暴的。直到最近，仍然没有一个动物园管理者敢在交配季节将一只雄黑犀牛与一只雌黑犀牛放在一起。

1968 年，在英格兰切斯特的一家动物园中，30 个动物饲养员围在一个围栏旁，那围栏里关着一只名叫苏茜（Susie）的母犀牛。[4]由于预料到公犀牛可能会试图杀害母犀牛，所以，那些男人事先配备了高压水枪、长杆和铁链子等。通向旁边的围栏的滑动门被升了起来。苏茜发出了一声尖声长啸。突然，一块重达 2 吨、其上覆盖着厚厚的角质皮并长着两只较低的角和一对近视眼的大块头，以每小时 30 千米的速度朝着苏茜所在的围栏冲过来。它就是那头公犀牛——罗杰（Roger）。在最后一瞬间，苏茜闪到了一旁，让那只公犀牛从它身边冲了过去。

这就是这一对犀牛的第一次爱情宣言。接着，苏茜朝罗杰冲过去。它设法将双角伸到了罗杰的 2 吨重的身体下方，将罗杰向空中抛起半米高，然后让罗杰掉了下来并发出与地面猛烈相撞的声响。几秒钟后，那公犀牛就像只黄鼠狼那么敏捷地四脚着地地站了起来。它立即朝苏茜猛撞过来，那撞击是如此有力，即使是一辆汽车被这样撞一下也肯定会凹进去一大块。

伴随着令人毛骨悚然的长啸声、尖叫声和咕哝声，那两只动物又继续互相对撞了一个小时。它们中的任何一个都随时可能把另一个踩死。管理员们几次准备好了要打开高压水枪来分开那两只巨兽。

就这样，在求爱时，雄、雌黑犀牛投入的是一场会危及双方生命的野蛮冲突，而不是一场会导致亲密结合的温柔求爱。

在野外，犀牛是一种与同类的其他成员敌对的独居的动物。在通常情况下，它们都直截了当地避开对方，以免互相打起来。然而，在交配季节，性的吸引力会促使它们走到一起，并由此导致攻击冲动的释放。在相逢后的最初一段时间里，雄、雌犀牛看起来就像是死对头。

终于，那些在观察着苏茜与罗杰的管理员注意到：那两只动物不再像先前一样野蛮地互相攻击了。苏茜开始在它笨重的身体所允许的范围内以尽可能卖弄风骚的姿态绕着围栏小跑。最后，它终于邀请那公犀牛爬骑到它的背上，并以此结束了它卖弄风骚的表演。

罗杰立即爬上它的背，直到四脚凌空，苏茜则在它的重压之下摇晃着身体。苏茜努力地支撑着它达一个小时，最后，它终于从苏茜背上滑了下来。到了那个时候，那两只动物都已经累得无力打架了。

有两个因素阻止着犀牛演化出较为优雅的求爱模式。其一，它们笨重的身躯使它们不可能以微妙的姿势或面部表情来互相交流。其二，在大多数情况下，盔甲似的角质皮肤可使它们免遭伤害。当双方都已防护得很好时，它们就没有必要在斗殴时采用文雅的方式来互相对待了。然而，对东非塞伦盖蒂草原上的犀牛生活的观察表明：有时，它们的粗暴求爱方式还是会导致雄犀牛或雌犀牛死亡的。

陆龟的求爱方式也是野蛮的。不过，它们的求爱仪式要比犀牛的从容悠然得多。就像雄犀牛一样，雄陆龟也得找到某种方式使雌

相杀相爱：两性关系的演化

性能摆出适合交配的体位。对这个问题，陆龟已发明出了一种简单而有效的解决办法。

在交配季节，雌陆龟会变得很胖，以至于当处于危险之中时它们也无法将整个身体全部缩进自己的甲壳中。要么头部要么臀部不得不露在甲壳外面。雄陆龟会对雌龟发起攻击，直到迫使它缩回自己的头因而不得不将位于臀部的生殖器暴露在外。

雄陆龟开始从侧面或后方踩雌陆龟，一边咬它前腿，一边追赶它。雄陆龟和雌陆龟都以对它们来说快得要折断脖子的速度移动着。这种"游戏"常常会持续上几个小时。有时，雌陆龟会因伤痕累累失血过多而死亡。

最终，受到惊吓的雌陆龟会放弃自卫的企图，它一动不动地躺着，头与前脚都缩进了甲壳中。这时，雄陆龟才放心地靠近它的臀部。实际上，雄陆龟对雌陆龟实施的是强奸。与犀牛不同的是，在整个求爱与交配的过程中，那两只陆龟根本就没有互相表现出过一星半点儿的感情。

雄蛙也强奸雌蛙。蛙是会唱情歌的最古老的陆地脊椎动物。天一黑下来，雄蛙们就会用呱呱呱的嗓音举行旨在吸引雌蛙的音乐会。一旦有雌蛙游到足够近的地方，雄蛙就会停止求爱，并以摔跤选手的抱握姿势抓住雌蛙。一只雄蛙会欣然接受任何与一只蛙差不多大小的东西，它会用前脚抓住它并挤压它，直到蛙卵从雌蛙体内排出。接着，它就会让那些卵子受精。雄蛙会强奸与自己同种或异种的雌蛙，甚至会强奸一只雌癞蛤蟆。

成群的雄蛙会投入无节制的集体性强奸活动中去。受集体歇斯底里的影响，一只雄蛙会跳到另一只雄蛙背上，甚至跳到一块石头或木头上面去。两只雄蛙会跳到同一只雌蛙身上去，一只雄蛙也可能会跳到一已经骑在雌蛙身上的雄蛙身上去，并叠罗汉式地骑在它身上。

那些被别的雄蛙抓住的雄蛙会拼命挣扎并最终得以挣脱。此外，那些跳到一块石头或木头上去的雄蛙一旦意识到那些东西不像是只蛙时，也会从那些东西上跳下来。然而，如果一只雄蛙老是抓着一块泥巴的话，那么，这块泥巴就会逐渐被它模塑成蛙的形状，这样，这块泥巴就会让雄蛙觉得很像是只雌蛙。由此，一只雄蛙就会连续几天蹲在那块泥巴上，徒劳地等着它释放卵子。同样，雄蛙还会蹲在一只已经死掉了的雌蛙身上，或一只过于年轻因而还没有能力产卵的雌蛙身上。

非洲有一种爪蟾，其中的雄蟾蜍力气很大。尽管体形只有雌蟾蜍的一半大小，但这种雄蟾蜍却能推着雌蟾蜍在地面上滚动并用力地挤压它，以至于使得它失去知觉。等雌蟾蜍昏过去后，雄蟾蜍就会挤出雌蟾蜍体内的卵子并使它们受精。

强奸作为蛙类的正常交配方式已有300多万年历史。其中的原因或许是蛙们并不真正交配，即雄性并不将自己的性器官插入雌性的性器官。实际上，雄蛙只是紧贴在雌蛙的背上，直到它释放出卵子，而后立即就使它们受精。既然这样，雄蛙与雌蛙自然就应使它们的活动步调一致，以便雄蛙能帮助雌蛙挤出体内的卵子，并在卵一出现时就使它们受精。而这种帮助雌蛙释放卵子的行为很容易导致某种形式的强奸。

为了进行真正的性交，性伙伴之间的关系必须比雄蛙与雌蛙之间的关系亲密。不过，相对这一规律来说的例外也是存在的。当雄

相杀相爱：两性关系的演化

性的体力比雌性的强得多时，这样的例外就会出现了，北象海豹的情况就是这样。

雌北象海豹重达 900 千克，因而不可能是侏儒。雄北象海豹的个头则是雌北象海豹的 4 倍，体重达 3 600 千克。那些母兽看来是害怕这些如此庞大的肌肉和脂肪块的。一旦有机会，雌北象海豹就会离开那个由 10 ~ 40 只雌海豹组成的"后宫"并沿着北太平洋岛屿家园的岸边漫游，以寻找一只体重要比它丈夫轻的单身雄海豹。通常，雄海豹都会攻击那些逃跑的雌海豹，它会用嘴咬雌海豹，并用鳍状肢野蛮地打它，以至于以后雌海豹会怕得不敢再逃跑了。

当雄海豹想要性交时，它会抓住它后宫中的某一只雌海豹，以

一种非洲有爪蟾蜍，其中的雄性只有雌性的一半大，但雄蟾蜍却能设法用力挤压雌蟾蜍，使它失去知觉。

摔跤手式的抓抱方式用一条鳍状肢抓抱着雌海豹，并用身体压得雌海豹喘不过气来。与此同时，它将臀部弯曲起来，以便与雌海豹性交。过了 5 分钟后，它就会让雌海豹离开。实际上，雌海豹常常能在连 5 分钟都不到的时候就逃走，因为在交配期间，它会尖叫、踢打，并用鳍状肢拍打沙滩，从而使自己从那要把它压垮的重荷下挣脱出来。

某些体形较小的哺乳动物中的雄性，比如雄松鼠，其行为也同样粗野。对交配一事，雌松鼠除了发出一声寻求交配的呼叫外什么都不做。那呼叫声能在周围的森林中传 300 米远。所有在这一地区拥有领土的成年雄松鼠，以及还没有能够在其中圈占一块领土的未成年雄松鼠，都会对那种呼叫做出回答并开始搜寻那只雌松鼠。为单单一只雌松鼠而出去搜寻的雄松鼠会多达 20 只。

一开始，那只雌松鼠会试图将那些雄松鼠都赶走，但由于雄松鼠在数量上大大超过它，因而，不久，它除了逃就没有其他办法了。在矮树丛和空地之间，雄松鼠们一会儿将雌松鼠赶上树，一会儿又将它赶下来。这种形式的"打猎"会持续几个小时甚至几天。"猎手"和"猎物"都会以这种方式越跑越远。

每当一只雄松鼠遭遇到另一只雄松鼠时，那两只松鼠就会互相混战一场或互相威胁。雄松鼠之间也会互相打起来。那只最强的雄松鼠会咬它的竞争对手，直到它们小心翼翼地与它保持一段距离，跟在它的后面。

只有当精疲力竭时，雌松鼠才会与雄松鼠交配。这时，雄松鼠才会表现出一点点温柔。由于它不可能直截了当地强奸雌松鼠，所以它不得不去向雌松鼠求爱。雌松鼠多毛的尾巴遮盖着生殖器口，

相杀相爱：两性关系的演化

而且，除非它自己选择挪开尾巴，别的松鼠是不可能挪开的。因而，那条尾巴起到了某种天然生就的贞操带的作用。因此，一旦雌松鼠已累得跑不动或没有还手之力时，雄松鼠就得去哄它以求它"高抬贵尾"。

雄松鼠向雌松鼠求爱的方式是像一个无助的松鼠婴儿那样以悲伤的音调发出吱吱的叫声，以此唤起雌松鼠的母爱本能。最终，它会对那只看起来孩子般无助的雄松鼠做出回应。由此可见，松鼠**配偶间的亲和性对子关系根源于成年雌性与其幼崽之间**的亲子**关系**。

除了松鼠之外，其他许多成年的动物也都会在求爱与交配仪式活动中表现出孩子似的行为。同样，从生物学角度看，恋爱中的人们也是具有表现得像个孩子的倾向的。

当雌松鼠已做好交配准备时，它会以洒下几滴尿液并抬起尾巴的方式，向雄松鼠发出信号。于是，雄松鼠就会摆正体位，并将自己的尾巴以问号的样子竖起在背上。

在交配后，雄、雌松鼠还会继续一起待上一段时间。它们甚至会在同一个窝内住上几天。但在距幼崽出生还有很长时间之前，这对配偶就会丧失彼此之间的柔情。最终，雌松鼠会将雄松鼠赶走。

尽管如此，在一个短暂的时期内，那两只松鼠还是会感受到在性行为之外仍然持续着的、彼此间的某种感觉。它们已经走出了导致婚姻的社会化过程的第一步。

只有当**性伙伴之间**存在着牢固的**亲和性对子关系**时，它们之间的关系才会最终结成**真正的婚姻**之正果。尽管许多动物的配偶之间都在不同程度上发展出了亲和性对子关系，但在许多情况下，在交配后不久，它们之间的感情之火就熄灭了。有时候，这种感情之火会熄灭得如此突然，以至于那对先前的配偶会面临互相残杀的危险。

与犀牛的求爱不同的是，虎的求爱是以柔情开始而以会造成死亡的狂怒结束的。虎是惯于独居的动物，对同种的成员，它们是怀有敌意的。就像雄松鼠一样，母虎会以表现得像只幼虎的方式来削弱伴侣的抵抗。一看到成年公虎，它就会以背着地翻身朝上，四肢在空中乱蹬，并发出悲伤的喵喵叫声。公虎会朝它靠近并待在一个安全距离外观察它。这时，母虎会悄无声息地绕着公虎走动，闹着玩似的拱起背，喉咙里发出咕噜咕噜的声音，最终，它会用它下巴上的胡须来摩擦公虎的脸。

然而，如果那公虎以为那个时候蜜月已开始了的话，那么，它就会犯错误。一旦它试图对母虎的抚爱做出回应，那母虎就会突然从一只小猫似的咕咕叫着的幼兽变成一只张牙舞爪的咆哮着的野兽。那母虎并不只是在简单地运用那种雌性普遍会运用的"欲擒故纵"的伎俩——假装拒绝雄性，以促使它做出更多的努力。实际上，母虎那时所露出的凶相表明当时它还没能完全克服自己的攻击本能。从老虎所具有的高度的攻击性这一点来看，这种举动并不让人吃惊。当公虎开始对它的求爱做出回应时，母虎似乎忘记了自己是这场求爱的发起者。突然间，它将那只公虎看成了一个敌人。于是，那两只动物继续挑逗与沟通，直到双方都变得性兴奋起来。这种性兴奋状态再加上（微弱的）结对本能，使它们能克服自己的攻击冲动并允许互相触摸，从而为性行为铺平道路。

在真正的交配行为进行期间，公虎对母虎的举动看起来气势汹汹的。骑在母虎身上时，公虎用牙咬着它的颈背，似乎准备杀了它

相杀相爱：两性关系的演化

似的。但实际上，公虎所做的不过是轻轻地夹着它的颈皮而已。

几乎所有动物的**性行为都表现出了攻击行为的成分**。虎的求爱行为代表着雌雄双方的攻击性与吸引力的融合。彼此受吸引的感觉起着阻止两只动物互相残杀的刹车闸的作用。**爱情与攻击性**之间绝非遥不相干，例如，人类中的情人常常会跟对方说："我是那么**爱你，恨不得吃了你！**"

两只虎交配之后，公虎才第一次面临真正的危险。在母虎的性欲突然消失后，它会变得对那只曾爬在它背上的陌生动物勃然大怒。这时，那曾经抑制住了它的攻击冲动的、被吸引的感觉已经消失了。就像甩掉身上的水滴一样将那公虎甩下它的背之后，它杀气腾腾地朝公虎猛扑过去。

公虎除了逃跑之外别无其他办法。公虎比母虎强壮，如果不是因为这时它的攻击驱力还被抑制着的话，那么，它可以轻易地做出防卫，以免受母虎的攻击。在交配后，母虎被公虎吸引的感觉马上就会消失，但公虎对母虎的好感则还留存着，这使得它一点办法都没有。这时，它的情感状态使得它无法保护自己。因此，这时，如果不逃的话，那么，它就会被杀掉。

在大多数老式动物园中，动物们生活在小得像囚室的笼子中。在这种笼子中，一只母虎会在交配后的几秒钟内杀死它的情郎。因此，在老式动物园中，老虎们是不允许交配因而也绝不会有后代的。但在现代动物园中，动物们生活在相当大的圈养区中。在这样的地方，在交配之后，公虎就可以跑开去从而挽救自己的生命了。在德国汉堡的哈根贝克动物园中，在配偶逃走之后，母虎会到池水中浸上一会儿，来使自己的怒火平息下来。

在汉堡动物园中，在刚刚攻击过公虎之后，母虎随即就会可怜兮兮地喵喵地叫着，并再一次表现得像只幼兽的样子，以试图吸引公虎的注意。过不了多久，它就会再次发起情来。一天之中，母虎邀请公虎交配的次数不下于18次。但在每一次交配后，它还是会试图杀了公虎。

虎是攻击性极强的独居动物。它们从不联合成群体，也从来不"结婚"，即**与一个固定配偶长期生活在一起**。它们根本就不知道那些在人类生活中起着如此巨大作用、使得两个人在性行为完成后还能维持彼此间的感情的人际关系。虎只能体验两种感受：性吸引力和杀戮欲望。

狮子的交配频率——雄狮将雌狮的颈背夹在它的上下牙之间的频率——与虎的一样高。不过，雌狮从来都不会去攻击雄狮。与惯于独居的虎不同的是，狮子是一种社会性动物。社会性结对本能使得一只狮子不会去杀害它自己所在群体中的其他成员。

在交配习性代表着吸引力与攻击性的融合这一点上，金仓鼠是与虎相似的。人类会被这种小动物滑稽的动作所逗乐。然而，它们在本性上是喜欢打架、惯于独居的动物。除交配季节外，雄仓鼠和雌仓鼠之间并不交往。在交配后的几天内，雌仓鼠就会攻击雄仓鼠并把它赶走。

我家有一对名字分别叫作弗里杜林与明兴的金仓鼠。在交配后的9天内，它们仍然显得像是世界上最相爱的一对的样子。弗里杜林坐在食物碗旁，用力地咀嚼着满口的食物，与此同时，用它大大的忠实的眼睛凝视着自己的配偶。突然，明兴抖松一身金毛，一路小跑过来，而后露出它的两排牙齿，对着弗里杜林狂野地咆哮起来。

受了惊吓的雄仓鼠飞奔到笼中的一个角落里，一动不动地待在那里。当一只笼养的雌仓鼠变得富于攻击性时，那体形和力气都更大的雄仓鼠就得被转移到一个安全的地方。因为雄仓鼠对雌仓鼠的情感状态会使得它不能为自己做出有效防卫，从而会被雌仓鼠撕成碎片。在它们原本的栖息地——叙利亚沙漠，雄仓鼠是可以自由逃跑的，就像公虎可逃进印度丛林以躲开母虎一样。

许多动物的攻击性都会随着交配而苏醒。不过，在像金仓鼠这样的动物中，配偶之间的确已经建立起一种会在性行为之外暂时持续一段时间的对子关系。在两性关系上，这种动物代表着，性伙伴之间没有对子关系的动物，和性伙伴之间构成了较为持久的对子关系的动物之间的过渡形态。

在演化的历程中，大自然已就两个动物间攻击性的控制开发出了许多种方法，这样，它们就能容忍与交配有关的身体接触了。其中的一个显而易见的解决办法就是，发明出两个动物无须互相接触就能交配的技术。许多节肢动物和两栖类动物中的雄性会将自己的精子封装在一个或多个叫作精包的小包裹中，而后将它们留在栖息地的四处以便雌性们能找得到。那些雌性得像孩子们复活节找蛋那样地四处寻找那些小包裹，并在找到后将精子塞入它们自己的身体。可见，在人类发明人工授精之前的久远的过去，大自然就已经在进行"人工授精"了。

不过，这种交配方式的效率并不像它看起来那么高，因为许多精包实际上都不会被雌性们找到。为了将精包的损失减少到最低限度，选择以雄性与雌性亲密接触的形式来交配应该是更具有优势的。蝾螈和蜥蜴家族向我们展示了借助精包来繁殖的动物所采用的繁殖方式的多样性。

一种叫作极北鲵的蝾螈演化出了一种非常原始的交配技术。这种蝾螈中的雄性与雌性从来都没有个体间的亲密接触。雄蝾螈将自己的精包附着在躺在水中的石头的底部。它的职责就到此为止了。终于，一只雌蝾螈游了过来，对着石头嗅着。当它发现那里有个精包时，它就会将一个内含25～30个卵子的小囊附着在同一块石头上。不久，包裹在那两个囊上的外壳就溶解了。接下来的就是精子使卵子受精、新一代开始生长的过程。

因此，雌极北鲵从来都不觉得它的雄性同类对它有什么吸引力。如果一定要说它爱什么东西的话，那么，它所爱的唯一东西就是精包。

真蝾螈中的雄性与雌性之间就有着比较多的个体间的关系了。这种蝾螈中的雄性会故意地横在雌性所要经过的路上，而后在它的前方顺路而行并沿途播撒精包。根据它将想法付诸实施的能力的大小以及它当时的情绪状态，雌蝾螈会捡起那些精包并塞入自己的泄殖腔中，或只是从精包上游过，或干脆就将它们吞吃了。

在亚洲陆栖蝾螈中，在繁殖行为中采取主动的是雌性。它会在高山上找到一个储有由雪融化而来的水的坑，然后待在那儿，直到有附近的雄蝾螈过来看情况。这时，它会将卵袋附着在那水坑里的一块石头上。当它还在忙着黏附那些卵袋时，会有一只雄蝾螈爬过来，而后，用后腿将雌蝾螈推开，并用含有精子的丝线将卵袋捆扎起来。除了两个配偶间那一瞬间的身体接触外，它们的繁殖方式仍然是一种高度缺乏社交性的使卵受精的方式。

对怎样减少精包的损失，钝口螈有着其自己的办法。与其他种

相杀相爱：两性关系的演化

类的雄蝾螈不同的是，雄钝口螈并不采用与雌钝口螈同一条直线前进并在它前面播撒精包的方法。它们采用的方法是：雄、雌钝口螈以一前一后兜圈子的形式爬来爬去，仿佛在跳着"华尔兹"。在它们跳舞的过程中，雄钝口螈会释放出自己的精包。雌钝口螈可能没注意到这些精包中的许多个，但它至少会发现其中的一个，由此，它在这方面的运气至少比雌（普通）蝾螈好。

在生命演化的历程中，钝口螈是陆地上最早演化出求爱舞的动物。

雄阿尔卑斯蝾螈会将精包放在一只雌蝾螈所在的地方附近，而后将它领到那个精包所在的地方。雄蝾螈则做得更为细心。首先，它会在雌蝾螈的背上这儿那儿地骑上一会儿，而后溜到雌蝾螈的身体下面，并让雌蝾螈骑在它的背上；最后，它会将精包直接放在雌蝾螈的泄殖腔的下方，这样，雌蝾螈所需做的所有事情就是将精包塞进身体了。由此，尽管阿尔卑斯蝾螈两性并不真正交配，但两性间已会容忍彼此间的身体接触。

二趾两栖鲵与欧洲山螈则不仅能容忍彼此的身体接触，还能进行实际的交配。在一场求爱仪式过后，雄性会将精包直接塞进雌性生殖器开口处。由于这种动物像鸟与哺乳动物一样交配，因而，它们中的雄性实际上不需要将精子裹在囊中。此外，这种动物中的雌性看来也能够感受到生产精子的雄性以及那精子本身的吸引力。

为了防止精包的损失，自然最终发明了性交这样一种使得卵子受精的方法。在生命演化的历史中，许多条演化之路都通向了同一个目标：发展出涉及身体接触与身体的结合的交配形式。

与所有别的动物一样，两栖类动物也面临着如何克服它们对身体接触的恐惧和厌恶的问题。

一些栖息在水中的动物实行的是那种可以使它们免于身体接触的受精方式。许多双壳动物都玩"碰运气游戏"。大量的牡蛎在海床上安营扎寨，它们定期将自己的卵与精子释放到海水中。精子能否给卵受精全靠运气来决定。

牡蛎们通过制造大量的"彩票"即精子和卵，来增加"中奖"机会。一只美洲牡蛎一次释放的卵就达百万个之多。而且，在某一区域的海床上，数以百万计的牡蛎还能将它们释放卵和精子的时间安排在同一时刻。由数万亿个卵和精子组成的星云状物在海水中漂浮。在这种情况下，卵受精的概率就比较高了。

除了这种狂欢式的泄精排卵行为之外，牡蛎们并没有什么真正意义上的性生活。由于每一只牡蛎都固定在某个位置上，因而，雌、雄牡蛎之间不能互相靠近。借助于足丝腺所产生的胶状物质，牡蛎们能将自己的下瓣壳牢牢地固定在由岩石组成的海床上。

不过，牡蛎虽然不能运动，却有不断地改变自己的性别的能力。牡蛎在达到性成熟之初都是雄性的。在释放过精子数周后，它们就会变成雌性。而后，它们就会释放卵，并在几天后又重新变成雄性。

有一个神秘的生物钟使得某一块海床上的所有牡蛎都在同一时间变性。这个钟是由月亮控制的。在 6 月 26 日到 7 月 10 日这段时间，即从月圆到新月初出两天后，也即涨潮期间，雄性的精子和雌性的卵就会完全成熟。这时，所有的牡蛎都在等待着释放精子或卵的信号。

动物学家们做过测定这一信号如何发布的实验。[5] 他们发现：美洲牡蛎所产的每一个卵都会发出一种起着信号显示装置作用的气味。只要那种带"香味"的水一接触到某只当时为雄性的牡蛎,它就会释放出它同样带有气味的精子。这时,精子的气味又倒过来向那一区域内的雌性发出让它们排卵的信号。由此,只要有一个卵排出,它就会引起一个连锁反应。海床上的所有牡蛎都会相继跟进,并以很快的速度接二连三地释放它们的卵和精子。

大量的卵与精子的同时释放有助于确保美洲牡蛎的生存。作为美洲牡蛎的近亲的欧洲牡蛎则不仅以"大量生产"的方式而且以照料那些卵直到它们受精的方式来提高其生存机会。雌欧洲牡蛎所产的卵没有上亿个之多,而"只有"大约 100 万个。雌欧洲牡蛎在其壳内的表面腔中某个特定区域中孵化那些卵。每个小时都有 7~10 升的海水流过它的鳃部。它的食物是原生动物和它从水中过滤出来的有机质。水中常常含有雄牡蛎的精子细胞。雌牡蛎的灵敏的感官能觉察到身边的精子,而后,它会将精子送到自己的卵的所在地而不是送到胃中。牡蛎不能在它们所附着的海床上移动,因而,雌牡蛎并不试图去将雄性吸引到精子这边来,而只是努力去收集雄性的精子并用它们来使自己的卵子受精。

许多鱼也采用与美洲牡蛎同样的方法来繁殖。鱼并不像牡蛎那样锚在一个地方不动。在产卵季节,成群结队的雄鱼与雌鱼会聚集在传统的产卵场所,在那里,它们几乎同时排出它们的卵和精子。由此,在鱼之间并没有个体之间的身体接触,而只有卵与精子的接触。

正如牡蛎卵的情况一样,机遇决定着鱼卵能否受精。因此,为了提高生存机会,鱼必须大量产卵。长身鳕鱼是鳕鱼家族中的一员。在产卵季节,一只雌长身鳕鱼会产下 6 000 万~8 000 万个卵子。

有科学家甚至曾经观察到过：一只雌长身鳕鱼产下了 1 亿 6 000 万个卵。

假定某个特定区域内长身鳕鱼种群数量是相对稳定的，而这意味着：一只雌长身鳕鱼的 8 000 万个可能后代中能活到成熟期的只有 2 个。就像大多数鱼苗的命运一样，那些卵要么从来都没有受过精，要么在胚胎状态中死亡或被吃掉。大自然实在是个严酷的母亲。

这种随机的繁殖方式的效率是不太高的。不过，在另一些鱼中，雄鱼与雌鱼则开始了较为亲密的接触。

茴鱼在浅而湍急的山溪中产卵。它们非常多疑，只要一看到水面上有个影子，它们就会立即逃走并躲起来。为了能够观察它们，你得趴在溪岸边，用芦苇把自己伪装起来，并用双筒望远镜小心窥视。

在一个摄影队的陪伴下，我曾观察到过几只雌茴鱼用鳍在多鹅卵石的溪床上挖洞，洞的深度有约 10 厘米。那些洞是用来存放鱼卵的。洞打好后，那些雌鱼就会等着雄鱼到来。不过，那时并没有雄鱼出现，因为我们已经把那里的雄鱼都抓光并移走了。[6]

在更早些时候，我们在靠近那些雌茴鱼以及它们挖的那些洞上方的水面上放了一支桨。现在，我们小心翼翼地晃动着桨柄，让桨板振动起来。那些在那支桨下方挖过洞的雌鱼不仅没有逃离它，反而朝它游得更近。它们转身游到桨旁以使自己的身体与之平行，而后，就开始产卵，数量达 3 000 ~ 6 000 个卵。显然，它们误将那支振动的桨当成了一条雄茴鱼。

当雌鱼已经准备好产卵的洞时，那里通常都会有雄鱼出现。一开始，它们会互相打斗，以便将竞争对手赶走。当所有竞争对手都已被赶到安全距离之外时，那条得胜的雄鱼就会游到一条雌鱼身旁，与它并肩而立并开始颤抖。而后，那条与雄鱼相距几厘米的雌鱼也会跟着颤抖起来。在彼此完全没有身体接触的情况下，那两条鱼同时将卵子与精子排入水中。打着涡旋的水流将卵子与精子混合在了一起，从而使许多卵子受精并沉入那两条鱼下面的洞里。

我们所做的实验揭示了雌茴鱼所拥有的"抽象的"雄茴鱼概念是怎么样的。它们是将任何在其近旁振动的东西都当作一条雄茴鱼的，因而，它们是无法区别一个同种雄性与一支振动的木桨的。当交配不涉及身体接触时，雄性的身体形状就不怎么重要了。

在受精期间，两性靠得越近，会受精的卵子就越多。因此，配偶们进入亲密的身体接触是有利于繁殖的。

在春季，黑线鳕会长途跋涉到挪威海岸线外的海域以及北海最北面的海域中的产卵场所去。在水面以下大约 100 米深的海中，雄黑线鳕会擂起它们的"求爱鼓"，即鼓动起气鳔并使之发出阵阵回响。那嗡嗡的鼓声吸引着雌鱼并将雄性竞争对手们赶开。雄鱼们都忙于击鼓之战，谁能擂得最响且擂的时间最长，谁就是胜利者。

当一条雌鱼靠近那条获胜的雄鱼时，它会加快擂鼓的速度以制造出嗡嗡声。与此同时，它还会炫耀性地拍打起双鳍、表演起杂技性动作并不断改变着鳞片的色彩。如果那雌鱼喜欢它的表演的话，那么，雌鱼就会跟着它。

在暂停求爱舞之际，那雄鱼会用它的头轻轻地叩击着那雌鱼身体的侧面。这是交配的信号。而后，那两条鱼会彼此围绕着对方旋转并进行腹对腹接触。它们以这种姿势垂直上行 10 ~ 20 米的距离，并同时排出卵子和精子。这与欧洲茴鱼们的"抽象的爱"形成了多么强烈的对照啊!

当交配期间出现了身体接触时，对雌性来说，雄性的"亲身"就变得重要了。在求爱仪式中，为了取悦潜在的配偶，雄性会进行炫示行为。这种仪式是用来克服存在于同种动物的两个成员间的、自然的反感倾向并使它们能建立起一种个体间对子关系的。

第八章

我是雄的还是雌的？

性别角色的混淆

　　一部科幻小说曾讲述过这样一个故事：2074 年，一帮宇航员驾驶着一艘宇宙飞船来到了一个遥远的星球。在这个陌生的星球上，他们碰上了一种奇怪的动物，这种动物每隔 4 个星期就繁殖一次，每次都会生 100 个婴儿，而这些婴儿都被其同类相食的母亲用来填了肚子。在这个遥远的星球上，雄性几乎是多余的，因为一次性行为就足以产生 800 个孩子。而且，这种不同寻常的动物断食时间越长，就活得越久；而它们花在清洁卫生上的每一次努力则很快就会导致死亡。

　　我们用不着等到 2074 年也用不着到遥远的星球上去就能遇到如此奇怪的动物。舒舒服服地坐在客厅中，我们就可以在玻璃鱼缸中看到。谁都看到过那种学名叫作"虹鳉"的孔雀鱼。这种令人惊异的鱼具有与那本科幻小说中的神秘动物同样的特性。

　　布里德（C. M. Breder）是美国纽约水族馆的前馆长。为了搞清楚孔雀鱼为何会生产并吞食那么多幼鱼，他做了一个实验。[1] 布里德给一个玻璃鱼缸配备了足以养活 500 条鱼的食物和供氧设施，而后在那个玻璃缸里放进了一条已怀孕的鱼。在接下来的 6 个月中，它生产了 4 次，每次的产子数分别为 102、87、94、89，总共 372 个。但 6 个月后，鱼缸里却只有 9 条活鱼：6 雌 3 雄。其余的鱼都在刚生下来不久后就被那个母亲给吞食了。

布里德在第二个同样大小的鱼缸中放了 17 条雄鱼、17 条雌鱼及 17 条幼鱼，总共 51 条。不久，那些雌鱼就生下了大量的子女。然而，那些成年鱼立即就吞吃了所有的新生鱼苗，还吞吃了起先放进玻璃缸的 17 条幼鱼。接着，一种神秘的疾病降临到了那些成年孔雀鱼身上。鱼缸里虽然有足够养活 500 条鱼的食物和氧气，但 6 个月之后，仍然活着的却只有 6 雌 3 雄共 9 条鱼。

看来，孔雀鱼实行的是一种相当残忍的种群数量控制方式。它们以将种群数量维持在一个恒定水平来作为可允许多少幼鱼存活下来的标准。它们的同类相食行为并不是由饥饿所引起的，而是由被其他孔雀鱼挤来挤去所引起的拥挤感而引起的。生活在拥挤的环境中的人类会觉得压抑、竞争激烈并感到焦虑。由于害怕会得不到自己所想要的东西，他们会受这种恐惧的驱使而不择手段地去消除对他们构成竞争的东西。孔雀鱼对拥挤的感受肯定是与此差不多的。若一只完全成年的孔雀鱼生活的地方中可供其游动的水还不到 2 升，那么，它就会变成一个同类相食者。

孔雀鱼吃幼鱼是有选择性的，它们总是以 2∶1 的雌雄比例来决定怎么吃两性幼鱼。2∶1 是所有孔雀鱼社会中的雌雄出生比例。只是，我们不知道孔雀鱼是怎么知道何时该吃雄幼鱼，何时又该吃雌幼鱼的。

除了在数量上占优势外，在其他方面，雌孔雀鱼也是居于优势地位的。一只成年雄孔雀鱼长不过 3 厘米，但成年雌孔雀鱼却有雄鱼的两倍那么长，而它们的体重则是雄鱼的 8 倍。不过，在体色上，雌孔雀鱼是相当单调的黄灰色，而雄孔雀鱼就漂亮多了。在孔雀鱼的求爱舞蹈中，雄鱼们会舞动它们的色彩斑斓的鳍，就像是一面面飘扬的旗帜，或者用它们的鳍笔直地指某个方向，就像是一把把利剑。

在外表上，雌性比雄性漂亮的动物是不多的。

一年到头，雄孔雀鱼都会炫示它们的美并以此来吸引雌孔雀鱼。孔雀鱼的那种努力追求身体上的吸引力的行为暗示着：它们是通过直接的身体接触来交配的。事实的确如此。与大多数鱼类不同的是，孔雀鱼是真正进行性交的。

孔雀鱼属于胎生鱼类。在胎生鱼家族中，卵子必须在雌鱼体内受精。但雄孔雀鱼并没有阴茎。雄鱼下腹部上的靠近肛门处的鳍前方的"小刺"形成了一个交接器，可供精子进入雌鱼生殖器开口处。

当雄孔雀鱼刚性成熟时，它们是不知道雌孔雀鱼长什么样的。一开始，它们是向任何一只靠近它们的鱼炫示其优美体形的。我们已注意到：某些种类的螳中的雌性不具有可凭之向在场的配偶发送信号的先天释放机制，因此，它们会将所有的蚊蝇都当作猎物。

刚成熟的雄孔雀鱼则恰恰相反：它们会将一定大小的每一条鱼都当作它们所欲求的雌鱼。

孔雀鱼栖息在委内瑞拉的池塘和内陆湖泊，以及特立尼达和巴巴多斯的岛屿沿岸的水域中。在野外，如果雄孔雀鱼误将另一种肉食鱼当作雌孔雀鱼并向其求爱的话，那么，它们就常常得付出生命的代价。如果它们幸运地碰上一个作为草食者的求爱对象的话，那么，当它们试图与其交配时，它们就会发现自己的错误。由此，雄孔雀鱼必须学会如何识别同种雌性，尽管这事难了点。有时，雄孔雀鱼的"愚蠢"会导致惨重后果：某个特定区域中所有雄孔雀鱼都会被吃掉。而雌孔雀鱼则会继续在那里生活下去，因为它们身上的单调、黯淡的色彩会给它们提供很好的伪装及相应的保护。

当所在环境中没有雄鱼时，雌孔雀鱼也能设法生存下去。雌孔雀鱼的身体中有一个可用来贮存雄性的精子的"储藏室"。它在某一次交配中所收集并贮藏的精子可存活 9 个月。在这一特别时期中，它会产下数量达平时 8 倍的卵，并创下能生下 800 条幼鱼的最高生育纪录。

而且，雌孔雀鱼可以在没有雄鱼的情况下无限期地生存下去。在停止交配活动几个月之后，雌孔雀鱼就开始长出雄性的性器官来。由于仍然保留着卵巢，因而，这时，它们就变成了雌雄同体的动物，它们能自己使自己受精并生下全都是雌性的幼鱼。孔雀鱼的平均寿命为 2～3 岁，但偶尔也会达到 7 岁。寿命很长的雌孔雀鱼有时会变成雄鱼并长出色彩斑斓、造型优美的鳍来。

由于雄孔雀鱼无法凭本能知道雌孔雀鱼是什么样子的，因而，雌孔雀鱼就演化出了储存精子和变性的能力。涉及中枢神经系统的复杂的心理过程使一个动物能凭本能识别一个性伙伴。由于没有足够复杂的神经系统，因而，许多动物无法识别性伙伴的整体形象。它们可能像孔雀鱼一样根本就没有一个"性伙伴图式"；也可能对一个简单的抽象符号或符号组合起反应；还可能通过印记作用来学会知道性伙伴是什么样子的；或者，大自然也可能发明出某种特别的办法来使得雄性能识别同种雌性。

斑胸草雀就是一种雄性需经过特别训练才能识别同种雌性的动物。人类很容易看出斑胸草雀两性之间的差异。雌斑胸草雀看起来相当朴素。它的胸部是淡灰色的，背部是淡棕色的。它长着一张亮红色的喙，每只眼睛的下方有黑—白—黑相间的三条斑纹。雄斑胸草雀的身体也是淡灰色与淡棕色的，但除了眼部下方的斑纹外，它的两侧面颊部还各有一个铁锈色的斑点。它的喉部和胸部上部有着黑白相间的波纹，翅膀以下的身体侧面还有一条点缀着波尔卡圆点的宽阔的铁锈色的条带。

对人类来说，一种动物的不同个体看起来都是很像的。例如，我们人类很难将一只鹅与另一只鹅区分开来。然而，大多数动物都能区别同种个体之间的差别。不过，幼年斑胸草雀是相对这一常规

左边的雄斑胸草雀看起来明显不同于它的配偶。尽管这样，年幼的斑胸草雀仍无法辨别何为雄雀、何为雌雀。

来说的一个例外。它们搞不清楚雄雀与雌雀之间的差异。

如果幼雄斑胸草雀在出生后 35 天内被带离父母的话，那它们就永远学不会识别雄雀与雌雀。当幼雄斑胸草雀在 35～38 天大时，此前一直尽职的雀父亲就会将自己的儿子看作会与自己争夺配偶的竞争对手。这时，那只做父亲的鸟就会啄自己的儿子并将它赶出鸟巢。

从此以后，年幼的雄鸟就会对任何与父亲相像的鸟产生强烈的敌意，也就是说，它们将自己俄狄浦斯情结中的仇恨对象扩展到了所有雄斑胸草雀身上。它们的父亲就这样教会了它们如何区别雄雀与雌雀，使它们在未来的生活中得以避免雌雄不分的错误以及由此而引起的许多不便。

蜂虎就得去处理那些对斑胸草雀来说可以省却的问题了。成年蜂虎不仅不知道它们的性伙伴是什么样子的，而且，它们甚至连自己是雄的还是雌的都搞不清。

春天的时候，由几百甚至几千只蜂虎组成的鸟群会飞离非洲，它们刚在那里度过了冬天。在 4 月底或 5 月初，鸟群会抵达它们在西班牙、法国南部的繁殖地，有时甚至会在德国境内。从表面上看，蜂虎与雨燕很像，但实际上，这些属于佛法僧目的鸟儿在血统上还是与翠鸟科最为亲近。

在春季，一到达南欧繁殖地，这些来自非洲的鸟儿就马上开始找配偶。蜂虎会停在一棵树的某根枝条上，等着另一只鸟来结伙。如果降落在那根枝条上的别的鸟多于一只，那么，第一只鸟就会将其他鸟都赶走，直到只留下一个伙伴。在动物界，蜂虎的这一行为十分罕见：它们会保卫一小块专门用来求爱的区域，而从来都不会用这块区域来交配、吃食、筑巢或养孩子。对蜂虎来说，求爱是一

相杀相爱：两性关系的演化

个复杂而艰难的过程，因而，它得有一块安静的地方来进行关于它自己和别的鸟到底是什么性别的研究。

从外表上看，雄性蜂虎与雌性蜂虎是完全一样的。由于没有一只鸟知道谁是什么性别的，因而，那两只鸟得轮流扮演两种性别角色。如果一只鸟扮演雄性的角色，那么，另一只就会自动地扮演起雌性的角色来，反之亦然。

两只鸟互相紧靠着坐在树枝上并凝视着对方。而后，它们伸展开自己头部的羽毛，并在空中猛烈晃动着脑袋。每晃一次脑袋，它们的瞳孔就会收缩，虹膜就会显现出亮红色。实际上，它们是在互相投射火热的眼光。有时，两只鸟都会用喙去啄对方胸部，以此杀死想象中的蜂。

扮演雌性角色的蜂虎有时得俯下身子并采取雌性邀请雄性与它交配的那种姿势。这种姿势实际上只是求爱仪式中的一个象征性环节，因为到那时为止，那两只鸟还远远没有做好交配的准备。

刚开始时，那两只蜂虎会频繁地变换性别角色。但最终其中的一只雄鸟会对被迫反复地扮演雌性角色感到不舒服。这种不舒服证明了它是一只雄鸟。而且，另一只鸟反复地迫使它扮演雌性角色这一事实意味着它很可能也是一只雄鸟。两只雌鸟同样会感觉到这种不协调。有时候，一只雄鸟与一只雌鸟在一起也会觉得不舒服。这表明它们也不是协调的一对。一只蜂虎可能会接连花上好几天对那些求婚者进行"测试"。当两只鸟最终达到完美和谐时，它们就会紧紧地互相偎依着在一起过夜。这时，那两只鸟就是一对夫妻了。

然而，直到 10 天至 14 天后，当它们两个已在悬崖峭壁上挖好了巢穴并"布置好家居设施"时，它们才会正式交配。由此，对**蜂**

虎来说，**结偶与交配是两回事**。在交配发生前的一段时间中它们已经成为配偶的事实证明：**蜂虎的婚姻是以结对本能为基础的**。

不知道个体是雄还是雌的现象并不只存在于鸟类中。哺乳动物也会经历一个搞不清楚性别身份的时期。羊会被人们认为是很蠢的动物，落基山大角羊也不例外。这种羊过群居生活。它们懂得的唯一的事情就是高低等级之间、主人和奴隶之间的差别。即使在交配活动期间，它们也搞不清雄性与雌性的不同。

在大部分时间中，成年母羊都表现得像是一只1岁大的公羊。它们的角也跟1岁大的公羊的角差不多大，而角的大小就决定了一只羊在自己种群中所占的地位的高低。然而，在一年中它们发情的那两天中，那些母羊则会到处找麻烦。

母大角羊发情不久就会碰上另一只被热情冲昏了头的、想要找个同类寻衅打上一架的大角羊。那两个对手会用后腿直立起来，互相冲向对方，角猛烈地撞在一起。那种碰撞几乎将它们震昏过去。因此，在继续打之前，那两只羊得等上一段时间，以便使头脑清醒过来。这时，两个对手都表现得非常有风度：在两只羊都重新摆好后腿直立的姿势前，仗是不会重新开打的。

当对手们势均力敌时，仗可连续打上几个小时。不过，有时，这种战斗是会很快结束的。无论如何，输掉的一方都会在赢家面前低头曲背，并让它爬骑到自己的背上进行交配。母大角羊是动物界的瓦尔基里（Valkyries，北欧神话中的女武神）。母羊在被公羊打败前，是不会允许公羊与它交配的。

如果母羊打败了公羊——这也是常有的事情，那么，公羊就会跪下来，母羊则会爬骑到公羊身上，而后，它们会做出交配的样子。

相杀相爱：两性关系的演化

大角羊之间的决斗。输方会被当作母羊来对待。

两只公羊互相打架的频率更高，打到最后，它们就会进行同性恋活动。

在大角羊社会中，社会成员不认谁是公的或母的，而只认谁是胜者或败者。因此，大角羊不像蜂虎那样有"结婚"这样的事，也就不足为奇了。大角羊既不实行一夫一妻制，也不像象海豹那样实行一雄独占群雌的"后宫制"。**大角羊**实行的是**性公社制**，即不加选择也无所限制地与自己所在群体中的其他成员交配的**自由性爱制**。

由于在一年中母羊只有两天发情期，因而，它们的交配活动的确非常少。性公社制在动物界是少见的，这种两性关系制度只见于其雌性发情期很短的动物中。看来，其中的原因大概是这样的：只有在雌性很少交配的情况下，它们才会容忍两性关系上的这样一种安排。

有些动物的性关系甚至比大角羊的还要奇特。有的物种，雄性表现得像雌性，雌性表现得像雄性，而且这样的行为并不只是偶尔为之，而是始终如此。

瓣蹼鹬、半领彩鹬和三趾鹑中的雌鸟都是"一家之中穿裤子的人"（喻指掌权当家者）。也就是说，它们都长着一身亮丽的羽毛，而雄鸟们则不得不满足于一身雌性化的伪装服——一身朴素的棕灰色羽毛。而且，这些鸟中的雌性都长得既比雄性大也比雄性强壮。

在这类鸟中，美洲瓣蹼鹬的性关系是被研究得最多的。美洲瓣蹼鹬在阿根廷过冬。到了春季，它们则来到加拿大南部和美国北部的沼泽地及湖泊旁安营扎寨。雌鸟总是先于雄鸟到达那些地方。一到那里，它们立即就划地分疆，并以别的动物中雄性保卫领土免遭其他雄性侵入的方式来保卫自己的繁殖地。雌美洲瓣蹼鹬的体色有黑、红褐、蓝与灰色，并长有白色的条纹。每当有另外的雌鸟靠近其领地时，那个主妇就会张着大嘴昂首阔步地走上前去对它发出威胁。如果这种威胁还不足以阻止对方，那么，那两只鸟就会真的打起来。

在雌鸟们到达几天之后，雄鸟们也会到达繁殖地。与雌鸟们不同的是，它们是驯良温和的动物；当那些好战雌鸟向它们求爱时，它们就会顺从地站立在一旁。为了使胆小的雄鸟们免受惊吓，雌鸟们会再三地尽可能向上伸展身体，并将喙对着天空。这是一种表示安慰的姿态，意在表明它的喙不会被用作武器，它并不想去伤害雄鸟。在它的仪式性战争舞结束之后，那只阿玛宗女战士似的雌鸟就会突然表现得非常谦恭。它会在长得比它小的雄鸟面前低下头来，并邀请雄鸟爬骑到自己背上交配。对任何熟悉其他动物的交配习性的人来说，这实在是一番相当奇特怪异的景象。由于雌鸟要比雄鸟大得多，因而，即使它俯下身子，雄鸟也不能直接爬上它的背。因此，雄鸟只好拍动翅膀、升到空中，像一架小直升机那样降落在雌鸟背上。

顺便提一下，如果鸟的交配模式是雌鸟骑在雄鸟身上而不是雄鸟骑在雌鸟身上的话，那么，鸟类也是完全能够交配的。雄鸟并没有阴茎。鸟们的交配就是将它们的生殖器开口处或泄殖腔压合在一起（泄殖腔是既排泄粪与尿也排泄精子和卵子的身体出口）。无论雌鸟骑在雄鸟身上还是倒过来，它们做这件事都同样容易。由此，对鸟来说，采取什么性交体位不过是一种个体趣味的问题。

雄美洲瓣蹼鹬负责承担诸如给鸟巢加衬垫物、孵蛋、照料雏鸟等所有家务。在生下三四枚蛋后，雌鸟就离家去向别的雄鸟求爱去了。由此，**美洲瓣蹼鹬**是**一妻多夫**的。

是什么原因造成了标准的性别角色的这一倒转呢？

活着的动物都会产生多种雄性激素与雌性激素，在这个意义上，每一只动物、每一个人在一定程度上都是雌雄同体的。不过，通常，在雌性身上雌性激素占优势，而在雄性身上则是雄性激素占优势。

但对美洲瓣蹼鹬、灰瓣蹼鹬、三趾鹬、半领彩鹬来说，情况就与此不同了。这几种鸟中的雌性能制造足够的刺激产蛋的雌性激素从而使自己能产蛋，因而，这一点上它们确实是与雌性的名分相称的。然而，在其他方面，在它们体内占优势的则是雄性激素。而这几种鸟中的雄性的行为则是被在其体内占统治地位的雌性激素所控制的。

雌美洲瓣蹼鹬、灰瓣蹼鹬、三趾鹑、半领彩鹬的卵巢制造着大量的雄性激素。这些雄性激素导致雌鸟们长出了色彩亮丽的羽毛、比雄性更大的体形及雄性化的肌肉组织。雄性激素还提高了这些雌鸟的攻击性，使它们表现得像只雄鸟。在其他鸟中，阳刚气、仪表美和攻击性三者是和雄性密切关联的；而在这几种鸟中，这三者则都成了雌性的特征。此外，雄美洲瓣蹼鹬的垂体腺还会产生大量的泌乳激素，即刺激乳腺分泌乳汁以便能给婴儿哺乳的激素。因此，在繁育期内，雄美洲瓣蹼鹬就会掉落很多胸部的羽毛。血流向胸部皮肤表面，以使那块裸露的地方保持温暖。这样，当雄鸟伏在蛋上孵蛋时，那块裸露的地方或"孵蛋点"就能使蛋保持温暖；或者，在雏鸟孵化出来后，那块地方就能给雏鸟以温暖。在美洲瓣蹼鹬中，由于只有雄鸟才能产生大量泌乳激素，因而，它就得承担起孵蛋和照料雏鸟的责任。此外，雄鸟体内的雌性激素也会使之具有温顺平和的性格。

这几种鸟的两性关系向我们揭示了动物两性关系中的以下两种事实：

1. 在一对性伙伴中，一方相对另一方来说色彩越是亮丽，攻击性就越强，因而也就越需要小心控制对自己的伙伴所表现出来的攻击性。对攻击性的控制采取了求爱仪式的形式，在这种仪式中，攻击行为通常都被转换成了向对方示好的信号。鸟的外表越漂亮，就越少插手筑巢、孵蛋、照料幼雏之类的事情。而且，漂亮也就意味着对性伙伴的不忠实。反之亦然。伙伴中的一方外表和色彩越是朴素，它对配偶也就会表现得越是谦恭平和，它在求爱仪式中所起的作用也就越小。这一规律既适用于雄性也适用于雌性。

例如，当装饰着华丽蓬松羽毛的雌斑纹三趾鹑像一个美洲印第安酋长一样跳着舞，以便给其配偶留下深刻印象时，那只朴素的雄三趾鹑肯定会慢慢地、不声不响地靠近它，并谦恭地以将腹部靠在它脚上的姿态躺下来。在这种动物中，雄性彻底的顺服姿态是雌性愿意交配的先决条件。

只有在雄性与雌性看起来差不多或非常相似的鸟中，性伙伴双方才会平等地参与到求爱仪式中去。而且，这种配偶关系中的双方才会长期待在一起，并共同筑巢、共同养育幼崽。

2. 一种动物的**攻击性水平决定着其婚姻形式**。如果一种动物中的雄性对其他**雄性**表现得**富于攻击性**，而**雌性性情平和**，那么，雄性就会倾向于保有一个"后宫"妻妾群，呈现出**一夫多妻制**。

如果一种动物中的**两性都富于攻击性**，那么，其中的雄性就会对其他雄性采取敌对态度，雌性也会对其他雌性采取敌对态度。为了能够交配，两种性别的个体都得学会控制自己对对方的攻击性。这一学习过程常常是危险和困难的。但根据动物心理规律，这种关系就会导致**一夫一妻制**。

如果一种动物中的**两性都性情温顺**，那么，它们就会像野山羊那样以**群内自由交配**的方式生活。

有时，如在上文中刚讨论过的那些鸟中，**雌性**是非常**富于攻击性**的，而**雄性**则**很温顺**。这时，这样的动物就会实行**一妻多夫制**，即一个雌性拥有一个由多个雄性组成的"后宫"。印度棕三趾鹑的社会就是一妻多夫的动物社会的一个极端例子。那些阿玛宗女战士式的雌棕三趾鹑是如此富于攻击性，以至于当地人可通过骗它们去攻击人造雌棕三趾鹑模型的办法来捕获它们。就像某些国家中的公鸡们在斗鸡活动中互相打斗一样，那些被捕捉的雌棕三趾鹑也被人们逼迫或诱导着互相打斗。

有些读者可能会对我为什么花那么长时间去讨论那些迄今为止只有动物学家们才知道的奇特动物感到奇怪。他们可能会问：这些动物与我们有什么关系啊？答案是：通过对极端行为的研究，我们可以学会理解是什么构成了较为"正常的"行为。

对激素及雄性与雌性基本性质的讨论使我们陷入了深深的困扰。但我们的解释或许可以给以下问题一些较清晰的解答：为什么人们常常会对异性的行为感到迷惑不解。

每当女权运动在促进我们的性别角色意识的提高时，我们都可能会对像美洲瓣蹼鹬、灰瓣蹼鹬、三趾鹑及半领彩鹬这样的鸟的生活方式感兴趣。这些鸟类中的雌性已经将许多人类中的女性梦想中的东西变成了现实：不用做家务也不用养孩子。在向雄性求爱并下了几个蛋后，它们作为雌性的任务就完成了。而那些雄性则得承担起筑巢、孵蛋和育雏的工作来。

初看起来，一妻多夫的生活方式似乎是对这种动物的长久延续有利的。一只雌鸟可在 3 只、4 只或 5 只雄鸟的巢里下蛋。而且，不像有些动物中的雄性在养育幼崽方面根本不起作用或只是偶尔帮一下忙，这些鸟类中的雄性则会在那些雌鸟继续踏上更多的繁育之旅时照料自己的后代。

然而，在动物界，**一妻多夫制是很少见的**，因为这种生活方式并不有利于那个物种。在我已经提到的那些鸟中，都存在着雄性大量过剩而雌性则相对缺乏的现象。那些雄鸟单调的体色有助于伪装并保护自己，而那些色彩亮丽的雌鸟则容易惨遭肉食动物的杀害。

　　在动物的生存竞争中，损失一个雌性给一种动物带来的打击要比损失一个雄性带来的打击严重得多。一只雌鸟也许能在 5 只雄鸟的巢里下满蛋，但一只雄鸟能与之交配的雌鸟的数目则远多于 5 个。一种动物若要在世界上长存，那么，其中的雌性就应多于雄性，即雌雄比应高于 1。由于一个雄性就能导致无数后代的繁育，因而，一个动物群体只需少数雄性就能维持物口数量。由此，**一妻多夫制不利于动物的繁衍**。那些实行一妻多夫制的极少数几种鸟之所以能生存下来不是因为实行了这种不成功的婚配制度，而是另有原因。

　　一妻多夫的物种很少，雄性与雌性平权的物种就**更少**了。我所知道的唯一这样的物种就是生活在白垩质的亚平宁山脉和巴尔干山脉的**欧洲石鸡**。在繁育季节，雌欧洲石鸡会用自己的双爪在薄土里挖出两个巢穴，两个巢穴相距大约 100 米。它刚在第一个巢中下完蛋，雄欧洲石鸡就立即接管那个巢并开始孵蛋。雌石鸡则承担起了孵第二个巢中的蛋的责任。这样，每一只石鸡都表现得就像拥有自己的孩子一样。

　　起初，实行一夫一妻制的欧洲石鸡中的夫妻双方各有独立的家庭。当然，雄鸟得将下蛋的工作留给雌鸟来做；但在其他方面，它们所承担的照料雏鸟的责任是相等的。它们将两个巢隔开约 100 米远。这样，当敌害发现其中的一个巢时，至少还有另外一个可幸免于难。

当两个巢中的雏鸟都已经孵化出来时，那对父母就会选择在两个巢中的一个同居，并花 11 个月的时间一起养育所有的小鸟。

雄、雌欧洲石鸡在外貌上是十分相像的。两种性别的鸟从头到尾的长度都在 33 厘米左右，体重都在 400 克左右，就连它们身上的保护色也是一样的。

在我看来，欧洲石鸡的**两性平等的婚姻**在各方面都已很**理想**了。然而，在动物界，这种结合为何那么**少见**呢？对此，我想不出其中的原因。在人类的婚姻中，男女平等也是人们所向往的；但可惜的是，**这种婚姻同样**是那么**少见**。

第五篇

如何赢得一个雌性的爱

第九章

爱情的和谐法则

性伴侣如何协调它们的情感

多丽丝是一只在一位动物学家的实验室里过着忧郁生活的雌环鸽。它已独自在一个玻璃笼子里待了一年，除了看着实验室光秃秃的墙外，它什么都不能做。它没有下过一只蛋。与家鸡不同的是，在没有雄性伴侣的情况下，雌环鸽根本就不会下蛋。[1]

在春季，那位动物学家在多丽丝的笼子旁又放了一个玻璃笼子，那个笼子里关着一只名叫山姆的雄鸽。那两只鸟能透过玻璃互相看得见，但互相听不到、嗅不了，也无法触摸。尽管两只鸟被互相隔开，但在一个星期内，多丽丝却已在笼子中的一个人造的巢里下了两只蛋。

一只叫苏茜的雌鸽在隔壁一个房间里孤独地待了一年。在山姆与多丽丝为邻的同时，一只叫普蒂努斯的鸽子被放在了苏茜旁边。普蒂努斯是一只被阉割了的雄鸽，即是个"太监"。结果，与多丽丝不同的是，苏茜并没有下蛋。

那两只雌鸽是如何仅仅通过隔着玻璃的观看来弄清楚一只雄鸽是有性能力的还是被阉割了的呢？那两只雌鸽都在观察比邻而居的雄鸽的行为。普蒂努斯有气无力地绕着笼子小跑着，除了吃谷粒外对任何东西都没有兴趣。但当山姆看到那只雌鸽时，它就会心醉神迷地向雌鸽求爱。它从胸腔里向外噗噗地吹气，在雌鸽面前不断跳上跳下地炫耀着自己的雄性气概，并每隔一段时间就停下来朝那雌鸽连续鞠上几个躬，还跳着精心编排过的一段段舞蹈。可惜的是，那窄小的笼子多多少少有损它的翩翩风度。

仅仅看到山姆在跳求爱舞就已足以刺激多丽丝的卵巢和输卵管的发育。尽管它实际上并没有与山姆交配，但它的性器官还是很快就发育成熟，并不久就能下蛋了。当然，它下的所有的蛋都是不能孵成小鸟的。尽管如此，这一实验还是证明了：**刺激雌性产卵的不是性行为，而是雄性的求爱行为。**

雄鸽的求爱舞刺激了雌鸽的激素的分泌，激素又刺激了雌鸽的卵巢和输卵管的生长，直到它们长大到足以正常发挥自己的功能的程度。这整个过程所花的时间不到一个星期。由此可见，那种刺激激素生产的"信道"是起自雌鸽的眼中，并由此通达其中枢神经系统中的先天释放机制。如果雌鸽的眼睛被遮住，那么，它就绝不可能以自然的方式来进行繁殖活动了。当然，一个动物学家可以在它的体内人为地注入繁殖所必需的激素。用这种办法可以使鸟儿在一年中的任何时候产蛋。

当雄鸽与雌鸽在春季交配时，雄鸽的求爱舞是用来刺激雌鸽性器官的生长的，这样，两种性别的鸟就能同时为交配做好生理上的准备了。

大多数动物都只在一年中的几天中才具有生殖能力。雌性的卵巢和输卵管以及雄性的性腺都只在一个很短的时间段内发挥它们的作用。为了能够繁殖，一对伴侣在生理和情感上的反应都必须经过仔细协调配合以达到彼此同步、互相呼应。

同步化的过程至少要经历三个阶段。每经历一个阶段，同步现象就会变得更精确一点。不过，在同步化出现之前，伴侣双方都必须已性成熟。许多人想当然地认为：所有的生物都会通过一种自然的生长过程达到性成熟，也即只要年龄和身体都变得较大时就可达到性成熟了。但这种看法其实无论是对动物还是对人来说都是不正确的。

19 世纪 70 年代，欧洲与美洲女性月经初潮的年龄是 15～18 岁。统计显示：100 年之后，即 1970 年的时候，欧美女性月经初潮的年龄则在 12～15 岁。科学家们将女性性成熟加速或提前的原因归结为：人类身高的增长、城市气候的影响、营养的改善、医疗卫生的进步、道德的退化，以及一些其他的原因。对上述现象的所有这些各种各样的解释纯粹都是假设性的。

到了 1971 年，范登伯格（J. G. Vandenbergh）试图通过对老鼠的相关实验来解开这个谜。[2] 他的实验显示：那些被称为**信息素**的、类似于激素的物质**会影响性成熟**。

通常，年幼的雌鼠是由母亲养育的，并只与自己的兄弟姐妹交往。然而，如果一只雌鼠在一只已经性成熟的雄鼠的陪伴下长大的话，那么，它第一次排卵的时间就会比在只由它母亲独自一个养大的情况下早 20 天。此外，如果我们将一只雌鼠独自一个放在一个笼子中圈养，并每天都从圈养成年雄鼠的围栏中带一点带有雄性气味的泥土到那个笼子中去的话，那么，雌鼠的性成熟期同样会比正常情况下早 20 天。由此可见，**雄性的气味**会像雄性亲自在场一样快地**促进雌性性成熟**。

反之亦然。如果一只雌鼠在由母亲养大的同时也与别的成年雌鼠交往的话，那么，它与别的年长的雌鼠待在一起的时间越长，它要达到性成熟的时间也就越长。

性成熟所需时间的长短反映了当前群体中雌性与雄性的比例的大小。老鼠已演化出了一种种群数量控制的特殊形式。每当群体中**雌鼠过剩**时，年轻雌鼠就会**性成熟**得**慢**，其繁殖期也就相应地推迟。如果群体中**雌鼠过少**，那么，年轻雌鼠就会**加速性成熟**以生育更多后代。

丰富的蛋白质与维生素也会加速雌鼠的性成熟。不过，与社会因素相比，蛋白质与维生素所起的作用就几乎可以忽略不计了。

范登伯格教授相信：在当今时代，对童年时期的女性发生着影响的社会因素应该是女性性成熟比过去提前了的主要原因。毫无疑问，那种认为现代男女同校制度导致了这一变化的观点是对性早熟的一种过于简单化的理解。但这个因素或与此类似的因素的确很有可能是其中的原因之一。

例如，在希特勒当政时期的德国，许多在（军营化的）妇女劳动团或农业生产队工作的年轻女性，以及许多在军营中生活了很长时间的年轻女性都会停经。此外，那些在没有父亲的单亲家庭中长大的女儿的月经周期是否同样会受到抑制，也是需要科学家去研究的。不管怎样，以老鼠为被试所做的实验已经为进一步研究人类的性成熟受哪些因素影响这一问题铺平了道路。

在每年的交配季节到来之前的短短一段时间内，许多动物的性

相杀相爱：两性关系的演化

器官就会成熟，这样，动物们就能够繁殖了。为了使雄性与雌性能同步成熟，一种内在的节律——一本在生物体内自动运行的"日历"——会使它们的发育同步化。

那本内在的"日历"是由每天的日照时间的长短控制的。有些动物在春季交配，另一些在秋季交配。在春季，白昼时间逐日增长。在中欧地区，在3月初左右，每天的日照时间就会达到10小时54分钟。对云雀来说，那时白天的长度已达到一个关键值。一旦日照时间超过10小时54分，雌、雄云雀的体内就开始产生那些会刺激卵巢、输卵管和性腺生长的激素。

在5月初，睡鼠会从冬眠状态中醒过来。到5月底，每天的日照时间就会超过14小时46分钟。在这一信号的刺激下，睡鼠的性器官就开始成熟起来。

对那些在秋天交配的动物来说，情况则刚好相反。当白天时间开始变短时，它们就会收到开始分泌性激素的信号。例如，当9月中旬，那个日照时间少于12小时40分钟的日子到来时，激素就会进入红鹿的血流。

那个内在的"日历"可能是非常精确的。就因为这个原因，某一种候鸟中的所有的成员都会在同一天开始迁徙之旅。不过，有时，这个生物钟也会走快或走慢几天或几个星期。因此，雄性与雌性没有在同一时间做好交配准备的事情也常会发生。因此，大自然得发明别的办法来使得伴侣之间的交配准备的状态同步化。

其中的一个办法就是，让某些动物中的雄性在雌性能够怀孕的时间段之外仍然具有可使雌性受孕的能力。在实行一雄多雌的后宫制和群内自由交配的公社制以及其他组织高度严密的动物社会中，雄性的性能力都是能持续相当长一段时间的。那些"帕夏"或"后宫雄主"会时不时地检查领地上的雌性的生理状态并与碰巧处于发情期的雌性交配。在那些实行竞技性求爱比赛制度的鸟类中，雄性同样具有长期的性能力（参见本书第十四章中的关于竞技性求爱比赛的内容）。不过，在这些动物中，是已做好交配准备的雌性选择雄性。

看来，这种形式的同步化似乎只在那些大型动物社会中起作用，其中总是有些处于发情期的雌性可与有性交能力的雄性交配。不过，事情并不总是这样的。例如，除了在食物稀缺的冬季，生活在后宫制或自由交配制的兽群这样的大型动物群落中的雌性，对其他雌性都是极富攻击性的。当人们看到一群鹿站在一起时，那个群体总是由一只母鹿与几只半大或接近成年的小鹿组成的。然而，即使在鹿群中，两性之间也可获得同样的同步化。这种同步化的获得方式就是雄性具有长期的性交能力。

在交配季节，已做好交配准备的母鹿会在森林中大叫以吸引那些正在漫游着寻找母鹿的公鹿。猎人能以这样的方式来模仿母鹿的叫声：将一张山毛榉树叶支在两个拇指之间，而后沿着树叶的边缘吹气使得那树叶振动起来。如果猎人的技术已熟练到能在用树叶吹出的叫声中表现出与母鹿相符的情调，那么，他就能将被爱情冲昏了头脑的公鹿引诱到他的枪口之下。

与性有关的两性间的同步，其精确性只要达到能使公兽与母兽在恰当的时间走到一起就行。不过，某些动物中的雄性与雌性可要比鹿更富于攻击性。在这种动物中，两性之间的同步就必须更加精确，只有这样，那种攻击冲动与恐惧感才不至于将两性间的性吸引

相杀相爱：两性关系的演化

力压制住。

在攻击性强的动物中，两性个体在相遇时会深受两种相反情感互相冲突的折磨。如果其中一个表现出了攻击性，那么，另一个就会感到害怕，反之亦然。攻击冲动会提高性驱力，但恐惧感会阻碍性欲望并抑制交配行为。这样，一对动物中的某个就不能进入有利于交配的适当的情绪状态。那两个伙伴必须通过控制自己的攻击性并驱散对彼此的恐惧感才能使彼此间的情感达到协调状态。它们是通过能创造出彼此亲和感的求爱仪式来办到这一点的。

鸽子并不像人们通常所设想的那样爱好和平。雄鸽的求爱舞是用来消除两个伙伴的攻击性和恐惧感的。

求爱仪式有三重功能。首先，它使一种动物的成员们能互相认识。其次，它使它们能识别彼此（有时是自己）的性别。最后，求爱舞使性伙伴的性器官能同步发育，这样，它们才能进行繁殖活动。

有时候，搞清楚某种行为模式的意义的最佳方式，就是描述当所讨论的行为未出现时会发生什么事情。例如，对那些不能形成哪怕只是转瞬即逝的亲和性对子关系的富于攻击性的伙伴来说，如果大自然"忘了"使它们的身心状态同步，那么，在它们之间就会发生奇怪的事情。我们已经注意到，老虎就属于这一类动物。许多在生物演化过程的早期就已经出现的动物，尤其是蛇类，同样如此。

蛇的性交姿势与其说是拥抱还不如说是摔跤。雄蛇与雌蛇是靠气味来识别彼此的性别的。两条蛇，常常还有另一条甚至更多条的蛇，以一种被称为"蛇发女怪美杜莎的头"的绳结的形式，纠缠在一起。这样，它们便将彼此囚禁在了爱的螺旋中，并同时将任何碰巧在现场的竞争对手也囚禁了起来。动物学家们还没搞清楚，如果雌蛇想要从那个结中脱身出来的话，它是否能成功；也没有搞清楚，雌蛇事实上是否处于被强奸状态。

当两蛇紧紧地纠缠在一起时，雄蛇会将尾巴朝雌蛇的生殖器开口处那里靠，并将阴茎插入雌蛇的身体。不过，那时，雌蛇的性器官通常都还没完全成熟，因而，它并没有做好交配准备。与鸽子的情况不同的是，蛇的性伙伴的性发育并不正好是完全同步的。因此，一开始，雄蛇试图交配的努力是要失败的。两条蛇必须以互相抱牢的姿势待上几个小时甚至几天，雌蛇才会达到有能力怀孕的性成熟程度。

蛇没有可用来攀岩爬树的腿。因此，有人可能会认为：蛇的长时间的拥抱肯定是一种旨在使自己不松脱对对方的把握的、具有艺术性的平衡表演。其实，雄蛇不必担心雌蛇会从自己的把握中滑脱掉。因为当它的阴茎勃起时，那阴茎上便会遍布刺状和块状的突起及钩状物。一旦它将阴茎插入雌蛇体内，阴茎就会牢牢地锚定在那里，在精子释放出来之前，阴茎是不可能被移动的。

交配完毕后，在雄蛇阴茎还插在雌蛇体内的情况下，那两条蛇会慢慢地互相松开并漠然地并排躺在那里。这时，雌蛇通常会表现出对正在发生的事完全不感兴趣的样子，并表现出要游向别处的明确倾向，还会拖着那条比它小的雄蛇一起走。如果遭遇到敌人，那么，那两条蛇就会借助凹凸不平的地形逃走。这时，如果它们朝不同方向滑行的话，那么，雄蛇的阴茎就很可能会断掉。不过，大自然已经为这种偶然事故做好了防备工作：雄蛇天生就有两条阴茎。如果雄蛇与雌蛇未同时做好交配准备，那么，性结合就会出现许多问题。在这种情况下，大自然就得采取一些额外的预防措施了。由于这个原因，许多种蛇中的雌性都具有将有活性的雄性的精子保存在体内长达 5 年的本

相杀相爱：两性关系的演化

领，并会每年用部分的备用精子来使自己的卵子受精。

现在，我们已经看明白，在性伙伴们的身心状态未能严格同步的情况下会发生什么事。既然如此，那么，就让我们回到各种动物中的雄性与雌性是怎样成功实现同步的这一问题上去吧。

鸽子的行为向我们透露出，同步化是可在视觉交流的基础上进行的，即当雌性看到雄性为自己跳求爱舞时，它们之间就会发生身心状态的同步化。另一些动物则只对气味起反应。如果我们从一只成年雄鼠那里取得尿液，而后用这种尿液在一只成年雌鼠鼻子上每天抹 4 次的话，那么，一两天后，那只雌鼠就会做好交配的准备。不过，它只会与它闻到过其尿液气味的那只雄鼠交配。如果抹在雌鼠鼻子上的尿液是从许多不同的雄鼠那里获得的，那么，就会出现相反的情况：雌鼠性器官的发育状态会退化。由此，对雌鼠来说，雄鼠的尿液的气味不仅是催情药，而且实际上也是彼此间忠诚的保护盾。

如果一只雌鼠接二连三地快速与几只雄鼠性交，那么，不久，它就会丧失生育能力。只有在同一只雄鼠的身边逗留过一段时间的雌鼠才具有繁殖能力。

在种群数量过剩时，老鼠就会出现退化或堕落的迹象。首先，雌鼠们会变得具有乱交倾向：它们会连续不断地与不同的雄鼠性交。当然，在这种情况下，它们不会产子。这种行为其实是一种种群数量控制方式。

许多别的动物尤其是昆虫也用气味来作为性刺激物。在我的《动物们的神奇感官》一书中，[3] 我曾广泛讨论过用作性吸引手段的气味这一主题；在本书较前面的一章中，我也曾提及灰蝶所使用的

"爱情香水"（参见第四章）。

1962年，动物学家们发现了一种此前不为人知的两性性成熟同步化方法：通过滋味来实现同步化。[4] 在河边的芦苇丛中生活着一种甲虫。当雄甲虫偶然碰上雌甲虫时，雄甲虫就会通过提供它喜欢的味道来向它求爱。

一开始，雌甲虫会受惊吓并表现出不愿交配的样子。当两只甲虫相遇并用触须互相触碰时，它转身就跑。于是，雄甲虫就绕着它兜圈子，并同时将自己的臀部底端朝向它，那地方有一个能制造味道很好的东西的特殊器官。显然，雌甲虫受到了那东西的气味的吸引，立即就吞吃起那具有催情作用的物质来。

后来，雄甲虫终于绕到了雌甲虫臀部后面并用触须去触摸它以看看它是否已做好交配准备。这时，如果雄甲虫被踢了，那就意味着："不！"于是，雄甲虫就会重复进行同一种仪式。有时，这种仪式会连续进行几个小时。雌性性器官的成熟程度越低，求爱仪式所持续的时间就越长。不过，最终，雌甲虫所摄取的那种化学物质会使它的身体成熟起来，终于它做好了交配准备。雄甲虫会很有耐心地等着，直到它用触须去触摸雌甲虫时不再被踢。这时，它就会爬上雌甲虫的背开始交配。

由此可见，雄甲虫获得雌甲虫的芳心的途径，的确不折不扣地就是"征服它的胃"。

疼痛也能激发爱情。上文已经提到过公虎与雄狮所给予母虎或雌狮的"爱情之咬"。就像丘比特一样，食用蜗牛也会互相朝对方的身体射进小而尖利的箭，以使彼此进入一种适应交配的情绪状态。此外，在交配之前，许多蜥蜴也会互相咬对方的喉部与身体两侧。

　　　　　　　　　相杀相爱：两性关系的演化

有时，它们甚至会因此而引起流血事件。雌蜥蜴可选择逃跑，以避免被咬。但如果它愿意交配的话，那么，它就会忍受那点疼痛。

在生物演化史上，通过咬配偶来激发爱情的做法早就出现了。科学家们在有数亿年历史的恐龙骨架头部发现了一些由致命的啃咬所造成的痕迹。那些咬痕表明：这种草食性恐龙不是被肉食性恐龙而是被草食性恐龙咬的。在史前时代，**交配**肯定**曾是强奸行为**，因而经常会导致雌性死亡。

我们只能这样推测：在远古的世界中，动物们还没有演化出求爱仪式、攻击性平息办法或表示友好之意的信号。这样，雄恐龙们可能除了去攻击雌恐龙、去咬它们直到使它们屈服外就别无其他选择了。

蜥蜴是恐龙的现代后裔。差不多所有已知的蜥蜴中的雄性仍然会咬雌性的颈部和侧部。此外，在许多诸如貂和臭鼬之类的肉食动物中，雄性也会咬雌性颈部。不过，这种咬差不多是无害的。

人类也仍然会体验到一种潜伏着的不易觉察到的想要给性伴侣造成痛苦的冲动。或许，虐待狂和受虐狂行为和生理上的根源就在**远古时代**的人类及其祖先的生存历史中，那个时候，**爱与痛还无法分离**。

人类的爱情游戏常包含咬、拧、抓之类的伤害行为。这种行为不能被看作病态的或过度虐待性质的。

我们常常在与性无关的生活领域中表现出虐待冲动，例如，折磨和施暴于他人。亚历山大·米切利希（Alexander Mitscherlich）这样来描述这种现象："虐待在独裁行为中起着重要作用。我们很少意识到，一个试图对别人发号施令的人之所以会这么做，实际上是因为他喜欢折磨人家。我们通常会将这种虐待狂行为解释为当事人性格刚强或他具有强烈的道德价值感。事实上，我们常常将虐待狂行为理想化。这使得我们难以认清并改正我们自己身上的虐待狂行为。"[5]

科学家们仍然在争论虐待狂和受虐狂行为的真正原因是什么。按照精神分析理论，这种现象起源于童年早期的一种使人将爱与痛苦的概念相联系的性固着。有时，精神分析学家们会用攻击冲动来解释虐待狂与受虐狂。不过，这也许还有第三种解释：**人类可能从远古的动物祖先那里继承了虐待与受虐的潜在倾向**，而这种潜在倾向可被童年早期的经验所激活。

其他形式的性变态可能也起因于某种被暂时压抑着的或被其他本能掩盖着因而处于休眠状态的本能的重新激活。某些古老的力量就像火山中的岩浆一样在我们体内沸腾着，并等待着爆发出来。某些不幸的经验或情感上的冲击会将这些潜在力量带到意识表面上来。

除了**咬**，动物们还会以用手、脚、触须及身体其他部分互相**触摸**的方式来**激发性欲望**。在太平洋中的加拉帕戈斯群岛岸边奇特的火山岩壁上，栖息着一种外壳亮红的石蟹，它们的行为表明：**触摸对于刺激性欲望是多么重要**。

红石蟹是同类相食者。若一只红石蟹在约 20 厘米距离内碰上一只稍小的蟹，那么，它就会跳到小蟹的背上，并用八条腿箍住小蟹。而后，它会用爪子抓住那被禁锢了的蟹，并将那只蟹切割成便于食用的碎块。

为使自己免遭同类的毒手，红石蟹结成了一个个由同样大小的蟹组成的小社团或"俱乐部"。这样，同样大小的蟹彼此间就是安

雄红石蟹（图中以黑色表示的部分）紧紧地抓住雌蟹的腿和颚。这样，无论配偶中哪一方就都无法在交配时吃掉另一方了。而后，它会在雌蟹的身体下方摆动自己的身体，这样，它就能抵御吃了对方的诱惑了。

全的。而且，这种小社团还能给成员们提供使之免遭更大的蟹的侵犯的保护。

显然，同类相食者们是很难交配的。从某一方面看，红石蟹的交配习惯是极不寻常的。在动物中，积极向雌性求爱的雄性伙伴却在性行为中采取一种置身于雌性之下的体位的动物是很少的，红石蟹就是这样的动物之一。

雄蟹在雌蟹下方摆动着，这样，它们便腹对腹地躺在一起了。雄蟹紧紧地抓住雌蟹，这样，雌蟹就既跑不了也无法用爪子来攻击雄蟹。推测起来，事情大概是这样的：雄蟹以背着地躺在雌蟹下方是为了抑制同类相食的本能，而如果它骑在雌蟹背上的话，那么，这种本能就会像水下的气泡冒到水体的表面上一样浮现了。

在两只蟹交配之前，它们必须进行精心定制的危险的求爱仪式。雄蟹能以一种不为人知的方式在约 40 厘米之外分辨出另一只蟹是雄的还是雌的。自然，它只会去向一只与它差不多大的雌蟹求爱。一旦雄蟹发现一只与它同一尺寸的雌蟹，它就会摆出一种威胁姿态：以两爪撑地方式抬高身体，而后，一边像在与别的雄蟹交战之前那样做着"俯卧撑"，一边兜着圈子。

然后，雄蟹会朝雌蟹爬去。雌蟹如果不愿交配的话，那么，就会以很快的速度逃走，以至于雄蟹不久也就会放弃追赶。然而，如果雌蟹的性器官已充分发育因而那两只蟹有获得身心状态同步的好机会的话，那么，雌蟹就不会逃。这时，它会慢慢地后退，并总是与雄蟹保持着约 20 厘米的距离。过了一段时间后，雄蟹会停下来，以测试雌蟹的反应。如果它愿意交配的话，那么，它也会停下来。雄蟹看到雌蟹停止后退时，就会走开并看它是否会跟上。

如果雌蟹跟着雄蟹，那么，两只蟹就会以前进—暂停—后退的模式上演一场耗时很长的舞蹈。两个舞伴始终精确保持着同一距离，就像它们之间有一根无形的杆子将它们撑在两端似的。在相当长一段时间内，它们都无法让自己靠得离对方更近一些。

终于，雄蟹看到了雌蟹在向它靠近，于是停了下来。雄蟹抬起两双前腿，看上去像是在跟雌蟹打招呼的样子，而那只雌蟹也开始触碰它。这部分仪式同样可能会持续很长时间。这种求爱仪式常常演得不精彩。要么雌蟹看上去不想触碰雄蟹，要么雄蟹不喜欢雌蟹的触碰。这时，那对伙伴中的某一个就会退出这项活动。

如果雄蟹开始撤退，那么，雌蟹可能会跟着它。这时，它们的性欲望已经在很大程度上平息下来，因而，它们会由于自己同类相食的习性而互相害怕起对方来。不过，雄蟹可不想被甩在由与它同样大小的蟹所组成的"俱乐部"之外，因而，它会停止跑动，转而

　　　　　　　　　　　　相杀相爱：两性关系的演化

蹲伏在地面上。那雌蟹也会停止跑动，并同样蹲伏在与雄蟹相距10厘米左右的地面上。有时候，它们会这样一动不动地蹲上半个小时。而后，它们两个会朝彼此相反的方向走开，那游戏也就随之结束了。

只有当雌蟹触碰雄蟹的腿能对它构成一种性刺激时，它们两个才会交配。

许多昆虫尤其是成千上万种的苍蝇、蠓、黄蜂以及甲虫都会使用一种其作用就像是"芝麻开门"那样的秘咒的"触摸密码"。只有当身体的特定部分被触摸时，性伙伴才会愿意交配。

在一种甲虫中，在雌甲虫愿意与雄甲虫交配之前，雄甲虫必须用右前腿在雌甲虫腹部的第三节上敲打出一定的节奏。如果它做不到，那雌甲虫就会将它一脚踢开。在另一种甲虫中，雄甲虫则必须触摸雌甲虫身体的另一节。总之，昆虫们在使用着数不清的识别密码，包括不同的敲打节奏，用腿或触须去触摸身体特定部分的不同方式，等等。

由此，许多种昆虫都会对性敏感区的刺激做出回应。这种性刺激通过关键刺激触发某种先天释放机制，从而达到了使性伙伴们的身心状态同步化的目的。此外，它还起到了防止不同却相似的昆虫之间出现错误杂交的作用。

许多并非昆虫的动物也会通过触摸来刺激性伙伴。例如，每一个到过动物园的人都看到过，狒狒们会互相捉皮毛上的虱子。然而，这种梳理活动的首要目的并不是去除昆虫。其实，这种活动首先是一种社交活动。彼此**抚摸**和**抓搔**实际上是狒狒之间**联络感情、建立与维持社会关系**的一种方式。

有一次，我与一个动物行为学家朋友一起去荷兰阿姆斯特丹动物园看我那个朋友从小养大的一个青潘猿。他们两个彼此都很喜欢对方。在互相问候过后，我的朋友卷起袖子并朝那个青潘猿伸出了手臂。那个青潘猿用手指温和地做着这一动作：分开我朋友手臂上实际上不存在的厚毛并寻找着无形的皮屑、虱子与扁虱。每当它发现一只想象出来的昆虫，它就会将那昆虫放进嘴里并吃掉它。那个青潘猿实际上是在进行一种仪式活动。这件事证明：一种行为会怎样变得与其原初目的相脱离，演变成为一种意指亲密与友爱关系的、抽象的象征性姿态。

猿与猴看来非常喜欢毛发或身体其他部位被护理，并常常在另一个体给它们做毛皮护理的幸福时刻闭上眼睛。我们不知道在那种时候它们是否已处于性兴奋状态。不过，不管怎样，它们并不在护理之后交配。或许，毛皮护理给予它们的感受与人在被按摩或修理指甲时所产生的感受差不多吧。

照管猿与猴的动物园管理员通常都知道什么时候毛皮护理是作为一种性刺激起作用的。像狒狒与恒河猴这样的动物会突然开始互相抚摸对方身体的特殊部位。这种行为预示着一场交配将要发生了。由此可见，猴与猿显然像人一样拥有性敏感区并知道如何利用它们来促进性兴奋。

在野外，如果两只狒狒想要交配的话，那么，它们就会离开所在的群体，进入矮树丛中。没有科学家会因此而将这种行为看作害羞的证据。无论如何，动物学家和动物行为学家迄今都未发现动物们具有羞耻感的证据。狒狒及象与鸭这样的群栖动物所表现出来的喜欢在隐蔽处性交的现象，其实反映了它们想要免遭同类性嫉妒的愿望。

许多动物都无法忍受看到同种或异种的动物交配。性嫉妒不同于对另一个动物的食物的嫉妒，在食物嫉妒中，不存在嫉妒的动物想要拿他者的配偶来作为自己的配偶的现象。即使假定一只嫉妒的雄性动物已经在生理上做好了交配准备，它也得通过长时间的求爱才能让一个雌性离开竞争对手，从而赢得一个配偶。通常，没有动物会想要经历这么大的麻烦。它不过是想要阻止其他动物享受快乐。因此，为了逃避折磨，一对雄、雌狒狒会去寻求一个隐蔽的地方。

然而，在一个与性无关的场合中，我却曾经观察到过动物们表现得像是会感到困窘或羞耻的样子。例如，在谷仓前的空地上，如果那只等级最高的公鸡在一场战斗中被一只比它年轻的公鸡打得惨败的话，那么，它就会跑到棚子中光线最暗的角落中，并在那里至少躲上半个小时。它会垂着头、面对着墙壁，待在那里一动不动，就像一个感到羞耻的孩子。在那只得胜了的公鸡已经离开它的视野很长时间后，它还会继续站在那里。任何一个了解动物们在"丢了面子"后如何悲伤的人肯定都会承认：**动物们很可能也有着某种与人类相似的羞耻感**。那只公鸡知道：如果它在那个时候走出棚子的话，那么，它就会失去其他同类的尊敬。

有一次，我和我的家人离家外出了一整天。我们家的德国牧羊犬森塔（Senta）将它的（标有主人联系电话等的）身份卡落在了客厅的地毯上。当我们回到家时，它不见了，我们四处寻找它。最后，我们发现它躲在一张婴儿床下的一个黑暗角落里。它这样做，不可能是因为害怕受惩罚，因为我们从来都不打它。由此，我得出结论：它肯定是感到羞耻。毫无疑问，许多养狗的人都会赞同我的观点：**羞耻感并非人类专有**。

无论如何，羞耻感不能像现在所流行的看法那样，仅仅归结为基督教传统、中产阶级道德观和性禁忌压抑的结果。以色列基布兹（kibbutz，共产共享性质的集体居住区，尤指集体农场）中的孩子是在完全性自由的环境中养大的，他们从未被教导过任何性行为规则。到 10 岁左右，基布兹中的孩子们就会频繁地玩性游戏。但随之他们就自发地表现出性禁忌的迹象。在并不真正知道自己对什么感到羞耻的情况下，他们已经体验到了羞耻感。由此看来，羞耻感不是或至少不只是某种被他人所教化出来的感受。

　　羞耻感是一种情感。因此，我们肯定能将其根源回溯到动物界。羞耻感源自为地位而奋斗所涉及的各种情感的大综合。确切地说，羞耻感起源于自卑感。在动物社会中，地位之争及由之产生的自卑感是一种日常现象。

　　人也会体验到自卑感，不过，人类的情感比动物们的更复杂。一个人会希望自我感觉有所成就。他会形成一个关于自己的理想意象，并不断将认识到的现实的自我与这个理想相比较。

　　通常，我们关于自己的理想意象包括我们应该有能力有意识地控制自己的行为的想法。当一个人的本能强迫他进行某种他自己无法控制的行为时，他就会觉得自己低劣并感到羞耻。亚历山大·米切利希这样来描述羞耻感："当一个人无法做到按他自己的理想意象来生活时，他就会感到羞耻及对被拒绝和遗弃的恐惧。不能按超我的要求来生活会使一个人产生内疚，以及对受惩罚的恐惧感。"[6]

　　因此，当一个人对一种古老的、本能的情感做理性的价值判断时，他就会感到羞耻。羞耻感不应该被称为一种条件反射，而应该被称为一种有条件的情感。我们的教养和社会中当前通行的文化价

　　　　　　　　　　　　　　　相杀相爱：两性关系的演化

值观有助于我们确定我们会产生羞耻感的原因。

与性有关的情感会唤起比任何其他的情感所能唤起的更多的羞耻感。这也许是因为我们将性事看作最为本能的领域并且不愿意承认我们是受本能支配的。这种想要否认本能在自己的生活中所起的作用的愿望，使得许多人不愿意正视自己的行为的真正动机。他们宁愿将自己的行为看作出于理智选择的，因为他们担心如果承认自己的行为是基于本能的，那么，他们就不得不对自己感到羞耻。

人类还会在撒谎或做了自认不对的事情时感到羞耻。即使一个撒谎者在外表上没有表现出他的羞耻感，那测量他生理反应的测谎仪还是会表明他的身体已对撒谎产生了反应。心跳加速、血压升高、排汗增加以及呼吸急促都是无法被意志控制的无意识自动反应。这些生理反应的不由自主性显示出了羞耻感的本能性。而且，这种生理反应还透露出了：人天生就被"安装"上了一种内置的"测谎仪"，这台与情感连通并一同工作的"测谎仪"会告诉当事人，何时他曾做过他应感到羞耻的事情。这种心理现象构成了良心的情感基础。

对羞耻感的生物学基础的这一简短描述，差不多已可让我就那些能使得动物伴侣做好交配准备的同步化方法得出结论。这些方法包括能刺激性器官生长的求爱舞、特定的气味与滋味、引起疼痛和性敏感区的刺激。声音也能在刺激配偶们做好交配的准备上起一定作用。鸟儿的歌声、蛙的音乐会、鼓鱼的鼓声就是这种声音。不过，详述这些事例并不会给讨论增添任何本质上的新东西。

我还得去讨论同步化模式，包括：（1）交配时间或天气；（2）伴侣之间的情感和谐的建立。

并不是所有时间都同样适宜做爱。正如许多动物都只是在一年中的几天或几个月才有能力交配一样，无数的动物也只是在黑夜的掩护下、在黎明或傍晚时分才交配。

通常，人类在生理上是能在任何时候做爱的，但他们常常没有心情这么做。每个人都得服从自己的生理节律。有些人早上根本就起不了床并在那段时间特别容易发怒；但一到了晚上，他们就会变得精力充沛并兴高采烈，而且不到很晚的时候就不会去睡觉。另一些人在大清早时状态最好并最富于创造力。同样，不同的人会在一天中不同的时段感觉到性欲望。在结婚前先考虑一下双方的生物节律并确定它们互不冲突——这不失为一个明智之举。

人类的身心状态深受天气与时间的影响。对气温与湿度的变化、风的冷暖、干燥的天气或下个不停的雨，不同的人会有不同的反应——兴奋或沮丧。

许多动物的性冲动甚至比人类的更依赖于气象条件。在德国法兰克福动物园中，一只红冠大鸨正在跳令人印象深刻的求爱舞，它展开羽毛，发出击打和呼啸的声音，并跃升到空中。然而，它却无视春天的到来，对一只在场的雌大鸨态度冷淡。只有当饲养员将洒水软管朝向它所在的大鸟舍时，它才会跳舞。当饲养员将那洒水管朝向旁边的笼子时，它也会向那雌大鸨求爱，即使它只能听到洒水声而实际上却看不到水。那雄大鸨的行为似乎是对一种自学的条件反射的反应。

是什么在使得一只鸟对春天与雌鸟都无动于衷，而只对下雨似的水声起反应呢？

红冠大鸨原产于极为干旱的地区——南非的卡拉哈里沙漠，那里很少下雨，雨期也没有规律。如果大鸨的后代出生在干旱期，那么，干旱气候对它们来说就会是个致命因素。因而，红冠大鸨只能在下雨之后才交配。这就是法兰克福动物园的红冠大鸨只是在听到洒水声时才表演求爱舞的原因。在红冠大鸨这一案例中，引发雄鸟的求爱举动的关键刺激不是来自雌鸟，而是来自自然界。

白蚁的行为更离奇。白蚁是一种生活在地下的小动物，从不暴露在日光下。因而，大部分白蚁*都是盲的。只有雄蚁和雌蚁有眼睛，而它们用得着眼睛的时候一辈子也就一次，那就是它们进行婚飞的时候。

为了婚飞能够成功，白蚁必须满足以下条件：

1. 相邻蚁巢中的所有白蚁必须同时飞到空中，这样，那些不同蚁群中长了翅膀的雄蚁和雌蚁才能在空中相会并交配，从而无须冒近亲繁殖的危险。

2. 飞行必须在傍晚即将天黑的最后时刻进行，这样，天色就会处在亮到足以让白蚁们发现彼此但又暗到了使白蚁的许多天敌没有足够时间来发现它们的程度。

3. 婚飞期间天不能下雨。但婚飞结束之后又必须下雨，因为这样，泥土才会足够松软，从而使白蚁配偶能为它们自己挖出一个小小的掩体。

那种小虫子是如何设法满足所有这些条件的呢？

首先，白蚁拥有着一本内在的"日历"。只有在雨季，白蚁群中才会出现雄蚁和雌蚁，也即未来的蚁王和蚁后。此外，白蚁还拥有着一个内在的"闹钟"，当地面上的天色正处于傍晚即将天黑的最后时刻时，这个内在的"闹钟"就会告诉它们：时候到了。最后，

---

*　在白蚁中，大部分成员都是性生理受抑制因而在行为上相当于无性的工蚁和兵蚁。有生殖功能的是数量较少的雄蚁和雌蚁。——译者注

它们还拥有着一种内在的"气压计",这个"气压计"会告诉它们何时是将雨而未雨之时。

当所有这三个关键刺激告诉白蚁是"行动的时候了"时,工蚁们就会打开它们在烟囱状的蚁巢的顶端建造的要塞。那些兵蚁会以战术编队的形式出现并查看场地是否安全。如果没有什么东西会打扰它们的话,它们就会用一种气味来向其他白蚁发布信息。突然之间,成千上万长了翅膀的雄蚁和雌蚁就会飞升到空中,那情景看起来就像是许多条烟柱从那地方的所有烟囱状蚁巢中冒出来。不同蚁群中的白蚁们就这样以一种几乎不可思议的准确性将它们的交配行为同步化了。

至此,我们应该明白:动物之间的爱绝不是一种原始而野蛮的现象。出于交配目的而进行短暂相会的两个性伙伴构成了社会组织的最基本的单位。但即使这种短暂的相会,也已经是一种涉及高度精致的求爱方法和同步技术的、对人来说尚有未解悬疑的复杂过程。

身心状态同步技术甚至比我描述的还要复杂。接下来,我们将要讨论的是性伙伴们是怎样在交配之前使彼此的情感同步化的。

白蚁社会是由几种不同白蚁组成的。位于该图中间的是体形最大的蚁后。它身边的就是总是待在它近旁的体形最小的蚁王。图的左边是只长着强有力的颚的兵蚁。图的右边是只长了翅膀的雄蚁或雌蚁。

相杀相爱:两性关系的演化

第十章

求爱的规则

从决斗到求爱

如果一对伴侣中的雄性每天都要打几次雌性，那么，这样的婚姻还能持续下去吗？可以，但只限于那对配偶是一对憨鲣鸟。

当冬季最后的暴风雨还在海岸边的悬崖峭壁肆虐时，雄憨鲣鸟回到了圣劳伦斯湾、加拿大纽芬兰岛、冰岛、不列颠群岛、法国布列塔尼半岛以及挪威海岸边的小岛或半岛上的世袭繁殖地。一到达那高耸陡峭的悬崖，雄憨鲣鸟就开始将竞争对手从它及其配偶上年所占据的巢中赶走。如果它没有能成功地保住自己的老巢，那它就会着手占领一个尚未被占据的新巢。

憨鲣鸟浑身雪白，大小与鹅差不多。在鸟类世界中，打仗凶猛如雄憨鲣鸟的鸟是十分罕见的。两只雄憨鲣鸟会用强有力的长喙夹住彼此的头和颈并晃动与扭动，还会朝对方猛戳，直到双方一起掉下令人头晕目眩的悬崖。在掉到水里前，它们会回过神来，并飞回所争夺的巢中。在它们短暂离巢期间，或许有第三只雄憨鲣鸟已经接管了那个巢。当那两个争巢者再度飞回到巢中时，迎接它们的就会是成功占巢者嘶哑的吼叫声与它的长喙的猛烈攻击。有时，在争夺战连续打上两个小时后，才会有其中一只鸟证明它才是无可置疑的巢主。这时，它才能松口气。然而，过不了多久，就会有另一只觅巢的雄憨鲣鸟来到那个地方，于是，混战又会重新开始。

一连几天，那个巢主都不敢离巢。它不能去捕鱼来吃，也不能去找些材料来给那个已经被冬季的暴风雨毁坏的巢加些衬里。即使它离巢一小会儿，它就会丢了那个家。它只能耐心地等着，直到成群的雌憨鲣鸟从中大西洋飞来并开始在那块繁殖地的上空盘旋。

对人类来说，憨鲣鸟看起来都是彼此很像的，我们分不清它们的雌雄。但即使在相当长的距离外，雌憨鲣鸟就能认出自己去年的配偶。每只雌憨鲣鸟都能从成千上万只尖叫着的同类中准确无误地找出自己的配偶。憨鲣鸟的寿命在 20 年左右，这种鸟是实行一夫一妻制的，不过，它们只在繁殖季节在一起。在一年中剩下的日子中，雄、雌憨鲣鸟是分开来过的。然而，当雌憨鲣鸟到达繁殖地时，它们却总是记得自己以前的配偶。

起初，那只雄憨鲣鸟似乎不认得那只雌鸟。它会继续对任何靠近它的巢的东西表现出气势汹汹的样子，并会像啄木鸟啄树那样去啄那只雌鸟。它还会用强有力的翅膀去打那只雌鸟。在几分钟的时间中，除了默默忍受被打的痛苦外，雌鸟别无选择。事实上，那雌鸟甚至会将自己的尖喙从那雄鸟的身边移开，直到它开始平静下来。

当雄鸟的愤怒减退时，雌鸟就会将头朝向它，接着，它们两个就会用长喙来玩上一场击剑比赛。渐渐地，那种游戏性的互相斗殴就会变成温柔的互相抚爱。那两个配偶一边叽叽咕咕地说着情话，

相杀相爱：两性关系的演化

这种蛾叫珍珠梅斑蛾。以虫为食的鸟看到这种蛾的红色翅膀，就会表现得像公牛看到红旗一样，俯冲下来去捕捉它。但这种蛾的体液毒性很大，那些鸟一将这种虫子吞进嘴里就会立即将它吐出来。任何一只曾经碰过珍珠梅斑蛾的鸟都会记得这种蛾的样子，并会在以后避之唯恐不及。因此，这种蛾的安全感是如此之强，以至于它们总是飞得很慢，且从不试图逃跑或躲藏。当一只珍珠梅斑蛾在吸食花蜜时，人们可以很容易地捉住它。此外，如图所示，这种蛾还敢在敌害的众目睽睽之下交配。

图中展示的是一只会咬人的鳄龟。陆栖乌龟没有互相交流情感的能力，因而，无法获知雌龟关于性事的许可与否的态度的雄龟只好去强奸它。

雄北美红松鼠以将雌松鼠赶到地上来的方式向它求爱。

在交配期间，雄狮会以与站在一只被杀死的羚羊身上同样的方式站在（趴在地上的）雌狮身上，并用上下颌咬住其颈背。不过，它不是真的咬雌狮。相反，它只是轻轻地咬了雌狮一下，仿佛在说："我好爱你，真想吃了你！"狮子是过群居生活的，因而是习惯于与别的狮子保持日常接触的社会动物。因此，在交配期间，狮子的攻击性比其过独居生活、不喜社交的亲戚——老虎的要弱。

蚱蜢的求爱可谓困难重重。在雄蚱蜢能爬骑到它配偶身之前，它得在看起来似乎无边无际的草丛中找到雌蚱蜢。

雄北方塘鹅每天都会打几次自己的配偶。这种海鸟与鹅差不多大。北方塘鹅夫妇每天都会重演两性关系的历史，即从互相攻击到彼此亲和与温柔相待的演变过程。每天都会发生这样的故事：当配偶中的一方捕鱼后返回巢中时，雄塘鹅就会打雌塘鹅。渐渐地，雄塘鹅的喙的刺击动作变得越来越温和，直到它只是在假装伤害它的配偶。最终，那对配偶会用喙从头到尾给对方梳理羽毛的方式互相爱抚。

在求爱的舞蹈中，雄鹤会猛地跳向空中，以求给雌鹤留下深刻印象。世界上许多地区原住民部落的男子们都会模仿鹤的舞蹈动作，以求打动他们的女性伙伴。图为冕鹤。冕鹤的舞蹈一直被非洲东部和南部的黑人部落所模仿。加拿大因纽特人仿照美洲鹤的求爱舞编出了一种舞蹈，日本阿伊努人模仿丹顶鹤的舞蹈，澳大利亚原住民模仿澳洲鹤的舞蹈。鹤的求爱舞是不同寻常的，因为其中的跳向空中这一动作在许多种鹤中都会令雌性印象深刻。

火烈鸟的集体求爱活动是动物界最令人印象深刻的景观之一。数百或数千只优雅的长腿鸟一起表演庄严的舞蹈。它们用仪式化的姿态摆动着脖子和翅膀，发出一种来自喉咙深处的、有节奏的呻吟声。已经性成熟的火烈鸟们会在鸟群中形成一个独立群体，并一起跳舞。在这个群体中，雄鸟与雌鸟们为自己选择当下繁殖季节中的配偶。

原产于东南亚的和平鸟实行一夫一妻制，但它们过的是一种"远距离"婚姻生活。和平鸟的巢用苔藓和地衣伪装得很好，而雄鸟亮丽多彩的羽毛会将捕食者的注意力吸引过来；因此，雄鸟决不会进入离巢 18 米以内的范围。它一直待在那个距离之外瞭望，看到正在逼近的危险会向家眷发出警告，并试图将敌害的注意力从那儿引开。在雌鸟孵蛋期间，雄鸟会给它喂食。但雌鸟得离开巢去吃食，这样，它们就不会暴露巢的位置。

这种叫作"钻嘴鱼"的鱼是蝴蝶鱼中的一种,它们是一夫一妻终身制的。然而,一旦产了卵后,它们就根本不管它们的幼鱼了。

大斑啄木鸟配偶之间并不互相喜欢。除交配期外，它们彼此都保持着一定的距离。尽管如此，这种鸟夫妻中的雄性与雌性却都是对后代尽心尽责的好父亲与好母亲。

雉的婚姻是很怪异的。4月初，两三只雌雉会与色彩斑斓的雄雉（右）聚在一起。而后，在"后宫"的伴随下，雄雉始终沿着同一条路线穿越自己的领地。每隔一段时间，雄雉就会在一块美味的食物面前暂停一下，并将那块食物提供给它选中的雌雉，以此来邀请雌雉与它交配。在向雌雉提供食物时，它会发出诱惑性的"咕嘀呃、咕嘀呃"的叫声。如果那只雌雉接受了食物，两只雉就会交配。奇怪的是，直到交配后，雄雉才会向雌雉求爱。雄雉会围着雌雉兜圈圈，在兜圈圈的过程中，它将头低到几乎要碰到地面，并张开翅膀炫耀它亮丽的羽毛。在大约14天之后，当那些雌雉产下第一颗蛋时，雄雉的"后宫"就会解散。雄雉的亮丽色彩会将敌害吸引到巢里来，从而危及雏鸟。因此，一旦雌雉产了蛋，雄雉就被禁止靠近那个巢了。

一只雌爪哇八哥在专注地听雄爪哇八哥那充满爱意的小夜曲。歌的主体部分由尖锐的口哨声与沙哑的轻笑声构成。尽管作为歌手，爪哇八哥曲调有限，但它们是整个鸟类世界中最善于模仿的鸟之一。八哥能比鹦鹉更逼真地发出人类的语音。生活在大群体中过一夫一妻生活的鸟往往都有极强的模仿能力。它们能发出特殊的声音来称呼自己的配偶，即给配偶取"名字"，并能用"名字"从众鸟中唤出自己的配偶。即使周围充满了其他鸟的尖叫声，一只八哥仍能辨认出那个叫自己"名字"的声音。配偶间极为精确的沟通能力有助于八哥夫妻长相厮守。

红腹灰雀的婚姻是一夫一妻终身制的。在结偶前，它们会有两次试婚。第一次是与某个兄弟或姐妹试婚。第一次试婚训练它们如何对待自己的配偶。第二次试婚则测试双方能否和谐相处。如果两只红腹灰雀不合拍，它们就会放弃婚约，并与另一位异性试婚。一种神秘的本能使得兄弟姐妹之间不会结偶。

雄高壮猿的臂力相当于男人的四五倍。在大猿中，高壮猿的性欲相对不强，但结对本能是相对最高的，它们的婚姻是自由恋爱基础上的一夫多妻制。

母牛羚们选择它们希望与之交配的雄性。图为一群母牛羚及它们的幼崽。在交配季节，这种牛羚群会进入某个区域，约 2 000 头公牛羚在此区域中圈出各自的领地。那时，母牛羚们会形成一个个小群，每群由大约 20 头母牛羚组成。每一个母牛羚小群会进入群中的母牛羚看来喜欢的那只公牛羚的领地。因此，在牛羚中，是由雌性来集体选择它们的配偶的。如果某只公牛羚表现不好，母牛羚们就会立刻离开它的领地，转而到其邻居的领地上去。

一边用长喙在对方身上的羽毛上亲密地来回移动着——这就是鸟类版的"毛发梳理"了。这一情景就是**两性**伙伴之间从**决斗**逐渐转换到互相**爱抚**的一个典型案例。

不管雄鸟多么野蛮地攻击自己，雌鸟都没有去报复。雌鸟的温顺举动逐渐使它的情绪平静了下来，并使它将愤怒转化成了爱。（就像《圣经》中所说的那样）雌鸟知道如何转过另一边脸来让"人"打——不是真的要讨打，而是为了使雄鸟失去攻击欲。如果它表现出最轻微的攻击性，那么，这两只鸟的婚姻就会在被撕下来的纷飞羽毛中随风消逝。

平常的时候，雌憨鲣鸟远不是柔弱或顺服的。它们与雄憨鲣鸟一样大也一样强壮，而且它们的攻击性也不亚于雄憨鲣鸟。当雄憨鲣鸟外出捕鱼时，往往是雌憨鲣鸟独自守卫着那个巢，而它完全有能力将敌鸟赶跑。它会以真正基督徒式的谦卑来对待的唯一的鸟就是它的丈夫。

动物的温顺行为为何具有平息攻击性的效果呢？基于本能的社会行为（两个或更多个体之间的互动行为）会构成连锁反应。在彼此做出反应的基础上，两个个体会改变对彼此的反应。例如，为了引起一场吵架，两个人得先互相挑衅，而后互相侮辱与威胁，最后互相动起手来。一方每一次富于攻击性的反应都会引发对手更猛烈的反应。如果一方以退出争吵或安慰对方的方式来打断连锁反应，那么，争吵就会因缺乏燃料而逐渐熄火。顺从行为消除了继续争吵的本能基础。

从理论上说，人类的语言和推理能力应该使人类有可能平息彼此的攻击性，并给争吵带来一个和平的结局。遗憾的是，两种因素常常阻止了人们这样做。首先，人类在本能上倾向于以攻击对抗攻击，这样就会使冲突升级。他们很少有足够的见识和相应的正确态度来打破这一恶性循环。

其次，如果一个具备这样的见识的人试图去打破这个互相攻击的恶性循环，并将自己的另一边脸朝向对手（喻指容忍对方的攻击）的话，那么，对手往往会本能地将这一姿态误解为软弱和劣势，并因此鄙视他而不是尊重别人的品格与和平意愿。那两个对手也许会和平解决当下的冲突，但当他们下一次再打起来时，如果他们两个都第一次给了攻击本能以发泄通道的话，那么，他们之间的战斗就会比上次更激烈。在这次的冲突中，那个更富于攻击性的人就会试图利用求和者的求和心理迫使其屈服。这时，他会觉得自己高出对手一头，并会认为只要施加足够的压力，他就能使对方让步。最终，那个较为理性与和平的人会被逼到忍无可忍的程度，因此而发生的战斗就会比任何只是按常规进行的战斗都更具有破坏性。

当一个人**面对**的是虐待狂、**人格扭曲者**、暴乱群体或那些压制人民的政府时，**理性与和平的行为是没有用的**。即使是拥有平息攻击性的超人能力的耶稣基督，最后也是以被钉在十字架上而告终的。

幸运的是，憨鲣鸟无须面对或处理像人类社会中的这么复杂的问题。雌憨鲣鸟平息雄憨鲣鸟的攻击性的努力是如此有效，以至于会让我们人类深感嫉妒。不过，它们婚后的幸福时光并不长久。婚前那场以温柔的爱抚结束的仪式性战争要花掉那对鸟约20分钟时间。此后，雄憨鲣鸟就会离开巢去外面寻找食物。等它回来时，同样的战争又会从头到尾重演一遍。在憨鲣鸟的生活中，这样的仪式必须被不断重复。

雌憨鲣鸟的婚姻生活看来就像是个长长的受苦受难的过程。有些证据表明：雌憨鲣鸟的日常挨打可能具有唤起性兴奋的作用，因为有时，雄憨鲣鸟在打过雌憨鲣鸟后就会直接与之交配，而没有预备性爱抚。尽管如此，它仍然是只苦命的鸟。

只有当一对憨鲣鸟夫妻的年纪已相当大时，雄鸟才会停止对雌鸟的每天都不间断的虐待。到了这一阶段，当那两只鸟中的某一只回到巢中时，它们就会放弃战争，它们会只是将它们的喙前后来回地舞动一番，却不会真正碰到对方的身体。这时，它们之间的战斗就完全是象征性的了，那纯粹是一种仪式性的问候的形式。

憨鲣鸟们的行为表明，**攻击行为**是如何能在经过一番程式化后**转化**为**求爱仪式**而起作用的。此外，它们的行为还表明，两个起初敌对的动物是如何能做到在相对和谐的关系中交配并一起生活的。许多种动物的婚姻生活都是与憨鲣鸟的相似的。不过，大多数动物都省略掉了憨鲣鸟的婚姻戏剧中的第一幕，即大多数动物中的雄性通常不会在身体上虐待雌性。大多数动物都已在用一种程式化了的仪式性战斗来进行象征性的求爱活动。

雄鹤从来都不会伤害自己的配偶，但它会经常在雌鸟的面前表演一种会让人想起美洲印第安人的战争舞的舞蹈。与憨鲣鸟一样，鹤在本质上也是不喜欢同类陪伴的、孤独而好战的动物。然而，若想作为一个物种生存下去，那么，雄鹤与雌鹤总得以某种方式来克服彼此间的反感。

鹤配偶双方对彼此的了解要远胜过憨鲣鸟配偶之间的了解。它们是实行一夫一妻终身制的。鹤能活到 50 岁高龄。与憨鲣鸟夫妻不同的是，一对鹤夫妻是一年到头都待在一起的，即使是在冬季往南飞到非洲的长途旅行途中仍然如此。

在它们一起生活的漫长岁月中，两只鹤得忍受攻击冲动和控制攻击性的需要之间的冲突。这种冲突在雄鹤的舞蹈中流露了出来。这种舞蹈不是求爱时专用的，而是在一年中的任何一个时期每当两个伙伴进入亲密接触时就会进行的。雄鹤可不像雄憨鲣鸟那样每天靠打雌鸟来制服配偶，它们是靠舞蹈来开辟通往婚姻之路的。

雄鹤会展开 1 米多宽的翅膀，跃升到一两米高的空中，并将短剑似的喙对准雌鹤。康拉德·洛伦茨将这种姿态的意义解释为："看哪，我可是一只既大又强壮而且可怕的鸟哦！"接着，那雄鹤会突然掉转身子，将一团草撕得粉碎或将一根树枝抛向高空。这一行为的意思是："毫无疑问，我是强壮而可怕的。不过，我的强大力量不是对着你的，而是对着任何想要攻击我们的东西的。"实际上，那只雄鹤是想要告诉雌鸟：自己是能保护它的。

雄鹤的确不是在自夸。如果另一只鹤在觅食时无意之中靠近了那只鹤，那么，它就会停下战争舞，从符号性话语转向实际行动。它会跳到空中去攻击那只陌生的鸟，用喙和翅膀凶猛地啄、打那只鸟，以此来将其赶走。

在那一段时间中，雌鹤看到了它的配偶对除了它自己以外的鹤的那股凶猛劲。（通常，人类中的女人也会对那个特定男人对其他男人气势汹汹的力量炫示和对她们自己温文尔雅的姿态留下深刻印象。）雄鹤的战争舞就这样起到了巩固它与配偶间的联盟的作用。

在许多动物中，雄性在雌性面前跳的求爱舞是由不是针对配偶的一系列威胁动作组成的。这是一种借助威胁来进行的求爱。

不过，当无可供它发泄怒气的入侵者在场时，雄性的攻击行为就可能导致惨重后果了。印度南部和斯里兰卡的水体中栖息着一种橙色丽鱼，对这种鱼的雄鱼来说，如果它想要有个幸福婚姻的话，那么，它就需要有个"替罪羊"，也就是说，它需要有另外一条每隔一段时间它就能在自己配偶面前将其痛打一顿的鱼。（当然，有时它自己也会成为那个挨打者。）如果它找不到可以对之发泄攻击欲望的伙伴的话，那么，最终，它会故意找碴跟自己的配偶吵起架来。如果发生了这样的事，那么，它们之间的配偶关系就到此结束了，而跟着遭殃的却还有它们已有或将有的幼崽们。在一个雌鱼无法逃脱狂怒的雄鱼的攻击的小鱼缸中，战争就会以雌鱼的死亡而告终。

正是雄橙色丽鱼攻击性发作所需刺激阈值的降低，才使得它去攻击雌鱼的。（参见第六章关于本能的内容。）

一只在与邻居鱼的边界争夺战中老是挨打的雄丽鱼与那种缺乏"替罪羊"供它泄怒的雄丽鱼的行为表现是大不相同的。也就是说，这种鱼不会表现得气势汹汹。在吃了许多次令自己痛苦的败仗后，它就开始一个接一个地挖产卵孔并借这样的"家务活"来消磨自己的时间。它会挖上许多超出需要的孔，并将那些孔挖得异乎寻常地深。如果它的邻居只留给它一小块可供挖孔的领地，那么，在每开始挖另一个孔前，它就会将原已挖好的孔先填上。就这样，那条不幸的雄橙色丽鱼陷在了西西弗斯式的循环不息、永无尽头的徒劳劳作中。不幸的是，在它填上那些已装入鱼卵的孔时，它的后代也就被它自己给埋葬了。

一只被打败的雄丽鱼的行为向我们显示出了工作是如何起到抑制攻击性的作用的。每一项行为都需要消耗一定的能量。如果一只雄性动物在交配活动或体力劳动中耗尽了它的能量，那么，至少在经过休息恢复其能量储备之前，它就没有能量从事攻击行为了。

那些想要在同一只鱼缸中放养雄性与雌性橙色丽鱼的养鱼爱好者们必须设法保护雌鱼，以使其免遭雄鱼攻击。在一个小鱼缸中，雄丽鱼是无法用挖孔之举来耗掉自己的时间的。然而，如果在容器中放上一面镜子的话，那么，那面镜子就能使那雄鱼释放掉它的过剩精力了。那雄鱼会将自己的镜中映象当作另一条鱼，并对它发起攻击。每当它觉得自己精力充沛并因此攻击欲旺盛时，它就会再次对那映象挑起冲突。除了青潘猿（等大猿）外，没有其他动物看起来能搞得清镜子的秘密。

憨鲣鸟与橙色丽鱼的婚姻关系是有差异的。雌憨鲣鸟似乎对天天挨打这样的事听天由命，但雌橙色丽鱼可不是这样：如果雄鱼攻击它，那它就会将这看作"离婚"的理由。

这两种动物的行为差异告诫我们：不要以为所有动物的行为方式都是一样的，也不要以为动物能教导我们人该怎么做。例如，我们可以设想一下：如果有人说"有些动物能飞。所以，人与小白鼠也该能飞"，那么，这听起来会是多么可笑！每个人都会立即看出这种说法的荒谬之处并答道："你不能做这种推论。在得出这种结论之前，你得看看小白鼠与人是否具有飞行所需的器官与身体结构。"

同理，如果动物行为学家们想要避免得出荒谬的类比的话，那么，他们就必须搞清楚：一种动物是否具有发生某种特定行为所需的本能。这并不总是轻易就能做到的。在取得相关数据之后，一个动物行为学家得经常靠直觉来解释。

有些科学家只是出于对研究本身的兴趣而别无所求地研究动物行为。然而，**动物行为学**的真正或主要**价值在于它对理解人类行为**

所能提供的线索和帮助。理解人类行为是一项复杂而艰巨的任务，因而，动物行为学家们用他们所掌握的动物行为知识来阐明，从而帮助人们理解人类行为——这一点是至关重要的。

雌憨鲣鸟与雌橙色丽鱼的行为差异证明了攻击性水平在决定婚姻的性质上所起的重要作用。憨鲣鸟的攻击性是如此之强，以至于只有在雌鸟允许雄鸟在自己身上发泄它的攻击欲望的情况下它们才有可能结成伴侣。如果这种鸟的攻击性再略微强一点或雌鸟拒绝被虐待的话，那么，雄鸟和雌鸟们就绝不会互相靠近到可成为伴侣的程度，因而，这种动物也就不存在了。

橙色丽鱼的攻击性就不如憨鲣鸟强了。因此，在求爱期间或交配之后，丽鱼们是不会打起来的，除非雄鱼缺了那个可供它发泄攻击性的"替罪羊"。憨鲣鸟也像橙色丽鱼一样与邻居们打仗，但它们的攻击性实在太强，即使有"替罪羊"在场的情况下雄鸟还是忍不住会去攻击雌鸟。

人类在这方面的情况又如何呢？动物们的行为表明：**攻击性的水平**在很大程度上**决定了婚姻的性质**（和类型）。有些人的攻击性要比另一些人强得多。遗传、教养、童年经历和压力状态都影响着人的攻击性水平。**婚姻的稳定性取决于夫妻双方如何回应对方表现攻击性的行为。**

其次，橙色丽鱼的婚姻关系向我们显示了婚姻当事人与外人的冲突在婚姻中所能起到的作用。例如，如果一个男人成功地克服了职业生涯中的许多障碍而他背后有妻子在支持的话，那么，他们的婚姻就可能是稳定的。（而一个有魅力的秘书在一个经营管理者的事业的成功中所能起的作用则是另一回事。）

但如果那个丈夫在职业上不成功的话，那么，事情又会怎么样呢？

不幸的是，在人类中，很少有不成功的丈夫会表现出像雄橙色丽鱼那样的行为——走出屋子到花园里去挖坑。他们中的大多数都表现得像其他种类的雄丽鱼：当找不到可在其身上发泄怒气的对手时，他们就会拿自己妻子出气。

我注意到：夫妻中一方（通常是妻子）对另一方（通常是丈夫）攻击的反应在很大程度上决定着婚姻稳定性的高低。有时，夫妻间攻击驱力的悬殊差距会导致某些奇怪的男女组合。例如，如果一个具有虐待狂倾向的男子与一个具有受虐狂倾向的女子结婚的话，那么，他们就能完美地互相满足各自的需要，即使没有较强的亲和性对子关系也能维持他们的婚姻。他能在对她的折磨中获得性满足，而她则喜欢被折磨。

亲和性对子关系可以持续一辈子，而施虐与受虐式的结合就没那么持久了。在这样的婚姻中，任何一方都不是将对方当作一个个体来尊重的；相反，他们中的每一个所看重的都只是他或她从另一个那里所获得的快乐。在这种情况下，一旦婚姻变成了一种习惯而它所能提供的快乐又开始下降，任何一方都可以轻易地找到另一个人来取代对方。

强奸杀人犯代表着虐待-攻击型人格的一个极端，这种人是将人当作物体而非人来对待的。

有些婚姻是以攻击性为基础的，是靠混杂着攻击性和幻想的性吸引力来维持的。我们都碰到过那种有人一提起爱情就发出讽刺性大笑的人。一次，有一个女人跟我说："所有关于爱情的言论都绝对是胡说八道！我的婚姻是以性为基础的，而且除了性就没有任何其他基础。我的丈夫令我厌恶。如果不是为了性，我今天就会离开他，或者，或许我会杀了他！"

评述攻击性在每一对雄性与雌性之间的关系中所起的关键作用，是一件令人不安的事。在动物中，**各种交配模式**主要是用来**解决攻击问题**的。**结成亲和性对子关系是克服攻击性的最高级方式**。然而，在打出这张最高级王牌之前，大自然已设计过许多其他方式。

在交配前，大多数动物都得先解决一个两重性问题。首先，当雄性接近雌性时，雄性必须采取一种不会让雌性因害怕而逃离的方式。与此同时，它还必须找到某种能使自己免遭雌性攻击的方法。因此，雄性必须设法抑制雌性的逃跑本能和攻击驱力。解决这些问题的可能的方法有许多种，我将要讨论的仅仅是其中的三种。

在南美洲生活着一种叫作长尾刺豚鼠的啮齿动物，这种动物比小白鼠稍大一点，腿也更长一点。长尾刺豚鼠演化出了一种比其近亲刺豚鼠更文雅的求爱模式。雄长尾刺豚鼠只是简单地跟在那只逃跑的雌长尾刺豚鼠后面跑，直到它因精疲力竭而停下来。在那个时候，雄鼠也累得差不多没有力气与其交配了。

雄长尾刺豚鼠的求爱显示出了相当多的技巧。雌鼠能怀上孕的时间只有几个小时。因此，雄鼠必须很快就确定某只雌鼠在什么地方，并赶紧求爱。当它发现一只已做好交配准备的雌鼠时，雄鼠就会**像**一只挨饿、受冻的**无助**的**幼鼠**一样悲切地吱吱尖叫起来，以此来**唤起**雌鼠的**母爱本能**。

那只被那种声音吸引的雌长尾刺豚鼠就会靠近它。这时，雄鼠会待在原地，让身体猛烈地颤抖起来。这样，它看上去就像受了惊吓而非气势汹汹了。就像许多动物中的雄性向雌性求爱时所做的那样，它也不敢离雌鼠太远，因而连一小段距离也不会跑开。实际上，雄鼠只是将背转向雌鼠并做原地跑步状，假装出一副要逃跑的样子。事实证明：通常，雌长尾刺豚鼠都是无法抵抗这种诱惑的——婴儿般的行为再加上一副明显害怕的样子。

许多动物都会在求爱仪式中使用类似的策略。我已经提到过：**恋爱中的人类也经常会表现得像个孩子。**他们也会表现出或真或假的诸如道歉、脸红、口吃或脸色变白等焦虑的症状。有时，一只雌长尾刺豚鼠会对雄长尾刺豚鼠的胆怯与无助无动于衷。在这种情况下，雄鼠就会突然改变策略。它会在离那雌鼠几米远的地方用后腿支起身子，笔直地射出一股尿水，将雌鼠浑身都淋湿，以此来标示这只雌鼠是它的一件"私有财产"。这样，其他的尤其是地位较低的雄鼠就不敢再来向其求爱了。由于雌长尾刺豚鼠有能力交配的时间只有几个小时，因而，那时，它已经无法选择再找别的雄长尾刺豚鼠做配偶，从而不得不屈从于那个在它身上打上了所有权记号的雄鼠了。

无数动物中的雄性（包括人类中的男人）都用孩子般的或胆怯的行为来吸引雌性。由此可见，**孩子般的行为显然是一种高度有效的求爱策略。**

在麻雀中，雄雀在向雌雀求爱前得先有个巢。而那个巢是否破旧、凌乱是无所谓的，因为稍后，那对配偶就会将它清理干净并使它看起来更像样一点。最重要的是雄雀得拥有某种类型的巢。而在一个大型麻雀社群中，许多雄雀都没有自己的巢。雌雀是不会理睬这些流浪雀的。

那些没有"房产"的雄雀经常折磨那些尚未结婚的雌雀。它们会成群结队地降落在某只雌雀旁边，而后大声地叽叽喳喳叫着，并将翅膀张得开开的、尾巴翘得高高的，向其求爱。那只雌雀会摆出一副威胁的姿态，以此来对它们的求爱做出回应。于是，那些无巢的求爱者就会叫得更响。它们的齐声合唱有时倒是会引起人类的注意。

曾有人认为，当一只雌雀同意与雄雀中的某一只交配时，这种吵闹的求爱活动就会停下来。但事实上，雌雀是绝不会与一只无巢的雄雀交配的。显然，不够格的雄雀对雌雀的骚扰只是在表达因无"房产"而遭雌性拒绝的愤慨。

一只拥有鸟巢的雄雀就不会表现得如此粗鲁了。当它碰上一只它所爱慕的雌雀时，它会叽叽喳喳地发出几个在人听起来相当刺耳的音；但对雌雀来说，那就显得像是一首温柔缠绵的情歌。不过，那只雌雀所感兴趣的主要是鸟巢而不是情歌。一旦那只雄雀离巢稍稍有点距离，雌雀就会过去查看那个巢而不顾那个未来的新郎了。雌雀很有可能发现那个巢不能令自己满意，因而拍拍翅膀走了。这时，巢的主人就必须尽其所能地做一切能够吸引对方的事情。它会扇动着翅膀，像一张风中的白杨树叶那样颤抖着，并在雌雀面前低头鞠着躬。它还会将自己的尖喙翘向天空，并将喙张得大大的，就像一只向自己的父母乞食的幼雀。这种**扮幼行为**会**唤醒**雌雀的**母爱本能**并使其克服对雄性的自然的反感。

沃尔夫冈·维克勒（Wolfgang Wickler）指出：从外貌上看，妇女要比成年男人更像儿童。[1] 这也许就是为什么大多数男人在面对女性时能本能地克制自己的攻击性。

在求爱之外的别的场合中，动物们会模仿幼雏行为，以控制住同辈同类的攻击性，从而使自己免遭攻击。

在麻雀中，除了表现得像只幼雀外，一只雄雀必须向雌雀证明自己**拥有"房产"才可能获得雌性青睐**。那些将鸟类看作轻盈飘逸的动物的人或许会感到吃惊：对雌雀来说，**物质财富是浪漫的基础**。

雌啄木鸟就只对雄啄木鸟的树洞中的巢感兴趣。只是看在其房产的分上，它才会容忍雄啄木鸟。

春天时，雄大斑啄木鸟会在一棵中空的树上将自己的木鼓敲得很响，它这样做是想要告诉其他啄木鸟：它已经造好它的巢了。它不是在巢所在的树上敲鼓，而是在附近一棵专门用来发送信号的树上敲。那棵树是中空的，能发出像非洲人的丛林鼓那样的回响。

啄木鸟敲信号树就像是人类敲战鼓，意在赶走潜在的竞争对手。雄啄木鸟很少打仗。然而，一旦真正打起来，它们就会将利爪刺进对方身体并像啄树干似的猛啄对方的身体。这样的战斗不可避免地会导致至少一方的死亡。由此，啄木鸟在敲战鼓时的击打就象征着它将要给对手的打击，如果它们不逃的话。

除了交配季节外，雄啄木鸟的鼓声是会将雌啄木鸟和别的雄啄木鸟都吓跑的。在春季，雄啄木鸟的战鼓仍然会吓着雌啄木鸟。大约要花两个月时间，雌啄木鸟才能克服自己的恐惧并接近那敲鼓的雄啄木鸟。此外，雄啄木鸟也必须努力克服自己对来自雌啄木鸟的攻击的害怕。求爱的过程会持续几个月。因此，雄啄木鸟常会在尚处于冬季的2月中旬就开始敲鼓。

在刚开始的数周之内，雌啄木鸟一听到雄啄木鸟敲鼓就会逃。当雌啄木鸟逃的时候，雄啄木鸟就会追过去。但它到底是想要将对

相杀相爱：两性关系的演化

方赶向还是赶离它的巢，这一点常常让人弄不清楚。甚至，它们中到底哪个是攻击者也是有点疑问的。因此，啄木鸟会用威胁来进行求爱。

有一天，当一只雄啄木鸟正在敲信号树的时候，一只雌啄木鸟会飞过来，并在同一棵树上比那雄鸟低大约两米的位置上停下来。这时，雄啄木鸟就会上演一场求爱飞行。它的表演会让人想起溜冰的人或蜂鸟所飞出的优美曲线。最终，它会呈优美的曲线状飞向它的巢所在的那棵树上。它停在巢边，热情地在那棵树的树干上啄着。它在向那只雌啄木鸟展示它们未来的家。若它们造不出一个巢的话，那么，雌啄木鸟是不会对它表现出哪怕一星半点的兴趣的。

红腹啄木鸟的求爱仪式就更加精致一点了。就像雄大斑啄木鸟一样，雄红腹啄木鸟也会坐在巢的入口处并敲着树干以吸引雌鸟的注意。最终，雌鸟会飞过来并停在它身旁的树干上。这时，那两只鸟还是互相陌生并因此而害怕的。为了防止雌鸟飞走，雄鸟会消失在巢所在的树洞之中并躲在那里，这样，雌鸟就看不到它了。而后，那两只鸟就会在树干的里外两边以二重奏的形式敲起鼓来。

啄木鸟配偶之间是从不互相靠得很近的。奥地利鸟类学家奥斯卡·海因洛特（Oskar Heinroth）曾这样描述它们的行为："我们观察到，每当一只鸟飞回巢中时，另一只鸟就会立即飞离那个巢。我们觉得，似乎配偶中的任何一方都不能容忍另一只鸟正在帮它养育幼鸟这样的想法。"[2]

在啄木鸟中，**雌鸟**是**献身于那个鸟巢而非献身于那只雄鸟**的。除啄木鸟外，包括麦穗鸟（穗鹏）在内的许多其他鸟种中的**雌性**也都是这样的**"物质至上主义者"**。

雌麦穗鸟是将在岩石上找到一个适合用来做巢的洞的任务留给雄鸟的。在岩石上探察那些洞是有危险的，因为那些洞可能已被蜥蜴或蛇所占据了。麦穗鸟必须找到一个没有蚂蚁的地方，因为当雏鸟刚孵化出来时，那种昆虫会将雏鸟的肉从骨头上剥离下来。此外，洞的入口处必须小到猫无法进去的程度，而那个洞本身则又必须足够宽敞。要找到一个符合所有这些条件的岩洞实在不是小事一桩。正是因为这个原因，雌麦穗鸟雇用了一个"房产代理商"即一只雄麦穗鸟，来替它做找房子的工作。

就像一个房产商一样，那只雄鸟一旦发现一处房产就必须给它做广告。它在那巢洞附近的一块巨岩上方忙碌着，大声地唱着歌，并以在空中做飞行表演来展示自己的魅力。有时，它也会停在那块

在求爱期间，雄麦穗鸟会在嘴中噙着筑巢材料，并以此来向雌麦穗鸟发出信号：它想将自己的巢展示给雌鸟看。

　　　　　　　　　　相杀相爱：两性关系的演化

岩石上休息一下。

雄鸟的歌唱和炫示活动引起了雌鸟的注意。它停留在一定距离外，等着看雄鸟提供的房产到底怎么样。雄鸟没有试图靠近它，而是忙着从一块石头飞向另一块石头，以此将雌鸟带向自己的巢所在的地方。

当那只雄麦穗鸟到达那个巢洞上方的那块岩石时，它会唱出一小段特别的歌来，而后跳到那个巢洞的入口处，并低头鞠上两次躬。它低着头、张开着尾羽进了那个洞。几秒钟后，它又出现在了那个洞口，这样，那只雌鸟便能被引领进洞从而看到它的发现了。但雌鸟常常不愿进洞。也许是因为雌鸟不喜欢那个入口；也许就像任何聪明的顾客一样，它不想显得过于渴求自己想要的东西；或者，它只是因为迟钝而没能理解雄鸟的意图。看来，那只雄鸟倾向于最后一种。当那只雌鸟冷淡地停在洞口附近的一块岩石上时，雄鸟捡了几片草叶含在嘴里，在它面前或前或后地跳来跳去；而后，带着草叶进了洞，并给巢加起衬里来。这个象征性姿态是用来向雌鸟传达两种意思的。首先，雄鸟在说："你这个蠢材，我是想让你看我们未来的家呀！"其次，它在说："看哪，我可是能筑巢的哦！"

当那只雌麦穗鸟最终同意查看那个巢洞时，雄鸟就会在入口处的前面一边跳上跳下，一边大声地唱着歌。

在求爱期间，许多鸟中的雄鸟都会向雌鸟展示自己的巢，并给自己的筑巢能力做广告。

许多种鸟会将巢筑在地上，筑在田野中间的空洞里。从可用作巢穴这一点来说，一个洞与另一个洞并没什么差异。因此，雄鸟找不到一个特殊的洞来呈示给雌鸟看，这样，它就得用某种别的方式来传达自己的意图。

南非鸨鹑是一种生活在非洲草原上的鸟。在求爱期间，雄鸨鹑会在嘴里衔一束干草，并以直立姿势快步走向雌鸨鹑。它走路时把脚抬得很高，看上去就像在行军似的。尽管嘴里衔满了草，但当雄鸨鹑走到雌鸨鹑身边时，它还是设法唱出了一句动听的歌。而后，它走向它选中的地方并开始筑巢。它从来都不会把巢筑完，但这并没什么关系，因为对求爱来说，有价值的是那个象征性姿态。

彼得·孔克尔（Peter Kunkel）将两只雄、两只雌的南非鸨鹑关在一个玻璃笼中。[3] 由于某种原因，那两只雌鸟中没有一只喜欢那两只雄鸟中的任何一个。因而，那几只鸟从未交配过。尽管如此，每当有嘴里衔着草的雄鸟朝一个已选好的地方走去并开始筑巢时，那两只雌鸟还是会一路小跑跟在后面。不过，不久，那两只雌鸟就掉转身离开了那个巢。然而，这一事实——它们对那两只雄鸟并没有性的兴趣，却仍会跟着到巢边去——证明：对雌鸨鹑来说，嘴里衔着草的雄鸨鹑的吸引力是多么大。

在有时间变得彼此习惯对方并克服掉自己的恐惧感和攻击欲望之前，雄性与雌性是不会交配的。在许多动物中，配对关系的形成与性行为并没多大关系。在进行性交前，那两只动物常常已经做了一段时间的配偶了。

在即将交配前的那个阶段，南非鸨鹑的表现是不同于求爱过程中的那些较早阶段的表现的。这时，雄鸨鹑会以半圆形绕着雌鸨鹑前后来回地小跑着。每次转向的时候，它都会俯下身子，看上去就像是准备跃到空中去的样子。这一姿态预示着雄鸟骑到雌鸟背上去的时刻。到这一步，鸨鹑的求爱仪式中才第一次出现了性因素。

相杀相爱：两性关系的演化

有些人对动物行为所知甚少，也没意识到，即使是萍水相逢式的短暂的性事也会涉及复杂的社会问题。这样的人就可能从动物的求爱仪式中读出许多性的隐喻。实际上，求爱过程中的性提示是很少见的。在求爱过程的第一阶段，两个伙伴必须努力克服恐惧感和攻击欲望。就像人类中的性器官的突然展示一样，这时，公然的性要求对动物们来说也会受排斥或惊吓到对方。求爱舞的最终目的是引起性交，但过于突然的性行为则会使雄性与雌性无法变得互相熟悉从而达到安全性交的条件——伴侣双方克服了对彼此的恐惧感和攻击欲望。

与其他动物一样，人类的男女关系通常也是逐步发展，最后才发展到性关系的。（当然，妓女与嫖客之间的关系是个例外。）几年前，我看过一部法国喜剧片，那部片子在一定程度上说明了人类的求爱仪式是怎么样的。

在那部片子中，有两个经验丰富的"女士杀手"与一个羞怯、内向的苦行者在一列火车上旅行。那两个卡萨诺瓦（Casanovas，一个以风流韵事多而闻名的意大利冒险家）打赌说：那个羞怯的同伴到旅行结束时还是没法吻一下隔壁车厢中那个漂亮而年轻的女士。为了证明他们的判断错了，那个羞怯的男士就打赌说：他能吻那个年轻女士并在那个车厢里跟她待在一起。打过赌后，他就只是身体僵直地坐在那里，目不转睛地凝视窗外，不敢说一句话。当火车进站时，他突然鼓起勇气，一把抓住那个女人并试图去吻她。自然，她打了他耳光并尖叫着求助，接着，那个被当作性侵犯者的男人被警察用车押送走了。

在此期间，那两个"女士杀手"中的一个安慰了那个女士，并帮她搬运行李，还给她买了花和巧克力，最后送她回了家。在那部影片的末尾，那个羞怯的男人在监狱里受折磨，而他的对手则与那个女士躺在床上。由此可见，在性活动领域，人类的行为有时也是离动物不远的。

第十一章

礼物决定友谊

求爱时的喂食行为

在上一章末尾，我提到了那部法国电影中的卡萨诺瓦以巧克力与鲜花为礼物向年轻女士求爱的事。食物及其他形式的礼物也在许多动物的求爱仪式中起着一定的作用。动物之间的送礼形式是多种多样的。雄性会用礼物来引诱雌性：它会给雌性某种好吃的东西，这样，在交配期间，雌性便不会来吃它了；它会以贿赂来使雌性接受求爱；或者，它会用礼物证明它有能力供养雌性："我能赡养一个家庭！"

动物行为学家们曾经一度为雄鹌鹑是否给雌鹌鹑提供结婚礼物而争论。后来，有人做了一个相当恶毒的实验，这个实验告诉了他们答案。

在交配季节，在一个很大的圈养场中，一只雄鹌鹑被孤零零地留在那里；此外，与它相伴的还有一只玩具鹌鹑。[1] 实验者观察到的下述情景实在令人同情：雄鹌鹑竖起了羽毛并热情地向那个无生命的雌鹌鹑模型求爱，试图得到其回应。它还做了不下 23 次努力试图爬骑到那个假的雌鹌鹑背上。最后，在绝望至极的情况下，雄鹌鹑拍着翅膀飞向几米之外的食物盘，用喙叉起一条肥肥的毛毛虫，而后返回到那个雌鹌鹑模型身边，并将那点美味的食物当作礼物送给它。由此可见，只有在所有的其他手段都不能见效的情况下，雄鹌鹑才会给雌鹌鹑送食物性礼物。

一只动物给另一只动物提供食物，这实在是一种令人惊异的举动。通常，动物都得经历相当多或大的麻烦才能获得食物。在将食物送给某个雌性前，那个雄性还得控制住自己想要吃的欲望。此外，它还得能够理解：食物有助于增强自己在雌性眼中的魅力，以至于雌性会因此而同意与自己交配。

求爱时的献食不是雄性在所有通常的手段都不见效后所做的向雌性求爱的努力。献食行为的根源在于雄性克制自己、使自己不要从配偶那里偷走食物的能力。银鸥就是拥有这种能力的动物之一。

在德国威廉港港口，弗里德里希·歌德（Friedrich Goethe）观察过一群银鸥的行为。[2] 那是 12 月份的时候，离繁殖季节还早得很。某个过路的人给一只叫乌塔（Uta）的雌银鸥扔下了一个面包卷，那只银鸥是歌德很容易就用视觉识别出来的。乌塔将那个面包卷叼在嘴里而后飞走了。这时，一只更大也更强壮的大黑背鸥立即对乌塔进行跟踪追击。于是，乌塔多年的配偶乌尔里希（Ulrich）尖叫着从波浪翻滚的海面上飞过，并像一架俯冲轰炸机一样对那只大黑背鸥进行攻击。在赶走那个差点得手的贼之后，乌尔里希降落在它的配偶近旁，让乌塔吃那个面包卷，而没有试图去为自己得到一点点面包。如果不是因为它们是配偶的话，这只银鸥是不可能这么慷慨的。

那只银鸥并没有真的给自己的配偶喂食，但它证明了比求爱时的喂食更早的行为：它允许雌鸟吃食而没有试图从雌鸟那里把食物拿走。

在潮位低时，人们常会看到两只银鸥肩并肩地站在沙滩上。两只如此亲密相处的银鸥肯定是一对配偶，绝无例外。那雄鸥会允许那雌鸥从沙里拔出一条肥虫并自顾自吃了，或从正好位于鼻子底下的地方叼出一只贻贝来吃。

在繁殖季节即将开始的时候，雄鸥不仅允许雌鸥在不与它分享的情况下吃食物，而且还真的会给雌鸥喂食。每当返回沙丘中的巢穴时，它都会给雌鸥带海扇回来。然后，它会表现得像个乞食的雏银鸥。实际上，它并不是要食物，因为它嘴里正噙着食物，而是求爱。这种乞讨姿态有一种象征意义。当一只雄鸥给一只雌鸥带食物来而后又向雌鸥乞食时，它想要的其实是雌鸥的爱。

许多养狗的人都看到过自己的宠物狗向别的狗求爱的情景。一只受过坐直后再乞食训练的公狗也会用同样办法来请求一只母狗与自己交配。也就是说，它会试图用从人类那里学来的姿势来与另一只狗交流。可惜的是，未受训的母狗没有办法理解它的意思。

许多昆虫中的雄性会本能地进行求爱时的喂食活动。雄蝎蛉能自己生产食物性礼物——一定数量的美味唾液。蝎蛉们都有着贪得无厌的好胃口。因此，在交配过程中，如果雄蝎蛉不给雌蝎蛉以某种东西吃的话，那么，它就会被当作食物吃掉。

不过，就像雄鸟一样，雄性昆虫也遵守着"除非实在必要，不要送出任何东西"的行为规则。若一只雄蝎蛉碰上一只已经在忙着吞吃某个猎物的雌蝎蛉，那么，它就不会在交配前去讨麻烦给雌性送礼物了。

东方的雄绣眼鸟不必担心雌鸟会吃掉它。尽管这样，雌绣眼鸟还是会变得非常愤怒。因此，雄鸟总是随身带着一定的食物，以便在与雌鸟吵架时可以有东西喂对方。

布比是一只雄绣眼鸟，它正试图跟一只叫苏西的雌鸟求爱。[3]布比小心翼翼地沿着苏西所在的那根树枝侧身而行，直到坐在其身边。可苏西甚至连看都不看它一眼。于是，它以那根树枝为轴心几次向后摆动身体，就像体操运动员在单杠上摆动身体一样。最后，它以这样的方式——以倒挂的姿势吊在那根树枝上，并使自己的胸脯正好位于苏西下方——结束了它的表演。如果苏西被深深打动了的话，就会以此做出回应——用嘴来给布比梳理胸部羽毛。但那个表演者却没能等到掌声。相反，苏西生了气，张开大嘴威胁布比。布比平稳地抬起身子回到了树枝上方。它将自己的嘴插进苏西的嘴里并塞进一口食物。当苏西用力咽下那口食物时，其怒气就消了。

另一次，苏西的怒气要小一些，它只是闭着嘴威胁了一下那只雄鸟。布比用自己的嘴尖触碰它的嘴尖，而后将舌头滑进了它嘴里。不过，布比是真的给了它食物或只是给了它一个象征食物的吻——这一点尚不清楚。

剑尾脂鲤原产于南美洲，与水虎鱼是远亲。这种鱼就不必随身带着食物以随时平息某个好打架的配偶的怒气。雄剑尾脂鲤拥有一个看起来很像食物的特殊器官，可以用来欺骗雌鱼。

雌剑尾脂鲤对同种雄性的攻击性是如此之强，以至于任何雄鱼若不哄骗雌鱼就不可能与它交配。当雄鱼看到雌鱼时，它会打开自己的鳃盖，从中弹出一条长长的、像一根骨头般的、几乎不可见的柄状突起。这个柄状突起的顶端像一个小螃蟹。通过来回扇动鳃盖，雄剑尾脂鲤能使那口"美味食物"以类似螃蟹典型的停停动动的运动形式在水里"游动"。雄剑尾脂鲤在雌剑尾脂鲤面前富于诱惑性地挥舞着那件"美食"，看起来像是要逃跑的样子。雌鱼相信自己真的吓着了它，于是，就将注意力转向那只所谓的蟹。雌鱼像一支标枪似的嗖的一下冲过去，朝那只"蟹"一口咬了下去：这下，雌鱼可上了"钩"了。

可见，雄剑尾脂鲤的确是用钓鱼的方式来找配偶的。当然，那个"钩"上没有尖锐的会伤到雌鱼嘴的东西。上了"钩"的雌鱼只是噎住了并努力想要吞下那个诱饵。正当雌鱼这么忙着时，雄鱼就会赶紧迅速地与之交配。

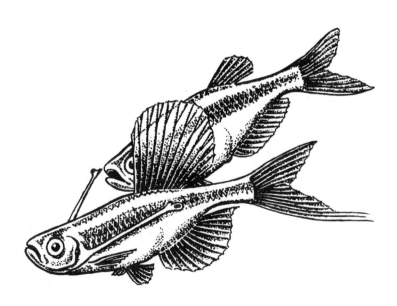

雄剑尾脂鲤（下）正在"钓"一个配偶。

群栖动物在克服攻击性上则没有这么严重的问题。

憨鲣鸟繁育群是些彼此为敌的鸟儿的大集合。与憨鲣鸟不同的是，燕鸥们则是彼此热诚的好邻居。各个燕鸥群会联合起来保护筑巢之地以免遭敌鸟侵犯。而且，这种鸟对自己所属家族之外的燕鸥们也友好相待。在这样一个不互相侵犯的社会中，雄性就不必用献食的方式来引诱雌性了。由此，在这样的社会中，雄性向雌性提供食物的意义就不同了：它成了某个雌性是否喜欢某个特定雄性的一种测试方法。

当雄燕鸥想要交配时，它会捕一条特别漂亮的鱼，而后带着鱼回到繁育群中。在那里，它会仰首挺胸地在一群合适的雌燕鸥中以行军步伐骄傲地来来回回走动着。当它高视阔步地走动着时，它会察看那些雌燕鸥。最后，它会将那条鱼献给其中的一位。

那只雌燕鸥得小心，不要太快就接受了那条鱼，因为一旦那么做了，那么，就等于它已经发誓将成为这只雄鸟配偶了。观察雌鸟的反应是很有趣的。它可能根本不理睬雄鸟，或者甚至会转过身去背对着雄鸟。它还可能用挑剔的眼光审视着那条鱼和那只雄鸟，而后继续走它的路并露出厌烦的样子。它甚至还可能将那条鱼放在嘴里含上一会儿。但如果它不想跟鱼的所有者交配的话，那么，它就得立即将鱼还给雄鸟。显然，一条特别漂亮的鱼能够弥补雄鸟自身魅力的不足。

如果一只雄燕鸥已向许多雌燕鸥苦苦地求过爱却一再被拒绝的话，那么，它就会向整个群落中的雌鸟公开兜售那条鱼，就像一个人到市场里去努力兜售货物一样。这时，如果还是没有雌鸟来对那位兜售者做出反应的话，那么，它就会自己吃掉那条鱼，然后飞离燕鸥群，去重新捉一条更有可能赢得"女士们"青睐的鱼。

不过，更经常的情况是：某只雌燕鸥会接受那条鱼。如果雌燕鸥并不急着要吃鱼而只是用嘴含着鱼的一端而让雄燕鸥含着另一端的话，那么，这就是两只燕鸥在情感上处于和谐状态的一个标志了。有时，那两只鸟会一起抓着那条鱼肩并肩地安安静静地站上一个多小时。两只鸟都不会试图将那条鱼独自拿走。这种互相的慷慨是燕鸥之间幸福婚姻的基石。

燕鸥并非唯一会用食物来测试雄雌个体间的兼容性的鸟类。太平鸟也会做这种测试，不过，它们不是用鱼而是用浆果、苍蝇或蚂蚁的蛹。由于这种礼物太小，因而，两只鸟无法同时用嘴叼着它们。这样，如果互相喜欢的话，那么，它们就会在彼此间来来回回地传递那点美食，而这意味着："嗯，接呀，你先吃！""不，你先！""不，你先！"其实，每一只鸟都不会真的吃了那作为婚礼礼物的食物。它们宁愿丢掉自己在这种象征性仪式中用过的食物，而不是让它们之中某一个吃了它。

雪松太平鸟要略微更唯物主义一点。交配过后，它们会一起吃了那食物。

我已经说过：结对是与性无关的（或者说，结对与性无必然相关性）。两个动物常常会在已结偶一段时间后才交配。

黄喉蜂虎不是在求爱期间而是在性行为之前给它的配偶提供食物。在关于那些不知道自己是雄是雌的动物的两性关系的那一章中，我已经讨论过蜂虎。向另一只鸟提供食物对识别它的性别身份并没什么帮助，因而，直到它们已经成为配偶后雄蜂虎才向雌蜂虎提供食物是合理之举。在成为配偶10~14天的时间内，那两只蜂虎必须辛勤劳作，在山坡上挖出一个巢穴。它们还得挖出一条通向那个巢穴的、或许有两米长的走道。只有在那条走道和那个巢穴已经完工的情况下，那两只鸟才会真正交配。

这时，雌蜂虎就需要有个礼物了。只有在雄蜂虎给它一只已挤掉毒腺的蜜蜂后，它才会伸出头、闭上眼、蹲下身，允许雄鸟爬骑到自己背上。那只蜜蜂并不仅仅是一个行贿之物，还是雄鸟今后有能力养它的一个证明。

一旦下了蛋，那对蜂虎父母就会轮流着孵蛋，每隔 10～30 分钟，它们就会换一次班。这样，那只雌鸟就有充分的时间来自己找食吃了。然而，在它正在孵蛋的那 10 来分钟的时间里，它就要那只雄鸟来喂它了，而雄鸟也会尽力做好这件事。在吃了雄鸟给它的昆虫后，雌鸟会咳出昆虫的外壳，并用这些壳来做巢的衬垫。那对配偶从来都不必费心费力去找羽毛或干草来给巢做衬里。在开始孵蛋不久后，它们就能坐在一张由昆虫壳所组成的软床上了，而这张床也正是雄鸟勤奋地给雌鸟带食物的一个证明。雄蜂虎给雌蜂虎的喂食之举除了想用昆虫的壳来给巢做衬里外并无其他生物学目的。

美洲黄嘴杜鹃给配偶喂食的时间不是在交配之前，而是在交配期间。爪哇**鸦鹃**则在**性**行为后才给配偶**食物**，看起来就像在给一个为它提供**性服务**后的妓女**付费**似的。

欧洲杜鹃是实行多配偶制的。这种鸟中的雄鸟是用筑巢材料来向情人求爱的，而它送给伴侣的交配礼物则是它捕到的一只昆虫。不过，杜鹃的这种礼物既不能证明它的筑巢才能，也不能证明它有养家能力，因为杜鹃并不筑巢、孵蛋、育儿。实际上，它们是将蛋下在别种的鸟儿巢里，并将孵蛋与育雏任务推给那些"外人"的。

　　　　　　　　　相杀相爱：两性关系的演化

动物学家们相信：现代杜鹃的祖先也曾像其他鸟类一样是将蛋下在自己巢中并由自己来育雏的。在某个时候，它们的繁殖习惯发生了变化，但它们的求爱与交配模式仍维持原样。这样，带筑巢材料与昆虫给雌鸟就成了仅用来表示雄鸟向雌鸟求爱之意的一个历史遗留行为。这种行为至今留存的事实表明：动物的求爱行为是仪式性的，并且，这种仪式性行为是那么容易与其原初的功能相脱离。

　　在 128 种现存的杜鹃中，只有 50 种是将蛋下在别种鸟的巢里的。由此，大部分现代杜鹃还是像"任何一种思想端正、作风正派的鸟"一样是自己孵蛋、自己育雏的。有些杜鹃正处于从自己育雏到自己不育雏的过渡阶段。黄嘴杜鹃就是正处于这种过渡状态的杜鹃鸟之一。

　　通常，雌黄嘴杜鹃是自己筑巢的，但它们并不认真做这份工作，以至于它们所筑的巢常常会被暴风雨所摧毁。当所筑的巢已成碎片时，雌黄嘴杜鹃就会将蛋产在另一只鸟的筑得较为坚固的巢中。而后，它也并不像欧洲杜鹃一样一飞了之，而是与另一只陌生的雌鸟一起孵蛋与育雏。等雏鸟孵出来之后，那两位母亲中没有一位会表现得像一个忽视乃至虐待别种鸟之雏鸟的恶劣继母，相反，它们都会照料窝里的所有的雏鸟。

　　由于黄嘴杜鹃的确是自己筑巢的，因而，在求爱期间，雄黄嘴杜鹃给雌杜鹃送筑巢材料和食物形式的礼物仍然是有实际意义的。

　　直到几年前，动物学家们才搞清楚这个世界上居然有那么多种**动物**都在遵循着雄性要给雌性**送礼**物的**习俗**。雄太平鸟只需给自己的未婚妻提供一颗浆果这样的象征性礼物就行了。然而，红背伯劳的近亲之一——林鵙伯劳中的雄鸟则即使在结偶之后仍需继续带食物给雌鸟。曾有人观察到：一只雄林鵖伯劳在15分钟内就给它的配偶带了20次食物。而那只雌鸟则懒洋洋地坐在一根树枝上，任凭雄鸟忙得精疲力竭。而且，由于它将自己所找到的每一点食物都带给了自己的配偶，因而，它自己肯定已经饿了。尽管又饿又累，那只雄林鵖伯劳还是继续给其配偶提供食物，直到筑巢的时间到来。从那以后，两只鸟就都得勤奋工作了，雌鸟也就不能再享受从早到晚被伺候着的奢侈生活了。

红冠潜鸭栖息在德国、奥地利与瑞士交界处的博登湖沿岸的浅水中。这种鸭中的雄鸭操劳过度得实在令人叹息！它也许不久前才找到一个配偶，或许有配偶已经一年多了。无论是哪种情况，从每年12月份到来年春天的繁殖季节，它都得奴隶般地辛勤劳作——给其配偶带来大量食物。雌鸭的每次摄食时间会持续上3刻钟，而且，雄鸭还得每天都给雌鸭喂上几次。雄鸭潜入约3米深的水下，将某些水生植物连根拔起，然后带给它的配偶。而那只雌鸭在咬了一点点后就会将那株植物扔掉，因为反正那只雄鸭还会源源不断地带来更多的植物。即使雌鸭已经吃饱了，它还是会带新的东西来讨好。

动物学家们相信：在繁殖季节即将到来之时，雄性的性驱力在雌性做好交配准备前就已苏醒了。这时，为避免雄雌双方身心尚不同步的现象，雄性就得投入繁重的体力劳动以消耗掉性能量。下述事件看来是支持这一假设的：一只叫布鲁诺的雄潜鸭花了10分钟时间从湖底拔起了许多水生植物，送给它的"意中鸭"贝尔塔。但贝尔塔表现出一副完全不感兴趣的样子，径直游到别处去了。布鲁诺火冒三丈，尽管它放过了贝尔塔，但立即对一只刚好从旁边游过的雌鸭发起攻击，将其强奸了。

　　　　　　　　　　相杀相爱：两性关系的演化

金刚鹦鹉是世界上最漂亮的鸟之一。就像雌红冠潜鸭一样，雌金刚鹦鹉有时也会纵情狂吃。不幸的是，在动物园中，金刚鹦鹉经常会被带离鸟笼，并被用铁链锁着放在室外公开展示。孤独的金刚鹦鹉是很容易变得忧郁的。在其自然栖息地——南美热带雨林中，金刚鹦鹉是所有动物中社会性最强的。在某些地区，金刚鹦鹉几乎已经灭绝；但在它们还幸存着的地方，它们都是生活在大而嘈杂的鸟群中的。

　　若论情侣间的温柔，金刚鹦鹉肯定是动物界最温柔的动物之一。金刚鹦鹉的配偶关系是维持终身的，配偶们会在碰上麻烦时互相帮助，并在受到别的鹦鹉攻击时互相提供保护。显然，雄金刚鹦鹉相信：偶尔给配偶送个礼物有助于缔造一个幸福的婚姻。雄鸟会给雌鸟丛林中所能找到的最好的水果，还会用胡桃夹子似的尖喙来为它砸开坚硬的巴西坚果。金刚鹦鹉伴侣还会以合适的角度将自己张开的喙插入对方喙里，并用各自的舌头将特别好吃的东西你来我往地推进对方喙里。而后，雄鸟会用双翅拥着雌鸟，并以与人类用手与臂来互相抚爱同样的方式来爱抚它。

　　金刚鹦鹉可以活到 70 岁。因而，它们的婚姻所持续的时间常常会比人类的还要长。随着鸟夫妻年龄逐渐变大，它们之间的喂食仪式也会发生变化。雄鸟会只是对雌鸟表演与真正的喂食同样的姿态与爱抚动作，而不是真的喂对方。金刚鹦鹉常常举行象征性的喂食或接吻仪式活动。

　　然而，一旦雌金刚鹦鹉下过蛋并坐在巢中的蛋上，雄金刚鹦鹉又会重新认真的给它喂起食物来。而且，在蛋已孵化后的一段时间内，雌金刚鹦鹉是不会离开那些雏鸟的；在这段时间内，雄金刚鹦鹅就得承担起喂养整个家庭的责任了。当它带着食物回到巢中时，它首先会将食物交给那位母亲，而雌鸟则会用那些食物来喂养雏鸟。

就像人类中的孩子一样，许多动物对仪式似乎都有着一种热情。蓝脸鲣鸟是憨鲣鸟的近亲，它们的求爱行为就包含着几乎无穷无尽的仪式。在这种仪式中，雄鸟给雌鸟的是石头而不是食物。事实上，那种仪式所花的时间是那么长，以至于几乎不得不用石头，因为等它完成仪式时，食物大概都已经被损坏了。

雄蓝脸鲣鸟是以在一群雌鸟面前上下来回行走的方式开始求爱仪式的。它昂着头、挺着胸、翘着尾，沿着岛的岸边——那儿正是鲣鸟们的繁殖场所——趾高气扬地迈着鹅步。它一边走，它有蹼的双脚一边使水溅起并飘洒到沙滩上。它认为已给所有在场的雌鲣鸟留下足够深刻的印象时，它就会高视阔步地走向自己选中的那位"女士"，而后，在那只雌鲣鸟面前低下头、张开翅膀（翼展宽度可达 1.8 米），大声地鸣叫起来。

起初，那只显然对它没什么印象的雌鲣鸟拒绝了它的求爱。雄鲣鸟并没因此而畏缩，它仍高视阔步地四处走着，直到发现一块鸡蛋大小的石头，它才停下来。它用嘴捡起石头，而后，谦恭地将石头放在那只雌鲣鸟脚下。通常，雌鲣鸟是不会费心去朝它或那块石头看上第二眼的。于是，雄鲣鸟捡起那礼物，一路小跑着来到另一只雌鲣鸟身边，并将那块石头放在其脚下。就这样，它将那块"珍贵的"石头接二连三地献给那个区域中的所有雌鲣鸟。

或迟或早，会有一只雌鲣鸟对那块石头表现出一定的兴趣的。它会用嘴捡起那块石头，转过身去用背对着那只雄鲣鸟，蹒跚地朝前走出几步，而后让那块石头掉到地上。这时，那只雄鲣鸟会捡起石头，急匆匆地跟在它后面，并再次将石头献给它。雌鲣鸟会再次将那块石头叼在嘴里，但过一会儿又将放下。这一游戏可能会持续两个小时，而后，雌鲣鸟终于决定接受那块石头以及将石头送给它的那只雄鲣鸟。一旦它做出这个决定，那么，这两只鲣鸟就结为终身配偶了。

我已经说过：在某些求爱仪式中，没有哪一方会真的吃掉那份雄性给雌性的食物。求爱礼物在很大程度上是象征性的。这就可解释蓝脸鲣鸟何以会认为一块不可吃的石头会具有如此重大的意义。鲣鸟已经将其他动物加之于食物上的象征意义转移到了石头上。

蓝脸鲣鸟是憨鲣鸟的近亲，然而，它们的求爱行为却大不相同。雄蓝脸鲣鸟会送礼物给雌鸟以讨它的欢心，而雄憨鲣鸟则不断地虐待自己的配偶。

某些互为近亲的动物表现出来的行为常常大相径庭。其中的原因之一可能是一种动物与另一种动物在攻击性的水平上差距很大。**动物的攻击性水平对其各种行为模式都具有深远影响**。我已顺便说起过社会行为的"发展"。只有通过类推，我们才能够重建几十万或几百万年前的可能的演化历程。我们很难准确地说出某种特定的行为模式是在什么时候出现的。攻击性水平的变化及其他因素都会使得一种相当"现代的"动物的行为模式回到古代时的状态。

多种舞虻的求爱行为向我们揭示了：某一昆虫家族的雄性们是怎样从给雌性们可吃的结婚礼物逐渐转变成给它们玩具的。

舞虻是盗虻的近亲。在2 800种舞虻中，大多是凶残的肉食动物。在交配期间，体形比雌舞虻小的雄舞虻得保护自己免遭新娘伤害。在进入一群舞动着的雌舞虻中之前，有几种雄舞虻会捉上一只蚊子或其他昆虫并像举一面盾牌似的将其举在自己的面前。当一只雌虻抓住那只昆虫时，雄虻、雌虻及那个"盾牌"都会掉到地上来。当那只雌虻正忙于吸食它的猎物时，雄虻就会趁机赶紧与它交配。

某些舞虻已经从肉食动物演化为吸食植物体液的素食动物。这些舞虻中的雌虻一生只吃一次肉，那就是求爱者给它带来的作为结婚礼物的昆虫。这时，雄舞虻就不再有被雌虻吃掉的危险了。尽管这样，它们还是保留着祖先的交配习惯。当雄虻送昆虫给雌虻时，雌虻还是会把昆虫吃掉，尽管它实在不喜欢昆虫的味道。

在北美生活着这样一种舞虻：这种舞虻中的雄虻会给雌虻送包裹得很漂亮的礼物。它们会用从前腿顶端吐丝腺中吐出来的雪白精美的丝线，将一只捉到的昆虫一圈一圈地裹起来。有些舞虻中的雄虻会给雌虻精美的大型昆虫。另一些舞虻中的雄虻们则像现代超市中的礼品包装者一样，设计出各种包装方式来欺骗新娘。例如，雄波里德亚舞虻能织出一个体积约有自身两倍大的"包装盒"并将一只很小的昆虫装入其中。而雌虻也只得满足于这种华而不实的礼物了。

其他动物中的雄性也会将小礼物包在一个大包裹中。还有一些动物中的雄性只是给雌性一个其中空无一物的制作精美的包裹，以此来跟雌性开个对自己来说很实用的玩笑，当然，这种玩笑对雌性来说就是恶作剧了。一种叫缝蝇的原产于阿尔卑斯山的舞虻则不做欺骗雌性的事情。它们干脆用一种纯粹象征性的礼物来取代了实物性礼物。雄缝蝇所织的不是一个空心球而是一块漂亮的白色面纱，它会将那块面纱展开在其中足及后足之间。那块面纱绝不会有任何关涉食物的暗示。当几百只身披白纱的小蝇儿在阳光照射下在空中翩翩起舞时，那情景看起来就像一群小精灵在跳舞。那些面纱的闪着亮光的白色吸引着雌蝇们。正像不如它们脱俗的堂表姐妹接受雄蝇所提供的昆虫礼物一样，雌缝蝇们也会接受来自雄缝蝇的礼物，但它们所接受的则是一块块婚纱。在接受了婚纱后，雌缝蝇们就会降落到草地上。当雄缝蝇与雌缝蝇交配时，雌缝蝇就会玩赏自己所得到的礼物。

红腹灰雀的配偶们也互相喂食，但不是在求爱期间。在雌雀产下蛋后，雄雀与雌雀会连续 13 天轮流着孵蛋。当雌鸟在照料着那些

雌舞虻（下）正忙着吃它的配偶给的被裹在一大堆"包装纸"中的猎物。乘此机会，雄舞虻（上）赶紧与雌虻交尾；在这个时候交配，雄虻就不必担心被雌虻吃掉了。

蛋时，雄鸟就会带食物给它。

如果雄红腹灰雀生了病或在蛋还没孵出来时就过早地换毛，那么，它就会"待在家中、躺在床上"，即以在窝中孵蛋的方式来让自己在这个时候也能够发挥作用。这时，那两个伴侣就会变换角色，雄雀会像雏雀一样向雌雀讨要食物。但当雄雀在家中照料着一切时，雌雀就会出去寻找食物来喂养雄雀和幼小的家庭成员们。

如果幸运的话，雌红腹灰雀能够将那只雄雀照料到恢复健康。不过，在没有兽医帮助的情况下，生病的鸟儿通常都会死去。但雌红腹灰雀的照料还是有可能会延长雄雀的生命。雌雀常常能使生病的雄雀活到足以帮它孵出那些蛋并照料那些雏鸟的时候。这样，至少它们的后代能够幸存下来。

第十二章

集群式求爱与婚姻市场

群体求爱

动物们的爱所能采取的形式就像人类的一样多样而奇特。有些动物只有通过参加集体狂欢才会"有心情"谈情说爱。也就是说，它们进行的是集体性求爱活动。

场景 1：月圆不久后的夜晚，太平洋加利福尼亚沿岸。涨到最高的潮水打上沙滩，碎成了许多水花。成群结队的鱼互相拥挤着涌向海滩。在随着浪头登上海岸后，它们便开始表演一种神秘舞蹈。

不久，海滩上就挤满了鱼，它们像鳗一样地扭动着并在月光下发出钻石一样的闪光。鱼儿们继续乘着海浪涌到岸上，直到海滩看起来就像是由鱼儿而不是沙子组成的。而后，就像灰姑娘的马车会随着午夜的钟声突然消失一样，成千成万翻腾着的鱼儿突然消失了。

从 2 月底到 9 月初，这种幽灵似的戏剧都会在每两周一次的大潮期间即月圆和新月初出之夜不断上演。演出场地是从美国洛杉矶西北部开始一直往南延伸到墨西哥下加利福尼亚，总计 1 500 千米长的海岸线。在不久前，人们还在相信，那是传说中的"舞鱼"或"海中小精灵"在试图集体自杀。

这出戏剧中的演员，即那种会心醉神迷地跳舞的"海中小精灵"，是一种叫作银汉鱼的长约 15 厘米的银鱼。只有在夜里，银汉鱼才会在海滩上跳舞。而它们的近亲之一的沙丁银汉鱼则只是在白天才会在北部海岸上跳舞。不过，这种白天跳舞的鱼很多都会被鸟类和其他肉食动物吃掉。

那些成群上岸的银汉鱼是因为集体性精神病而像小齿鲸有时候会做的那样惊恐地冲上岸来自杀的吗？或者，它们是真的下定决心了要自杀吗？

没有动物会有意自杀。一只狗会在主人已死的情况下停止进食从而死于饥饿，一只被猎人追逐的野山羊会纵身跳下山崖；但它们都不是自己想要自杀。那只狗并不是选择了去死，而是失去了做包括吃食在内的任何事的意愿。那只野山羊在怕跳崖和怕猎人之间左右为难，也不过是在两害之中取了相对较轻的那个。若要自杀，一个个体就得自觉地意识到生命与死亡的意义。只有人类与青潘猿懂得这些概念（参见我的《友善的野兽》一书[1]）。

但精神分析学家们在谈论人类的自毁冲动时，他们并不是在说一种我们从自己的动物祖先那里继承下来的本能，而是指一种对在一定条件下出现的情感的反应。

银汉鱼大批地从海里涌到岸上来其实并不是一种集体自杀。那些鱼只不过是要将它们的卵子埋在沙里，因为若是在水中，那些卵子就会死掉。

在银汉鱼即将冲到海滩上产卵的时候，它们会聚集在高潮顶部的浅水中等着潮回头，这样，它们就可以开始跳它们的求爱舞了。当开始退潮的时候，一些银汉鱼就会跳上海滩。推测起来，它们大概是被提前派到岸上去执行侦察任务的"侦察兵"吧。如果它们不回到水中去，那么，其他的银汉鱼就不会到岸上来了。

有时候，有些游客或渔夫会去抓那些"侦察兵"。如果发生了这样的事，那么，其他的鱼就会将它们的上岸访问推迟两个星期，也即等到下一次大潮到来的时候。

有一次，一群游客沿着海岸点燃了数百堆篝火，他们想等那些银汉鱼一从水里冒出来就去把它们捉住烤了吃了。然而，那次一条鱼都没有出现，因为那些篝火发出的光阻止了银汉鱼登岸产卵。

只有当那些鱼觉得自己不会受到打扰的时候，它们才会翻滚着涌到岸上来。接着，它们就会开始与时间赛跑。与鳗不同的是，银汉鱼不能在离开水的情况下呼吸，它们只能憋上两三分钟的气。在这么短的时间中，那些雌鱼得赶到岸上那些已经被浪潮中最高的浪

夜晚，银汉鱼在海滩上举行大规模的集体求爱活动。

头打湿了的沙地上。当一条雌银汉鱼到达一个这样的地方时，它会前后扭动着身体，将尾巴钻入沙里，直到将自己身体的 1/3 埋在沙里并以垂直姿势站立在那里。

接着，两条、三条或更多条雄银汉鱼会围着那条雌鱼翻滚，在它释放出 1 000 ~ 3 000 个卵子的一瞬间就使其受精。所有的鱼都在它们能待在岸上的时间耗完之前赶紧完成集体产卵和使卵受精的任务。

推测起来，上岸并在不能呼吸的情况下运动大概可使雄鱼和雌鱼变得性兴奋并使得相关身心状态同步化，这样，它们就能同时做好交配准备了。一旦那些卵子受精，成千上万的鱼就会消失在海洋中。隔 4 周、6 周或 8 周之后，这出戏就会再次上演。

那个看起来混乱不堪的翻滚着的鱼群却能以令人惊骇的精确性完成自己的任务。如果产卵的时间太早，那么，涨上来的潮水就会把那些卵子从沙滩上冲走并毁掉它们。如果产卵太迟，那么，它们就不能将卵产在岸上足够高的地方，这样，在 12 个小时后，下一次潮水就会将它们冲掉。为使卵子至少能在不受打扰的情况下发育上一周，银汉鱼就必须在涨潮达到最高点时交配。

多年以来，人们一直感到惊讶的是：银汉鱼们是如何能在没有一张潮汐时刻表的情况下比人类知道更多关于高潮和低潮的信息的。银汉鱼肯定拥有一个既受太阳也受月亮控制的、内在的生物钟，那个钟能"计算"出太阳和月亮的关系从而确定涨潮的时间。

在温暖的沙滩上待了 8 天之后，那些还待在卵泡中的幼鱼就已经做好出生的准备了。但这时它们还得在类似于"等候室"的壳里再待上一个星期，直到地面上的轻微的运动迹象告诉它们：下一次大潮就要来了。到那个时候，所有的幼鱼就会在 3 分钟内从壳中全部滑出来，并让海浪将它们带到海中。

如果向海面吹的风使得涨潮不能升高到足以到达那些幼鱼的地方，那么，它们就会在那个壳中再等上两个星期。当下一次大潮到来的时候，它们就会像睡美人因一个吻而醒过来一样从睡眠状态中醒过来。

奇怪的是，银汉鱼的卵若是在水中就会死掉。因此，这种鱼必须在岸上较高的地方产卵。不过，别的鱼也会在没有明显外部原因的情况下进行类似的集体狂欢活动。

场景 2：东非。在坦桑尼亚纳特龙湖的深蓝绿色背景衬托下，栖息在湖里的 80 万只火烈鸟构成的成片的粉红色显得格外迷人和壮观。正是接近黄昏的时候，那些已从齐膝深的水里捕食了一整天虫子的优美的鸟儿现在已有足够的食物，因而，这时，它们都悠闲地站在湖中。

突然，一只火烈鸟抬起头并将喙径直指向天空，并发出一声持续很长时间的叫声，那叫声甚至在它的喉咙深处也引起了回响。接着，那只鸟将翅膀张得开开的，并因而露出了翅膀下面的黑色羽毛。它就这样张着翅、翘着嘴在大群的火烈鸟中骄傲地穿行着。突然，它将头猛地扭向左边，而后又同样突然地将头转向右边。

那只鸟继续进行着它的庄严的游行。不久，其他的鸟也将喙伸向天空并将翅膀张开，而后，也开始游行起来。它们喉咙里的声音变得越来越响。那些已经在游行的雄鸟和雌鸟吸引着其他想要加入游行队伍的鸟儿。随着越来越多的火烈鸟的加入，游行队伍也就越来越壮大。一大群火烈鸟在水中开出了一条不断延伸着的道路，并将那些不愿意跳舞的鸟儿留在了后面。最后，几百或几千只鸟儿在一起摇摆着，每一只鸟依着不同的节奏摆动着头。火烈鸟们的粉红、白色与黑色羽毛在夕阳下闪动着光辉，它们拍打着翅膀，双脚搅动着湖水，兴奋乃至心醉神迷地发出嘶哑的叫声。

这一场景根本就不是一场集体性狂欢的序曲。这一仪式的目的是要把那些差不多已经做好交配准备的鸟儿与群落中其余的鸟分开，并使它们聚合成一个群体。那些在生理上还没准备好交配的鸟儿不会有参加舞蹈的欲望。因此，这种舞蹈起的是这样的作用：使整个群体而非单独一对火烈鸟身心同步化。

几天后，那些在群体中一起舞蹈的鸟儿就成双结对了。那些鸟夫妻并不是同时结成配偶的，而是按照各自稍有不同的同步时间相继结偶的。

场景3：12月中旬，博登湖几乎已经完全冰封。阳光很好，但气温在冰点以下。湖中有个地方有个地下温泉，那儿的一小块水面仍然没有结冰。许多种不同的鸟儿，天鹅、海鸥、鸭子等，都在那块水中嬉闹着。尽管天气还很冷，但鸭子们的"婚姻市场"已经开业了。

在某一处，3只雄北方野鸭正准备举行一种仪式，这种仪式有着比法国国王路易十四的早、午朝礼节还要严格与复杂的规则。那些公鸭必须一个接着一个地完成下述动作：摇动尾巴，整个身体上下摆动；摇动尾巴，边点头边游泳，将嘴浸入水中，将一些水滴甩向空中，发出咕哝声与鸣叫声；摇动尾巴，摆出这样一个令人难忘的姿势——将一对翅膀折叠成一块餐巾形状并使其停留在背上；凝视着一只想象中的母鸭，边点头边游泳，将头的背部朝向那想象中的母鸭。它必须一而再，再而三地重复做这一系列的动作。

在那3只公野鸭已经重复了6次或7次同样的动作后，2只母鸭游过来看它们表演。那几只雄鸭专心致志地做着表演，就像溜冰运动员为了竞赛而练习溜冰一样。这时，另外3只公鸭也"嘎嘎"叫着游了过来，并像原先的3只公鸭一样表演起来。接着，另外2只母鸭也加入旁观者行列中。最后，约17只公鸭在约同样数量的母鸭面前跳起舞来，那些母鸭则排列成了一个圆圈，将那些舞者包围在圈中。在场的所有母鸭都在寻找它们未来的配偶。

为了给雌性观众留下深刻印象，公鸭必须将表演做得十分完美，不能遗漏一个舞蹈动作，也不能出一点差错。如果一只公鸭能证明自己是个真正的表演大师，那么，就会有一只或更多只被热情引领着的母鸭游到公鸭中去，并一边游一边有力地或上或下地点着头——这就是母鸭的鼓掌方式。它们的鼓掌会刺激那些全身溅满了水的表演者进一步完善其表演。

在表演期间，雄、雌野鸭之间开始建立起一种关系。一只母鸭会开始带着特别的兴趣观看着某只公鸭的表演。那只公鸭则会以这样的方式来做出回应：它会朝母鸭所在的方向甩出一阵水滴，并在它跳舞要转向时看向那只母鸭。

舞蹈结束后，公鸭和母鸭就会一起游走。在12月份，它们的性腺和卵巢还没有发育。因此，那个时候，它们还不能交配，它们只是订婚。如果在一起过了几天后发现彼此不合拍的话，那么，它们就会取消婚约。它们会去参加另一场舞蹈表演，在那里各找各的新伴侣。

几个月后，春天来了。这时，那些野鸭的性器官已经发育成熟，它们交配的时候到了。通常，鸭夫妻都是对彼此终身保持忠实的。那些已经有配偶的鸭就不会去光临一年一度的婚姻市场了。

婚姻市场让单身的公鸭们省去了搜遍整个湖区寻找可能的配偶的麻烦。所有的求爱集体舞的参与者和旁观者都从一开始就知道它们为什么会在那里。这种形式的集体求爱活动使得雄性和雌性能在不必去缓和彼此的攻击性和赢得彼此的信任的情况下就"直奔正题"。在这种情况下，求爱就只是彼此间的共鸣与协调程度的测试。

第六篇

没有能力结婚的动物们

第十三章

没有领地就没有交配权

动物们的领域行为

站在一个山岗上，你可以俯瞰整个恩戈罗恩戈罗自然保护区中的凹地草原。直径约 20 千米、环形壁高约 600 米的恩戈罗恩戈罗火山口是地球上第二大火山口。这个火山口成了一个天然动物园，这里生活着东非最珍稀的动物之一。

极目远眺，人们可以看到：在这块大草地中，每隔 50 米就有一只公角马*站在那里，它们高高扬起的头就像矗立在空中的一座座纪念碑。大草地中可能有 2 000 只公角马，它们都在等待着母角马的到来。每只公角马都拥有一块约 3 000 平方米的领地，它得保护这块领地免受别的公角马入侵。

在雄性只有拥有"房地产"才有交配与繁殖机会这点上，角马是与啄木鸟和麻雀等动物一样的。对瞪羚和羚羊中的许多亚种来说，

---

* 角马也叫牛羚，是一种以马面、牛角、羊须为头部形态特征的大型羚羊。——译者注

这一点同样如此。

尽管这一事实也许会激怒极端左派政治的支持者们，但事实是：**对私有财产的热爱**并非人类自己造就的特性，而**是从动物祖先那里继承来的**。法国哲学家卢梭曾经相信：是文明的退化导致人产生了拥有财产的"不自然"欲望。但事实恰恰相反：我们**人类天生就有取得与保护领土的本能**。倡导公有制并不一定能消除人们想要**拥有私有财产的本能欲望**。

角马的生活显示出：一个动物是否具有领土拥有者的身份对它的攻击性、性驱力和它的全部的社会生活会产生怎样的影响。由于领域（领地、领水、领空）行为在动物生活中的至关重要性，我将相当详细地讨论角马的领地行为。

在 1~3 岁的时候，雄斑纹角马们生活在由 50~500 只角马组成的单身角马群之中。一些年前，观察者们相信：这种雄性"俱乐部"是天堂般的社会组织，因为在这种群体中，单身角马是在没有任何形式的社会组织或等级秩序的情况下共同生活的，而且，它们几乎从来都不打斗。因而，在这种单身角马群中，从来都不会有弱小动物受强者压迫这样的事情。尽管年少的单身角马生活在一起，但它们间的关系并不真正亲密。如果有土狼来攻击角马群，那么，与斑马不同的是，那些角马并不会团结起来赶走它们共同的敌人。

当一个由 50~500 只单身角马组成的角马群进入一只成年公角马的领地时，它们全都会低下头来并远远地绕着那个领土所有者而行。如果地主对它们发起攻击，那么，它们就会以略慢一点的奔驰速度逃掉。即使角马群中每只角马都已经近乎与那只成年公角马同样强壮，它们的表现仍然如此。此外，也没有任何一只单身角马会有哪怕只是一星半点儿的与母角马交配的可能性。

将年少的单身公角马群说成一个社会单位是错误的。实际上，这只是由一些彼此间缺乏社会联系因而感情冷淡的动物个体组成的集合体。这种兽群构成了一种"开放的社会"，也就是说，如果有新成员想要加入的话，那么，没有任何一个老成员会拒绝；同样，如果一个老成员消失了或被狮子吃掉了，也没有任何一只别的角马会给它一秒钟的怀念。

1969 年，理查德·D. 埃斯蒂斯（Richard D. Estes）对将单身公角马群看作"天堂般的社会组织"的观点进行了反驳。[1] 他指出：单身公角马群的成员身份使它们没有能力反抗拥有领地的成年公角马的欺压。此外，这些单身汉听任少数暴君将它们从茂盛的鲜嫩草地赶到只长着坚韧到几乎不能消化的劣草的贫瘠区域。这种长而坚韧的草给悄悄地向角马群靠近的狮子提供了很好的掩护。面对敌手，那些意志消沉的单身公角马完全无所作为。它们逆来顺受、无所作为的原因不在体力上而在情绪上。

一旦一只年轻的单身公角马获得一块领地，它马上就不再表现得像个贱民，而会展示出强大的性驱力，并变得非常富于攻击性。它不再谦恭地站在一旁，而是高高地扬着角站在那里，就像是在为一个雕刻家摆姿势似的。有时候，它会以一种大摇大摆的姿势绕着它的领地飞奔，这样，其他的角马从远处就能看得出它现在的身份了："啊哈，那是个地主！"那只骄傲的公角马会不断地与邻居争吵，将入侵者赶走，并常常接二连三地与几只母角马交配。在几个小时内，一只角马的性格就会发生如此剧烈的变化，让人很难相信在此前后所看到的竟然会是同一只动物。

有时，一只拥有领地的公角马会放弃领地或被赶走。如果发生了这样的事，那么，它的攻击性和性驱力也就会立即消失。那位前地主会重新变得顺服、畏缩，它会以小跑的步态跑向一个单身公马群，并从此以后除了草它就不再表现出对任何其他东西的兴趣。

由此可见，领地的拥有与丧失对角马的情绪及相应的生活状态有着重大影响。一块草地的**地主身份**会给公角马一种**自信心**，以及相对无地主身份的别的角马的**优越感**。当单身公角马取得一块领地时，它的自卑情结就会消失，从而使它自然的**攻击本能与性本能**得以重新表现出来。如果失去领地，那么，公角马就会陷入一种"心理阉割"的状态。

由此，领地拥有者的身份状态在很大程度上也是一种心理状态。没有**领地**，公角马就不能**繁殖**。

许多种动物都只允许少数"当选"成员发生性关系。例如，在动物界，"强牛独占体制"就相当普遍。在野外，在一群牛中，只有最高等级的公牛才能与母牛交配。它会防止任何比它弱势的竞争对手靠近母牛。但它的确会允许几头"在心理上被阉割了的"、等级较低的公牛留在群中。它似乎需要少数劣势者在旁，以便让自己能产生优越感。

在亚洲水牛中，如果一头公牛没有一两头比它弱势的公牛可供自己在妻妾面前加以威吓的话，那么，它就会完全失去性能力。因此，仅仅拥有一个后宫并不能满足它在情感上的需要。为了能正常发挥自己的功能，它需要有几个在情感上被阉割了的"太监"存在于自己身边。然而，这些"太监"并没有丧失性生理能力。因而，一旦"老大"死亡或生病，那么，第二等级的公牛就很有可能承担起它的所有职能。

对攻击性的抑制也会对性欲望产生抑制作用。在牛与角马中，**性欲望**与**攻击性**是**同一枚硬币**的**两面**。自身力量的强大感能刺激自身性欲，不过，牛与角马取得这种强大感的方式是不同的。一个牛群中的最高等级的公牛自动地取得对群内母牛们的性交权。但无论有无领地，公角马之间都没有等级系统。每一只拥有领地的角马都享有对其领地的绝对控制权。由此，角马社会在总体上是上下两层制而非（内含多个等级的）等级制的。上层社会成员身份会给一只公角马以一种能刺激其性欲的自身力量的强大感。而下层社会成员的身份则会使公角马处于性抑制状态。

1967 年，约 12 500 只角马生活在恩戈罗恩戈罗火山口，其中，3 300 只是成年公角马。在交配季节，约有 1 900 只成年公角马拥有自己的领地。其余的成年公角马就不得不维持单身汉身份了，因为那里已没有剩余的土地可供它们声称拥有了。不过，那些单身汉总是在那些地主公角马的附近徘徊着，等待着"候补转正"的机会；如果有某个上层社会成员死了，那么，它们就会接管那块领地。

对角马和牛的社会的比较研究向我们揭示出：高社会地位和领地拥有者身份的重要性并不在它们自身，而在于它们所能带来的自身力量的强大感。正是**自身力量强大感**才使一个动物个体得以**释放攻击本能**、**打破**因条件限制及无力感而产生的**性压抑**。或许，**自身力量强弱感在人类中也起着几乎完全一样的作用**。

公角马们爱领地甚于爱母角马。当它们互相打斗时，它们是为领地而战，而非为母角马。它们没理由为母角马而战，因为没有一只公角马能真正拥有一只母角马。所有公角马都得在自己领地里安静地等着，直到有一群母角马屈尊来拜访它们。

公角马对母角马来访的反应是难预测的。一只公角马可能热情地接待一群母角马，也可能冷淡待之，甚至会将它们赶走。公角马的反应如何取决于其性情、疲劳状况、母角马的数量、季节、天气，以及一些其他因素。

即使一只公角马允许一群母角马进入它的领地，它还是可能更有兴趣与邻居混战，而不是招待客人。它可能会或前或后地飞奔，用角刺某个邻居的脸，或猛顶另一个邻居的侧面，直到它的"女客们"觉得无趣并排成一列纵队慢慢地走掉，走向另一块领地。如果公角马看到母角马们离开，那么，它就可能会猛冲过去，并试图在母角马们离开其领地边界前挡住其去路，然后，像一只牧羊犬试图聚拢看管的羊一样不断地将母角马们往回赶。尽管它做了努力，但那些母角马还是可能会继续平静地走它们的路，直到进入下一块领地。

公角马在母角马面前都表现得十分笨拙，因为除了交配时的短暂时刻外，公角马与母角马之间从不互相联系。显然，对公角马来说，那些只是安静地与自己交配而不会给自己添乱的母角马是更有吸引力的。

一旦交配完毕，公、母角马就会互相失去所有兴趣，母角马会继续走自己的路。公、母角马都不觉得彼此间有任何形式的亲和关系，因而不可能结成配偶。甚至，母角马们也不会构成一个妻妾群；如果一定要这么说，那么，这个妻妾群持续的时间也不过一个小时。角马是一种缺乏社会性的动物，无法发展出高度结构化的社会秩序。事实上，当母角马们进入一块公角马领地时，公角马可能会表现出

　　　　　　　　　　相杀相爱：两性关系的演化

高度反社会性的行为，例如，它们会将伴随在其母身旁的幼崽全都赶走。它们会赶走年幼的母角马及公角马。因此，角马是不可能形成复杂的社会单位的。

复杂动物社会有：鱼群、昆虫社会、有蹄动物群、夫与妻妾群、由丰富食物供应或大规模集体繁殖活动所造成的随机群体等等。对这些复杂动物社会的考察告诉我们：**所有社会的核心都是家庭**。对蚂蚁、蜜蜂与白蚁社会以及狼群、海豚群和猿群来说，这一点同样是正确的。

诚然，随着动物个体长大，对它来说，比家庭更大的社会单位可能会变得比家庭更重要。例如，某些猿的情况就是这样。尽管如此，但在动物界，**所有复杂的社会秩序**最终**都来自家庭**这个**最基本的社会单位**。

许多因素会阻碍着一种动物演化出家庭。我已描述过动物两性在能进行即便转瞬即逝的性接触前所必须克服的困难。首先，它们必须以某种方式**控制对配偶的攻击性**；其次，为父母者还需**克服对幼崽及成年子女的攻击性**。在我的另一本书（《温暖的巢穴：动物们如何经营家庭》）中，我将会讨论身为父母的动物是怎样做到这一点的。

角马是不可能演化出家庭的，因为它们对成年子女的敌意阻碍着它们建立一种复杂的社会结构。

即使在没有母角马的时候，公角马看来也会全身心地投入几平方米的领地上去。如果狮子或人将一只公角马从其领地上赶开，那么，它总是会重新回到那个地方去。在干燥季节，如果母角马们连续几个月不来访问公角马，那么，有些公角马会离开领地并与单身公角马一起漫游。但在交配季节到来时，它们就会回到它们当作家园的那块草地。就像候鸟们每年春天都会回到前一年在其上筑巢的那棵树或那矮树丛一样，公角马也会准确无误地辨认出单调的草原上曾属于自己的那块领地。

在母角马们到来前，公角马只有两件事情可做，即吃草和对自己的邻居发火。它每天都会跟自己的四五个邻居中的每一个至少打上一架，并常常打上两三架。每场小冲突会持续 3~15 分钟。曾经广泛地研究过角马的行为的理查德·埃斯蒂斯将这种小冲突看作一种挑战仪式。[2]

每当有公角马佯装着它在忙着吃草而偶然越过边界进入了其邻居的领地时，这种挑战仪式就会上演。这时，两个对手就会表演以下的动作：互相绕着对方兜圈子，将嘴唇往后拉从而形成一种气势汹汹的"微笑"的表情，撒尿。而后，两只公角马都会前腿下跪，将头靠在一起并互相用力顶。它们会用角挑起地上的青草，慢吞吞地走着并跺着脚，会以一种会被角马看作接到警告时的姿势僵直地站立着，会像牛仔竞技表演中的公马那样突然跃起，会将后腿猛地踢向空中，然后慢慢地重新平静下来。最终，那个入侵者会退回到自己的领地中去，并以一种悠闲的姿态吃着青草以挽回面子。

在那些小冲突中，保卫自己领地的公角马总是胜利者，也就是说，它总是能在无须进行激烈战斗的情况下成功地将入侵者赶走。

我曾经提到过：在北方野鸭的集体求爱仪式中，公鸭必须以一种固定的先后次序表演所有的舞步。但在角马中，每一次仪式性挑战都是各不相同的。每次仪式都以同样的方式开头与结尾，但每次仪式的中间过程就要留给那两只公角马自己去设计了。它们会以任

相杀相爱：两性关系的演化

何一种自己选择的次序并带着任何一种自己想要着重表现的情绪表演前面提到的所有动作或其中几个。由此，与北方野鸭的求爱行为不同的是，角马的挑战行为是随着不同个体而变化的。

经常有人告诉我说："你所谈论的蜜蜂、老鼠、鸭子的本能行为都很有趣，但它们无助于我们解释人类的行为。因为与动物不同的是，我们人类不是由本能控制的。"

在答复这种言论前，让我们先来问个问题：角马是否也在一定程度上让自己从本能这一刚硬的紧身衣的束缚中解放出来了呢？为什么一只角马的行为的灵活性要比一只北方野鸭的强得多呢？角马能控制自己的行为吗？

其实，角马们不能有意识地控制自己的行为。在进行仪式性的挑战活动期间，两只公角马会在害怕与攻击之间犹豫不定。角马所做的每一个动作都代表着它当下的内心状况：害怕或愤怒的情感的增长，以及相应的想要威胁或讨好对手的愿望的增长。许多因素都在决定哪种情感会暂时占上风。这些因素有：那只角马自己及其对手的性情，它的毅力，那两只角马以前是如何互动的，等等。

因此，在仪式性的挑战活动中，那两个对手不仅没有在任何意义上控制自己的本能，反而投入了两种不同的情感的决斗之中。当它们对彼此的行为做出反应时，它们的情感状态则在害怕与勇敢之间来回振荡着。

康拉德·洛伦茨及其学派用昆虫、鱼和鸟的生活中的简单事例来解释本能。结果，许多人都以为本能行为都遵循着非常死板的模式。但事实并非如此。与角马一样，人类也会深受情感之间的冲突的折磨。同样与角马一样，**人类貌似能有意识地控制自己的行为，**

但实际上永远都在服从自己的本能。

显然，要维持自己在情感上的平衡，一只公角马就得不断地投入与邻居的争吵中去。仪式性挑战从来都不会取得任何有实际意义的成果。两只公角马并不真正打斗，因而，它们中没有一个受伤或被杀死。此外，入侵者也总是退回自己的领地上去，而不会真的占领邻居的领地。

从来都不会有公角马试图在它可独自平静地生活的地方建立领地。相反，它总是寻求着与同类接近的机会；这样，它就每天都能与几只别的公角马打架了。

根据角马群的大小，每两只公角马之间的距离在 30～800 米的范围上下变动。也许有人会认为：那些彼此相距较远的公角马会比那些彼此靠得较近的公角马要少打些架。事实并非如此。其实，相距 800 米的公角马们进行仪式性打斗的频率与相距只有 60 米的公角马们是一样的。不过，这一点倒是真的：相距不到 60 米的公角马们打架的频率的确要更高一点。

公角马们用仪式性的挑战来逐渐清除掉它们所淤积的攻击性。如果不以这种无害方式来释放攻击性的话，那么，它们就会将它释放到母角马身上去，即将其赶走，从而也使自己丧失交配机会。由此，为了保持情感或心理上的健康，一只公角马需要有个敌人来作为替罪羊或出气筒。**两个彼此需要对方作为出气筒的敌手之间的对子关系**就叫**相吸相斥对子关系**。在了解这一知识后，毫无疑问，读者们自然会想起他们所认识的那些为使自身身心功能正常运作而需要一个出气筒的人来。

那些年轻的角马如何才能从一个富于攻击性的、根基牢固的

"当权者"手中夺取领地呢？想要借助蛮力来赢得领地会是一件极为危险的事情。而且，即使这种企图获得了成功，那四五只作为邻居的公角马也会质疑它保有新占领地的正当性。而一只年轻单身公角马又无法在没有邻居的地方建立领地，因为所有公角马都需要与自己的雄性同类靠得近一点。

那么，单身公角马该如何解决这一悖论性的问题呢？首先，它得在那一大片网格状的领地中找到一块居住者少且防守也不严密的区域。这样，当它被地主攻击时，它就能迅速撤退。不过，它会一而再，再而三地回到那地方，直到那只较年长的公角马最后已变得习惯于它的存在，且不再那么凶地赶它走了。这样，年轻的公角马就会逐渐变得自信，并开始表现得就像它已拥有那块领地一样。一旦有某个邻居靠近，它就会撤退，而后又从另一边返回。它的表现就像推销员：在推销对象当着面关上自家的前门后，推销员又会笑嘻嘻、毫不害臊地出现在后门口。

当年轻公角马的自信心及与之相伴随的攻击性增长到它敢公开藐视年长公角马时，它就会成为年长公角马的领地权的一个真正的威胁。此后，年轻公角马就会投入无休止的一系列仪式性挑战活动中去。

一个新来者准备宣示与保卫它的领地权，仅仅这一事实就能使它得以避免认真的与别的公角马开战。此后，它就能借助仪式性的挑战来对付别的公角马。在夺取一块领地之前，年轻的公角马还缺乏足够的攻击性，这使得它无法真正与别的公角马作战。在它取得一块领地后，它新获得的攻击性与自信心就可使它以较年长公角马的方式来行事了，而较年长的公角马们几乎从来不会真正与别的公角马开战。只有在那个新来者缺乏足够的耐心来使较年长的公角马逐渐习惯于它的存在的情况下，年长公角马才有可能不得不投入一场真正的战斗。

在一场认真的战斗中，每只公角马都会试图用尖利的双角来刺伤对手的下腹部。不过，为了避免对手这样做，在战斗开始前，每一只公角马都会采取双膝跪地的姿势。两只公角马都将前额顶在地上，将两双角互相扣在一起并不断地扭动与推撞着，直到将彼此的脖子几乎扭脱位。如果一只公角马用尖角刺另一只公角马脖子的话，那么，这种攻击通常都是无害的，因为角马的脖子上覆盖着一层厚厚的角质皮。两只公角马可能会连续打斗上 20 来分钟。当打斗双方之一已精疲力竭以至于不再能做出足够迅速的反应以免受致命伤害时，它就会放弃战斗逃开去。

除少数不幸的例外之外，被打败的公角马不会丢命而只不过丢了领地和自尊。到这时，除了继续过单身汉生活或费力使自己挤进

在打斗过程中，一只公角马双膝跪地，以防止别的公角马将其双角挑入它易受攻击的下腹部。

相杀相爱：两性关系的演化

一块新领地外，就别无选择了。

不同的公角马获得领地的才能各不相同。有些公角马只需几个小时就能获得领地，另一些则需几个星期，还有一些则总是以失败而告终。

在恩戈罗恩戈罗火山口之外的地方，斑纹角马并不拥有自己的领地，而只是游走者。在塞伦盖蒂大草原上，斑纹角马的交配季节是在五六月份也即斑纹角马大迁徙时。在这两个月中，公角马们会建立起临时的供交配用的领地。

就像一支舰队一样，公角马群会向一长队正在迁徙的母角马逼近并挡住它们的去路。在约 15 分钟内，公角马们就会将母角马们分割成每群数量在 16 只左右的一个个小群，每一小群母角马各归一只公角马所有。接着，那些公角马会各自建立一块临时性领地，并在各自领地上与母角马交配。在大约两个小时后，公、母角马就会一起汇入迁徙队伍，一支由成千上万只角马组成的犹如奔腾大河的迁徙队伍。

在多种羚羊与瞪羚中，只有拥有领地者才有资格交配。这些动物中的雄性所拥有的领地的大小各不相同。公水羚拥有的领地在 12～200 公顷，公黑斑羚拥有的领地在 20～90 公顷，而乌干达水羚则会满足于仅仅 100 平方米的领地。

雄性拥有的领地大小决定了它会如何对待雌性同类。公水羚与公黑斑羚都拥有着大到让它们几乎看不见自己的邻居的领地。这两种动物中的雄性都是粗暴地对待雌性的，如果母黑斑羚试图逃跑的话，那么，公黑斑羚会将其赶回领地的中心。为了防止被奴役的雌性逃跑，雄性就必须像牧羊犬一样看着它们。实际上，公黑斑羚们所保有的是一种妻妾群。

公乌干达水羚的情况则不同。它们拥有的土地是如此之小，以至于有时两只公水羚的间距只有 30 米、20 米甚至只有 10 米。在旁边有那么有魅力的雄性的情况下，就没有一只公水羚能保有一个妻妾群或像对待奴隶般地对待雌性了。在这种情况下，除了和气地对待它们，公乌干达水羚别无选择。因此，在交配前，雄性不会做出会吓到雌性的粗暴举动。

但是，无论绅士还是霸王，公乌干达水羚、公水羚、公黑斑羚及公角马都不能建立起一种婚姻关系。领域行为使得那些雄性与雌性无须演化出一种亲密性对子关系。在交配完了后，雄性与雌性就会立即各走各的路。在这样的动物中，养育幼崽完全是雌性的事。

相杀相爱：两性关系的演化

第十四章

美使得雄性丧失了结婚的资格

竞技场炫示行为

人们总以为人类这一物种代表着造物者的最高成就。因此，由于**一夫一妻制被看作**人类婚姻的理想形式，我们就以为它肯定是动物界演化出来的**婚姻的最高形式**，而且是**婚姻的最终形式**。在某些动物中，单配偶制的确是在经历了其他形式的两性结合关系的漫长的历史后才出现的。然而，有些原来采用单配偶制的动物后来却演化出了非单配偶的倾向。在这些动物中，在与某个雄性交配后，雌、雄个体就没有任何关系了。

鸟类展示出了多种多样的演化趋势。鸟类大多都表现出了弃乱交而就永久性单配偶制两性关系的演化倾向。例如，寒鸦、渡鸦和灰雁现在都是实行终身制单配偶的动物。这些鸟的婚姻状况与人类的非常相像。

然而，有些鸟却在朝着相反的方向演化：原来采取单配偶制的鸟后来却不再采取这种形式。属于这类的鸟都是其中的雄鸟用华丽的羽毛来装饰自己以取悦雌鸟的那种。在这些鸟中，在交配后，雌鸟就立刻离开雄鸟，因为雄鸟色彩艳丽的羽毛会将肉食动物吸引到巢边从而危及幼鸟的安全。

某种特定动物的两性关系形式会对它将来如何演化产生深远的影响。在某些鸟中，雌鸟选择外表色彩最为华丽的雄鸟为配偶。这样，雄鸟就会逐渐演化出越来越光彩夺目的漂亮羽毛。然而，在两性交配后，雄鸟越漂亮，雌鸟就会越快将它从身边赶走。一旦那骄傲的追求者完成其生物使命，雌鸟就不会管它是否会被肉食动物吃掉——只要这种事不发生在自己的巢附近。由此，这种鸟是无所谓"婚姻"的。从行为演化角度，它们肯定会被看作"退化的"。

显然，如果人类中的雄性曾是两性中看起来更漂亮的那个性别的话，那么，人类的婚姻关系就会与现在的大不相同了。

现在，我将讨论某些曾经实行过单配偶制的鸟在朝着无婚姻方向演化的过程中所经历的一个阶段。这个阶段可以用黑松鸡目前的两性关系状况为代表。

德国吕讷堡（Lüneburg）石楠丛生的野地上，4月里的一个即将天亮的清晨，一个叫海因里希·黑塞（Heinrich Hesse）*的猎场看护人用一些松树枝条在刺柏和荆豆丛之间搭了个遮帘。从久远得无法追忆的时候起，一年到头，尤其是（冬末春初的）四五月份，雄黑松鸡们就会到这里来比美，并以自身的美来给彼此留下深刻的印象。到遮帘搭好时为止，那块场地上看不到任何的鸟。

突然，第一只雄黑松鸡降落在离遮帘大约 50 米的地方。黑塞仔

---

* 黑塞是作者的朋友，当时，作者与黑塞在一起。——译者注

细地查看四周，然后，鼓起腮帮子开始向外吹气并发出"唑唑""咕咕"的声音。正当他开始口技表演时，第二只黑松鸡就降落在了遮帘旁边。这时，第一只黑松鸡立即就朝第二只飞过去，似乎它不乐意做没观众的表演似的。不久，就有5只黑松鸡聚集在了那块地方。这样，它们就能够不友好地互相对待了。就像许多动物中的雄性一样，为了能"振雄风"，它们需要有作为竞争对手的其他雄性在场。

雄黑松鸡的头猛烈地往前冲，尾羽张开着，尾羽下面的白色羽毛形成了一个耀眼的圈；每只松鸡都开始四处奔跑，且边跑边"咕咕"地大声叫唤着。雄黑松鸡的鲜红色的鸡冠膨胀着，明显地突起在眼睛之上的羽毛间。雄黑松鸡喉部的气囊也膨胀着，起着扩音器的作用。就这样，它每冲进空中一次，"咕嗷嗷"的叫声就会在野地上空3千米范围内回响着。与此同时，那黑松鸡用双翅击打着双腿，就像巴伐利亚农民舞中的男人用手掌拍打着他的大腿一样。（德国南部的巴伐利亚人所跳的一种舞就是以对黑松鸡动作的模仿为基础的。）

所有的雄黑松鸡都装作互相攻击的样子，它们用双脚像擂鼓一样地击打着地面并发出战争的喧嚣："如图如—如图—瑞基—乌尔—乌尔—如图如—如图—瑞基！"然而，它们的行为不过是发声和发怒而已。其实，它们根本就没有战斗的意图。

太阳升起的时候，那些鸟儿停止了像蒸汽机一样的"噗噗"的吹气动作，并暂时将模拟性的决斗停了下来。比赛场地上一时静寂下来。猎人们将这一时刻称为"晨祷"。而后，黑松鸡们又会重新开始它们的戏剧性表演。最终，会有一只其貌不扬的长着棕色羽毛的雌黑松鸡出现在场地上。通常，很少有雌黑松鸡会来这个跳战争舞的舞场，因为它们只需一次交配就能生蛋并育雏了。而雄黑松鸡们则每天都到这里来展示自己的美。

一看到雌黑松鸡，雄黑松鸡们就开始以比此前更为狂野的动作决斗起来。最终，那雌黑松鸡选择了雄黑松鸡中最引人注目、色彩也最艳丽的那只，并在它身前蹲伏了下来，以此来邀请它与自己交配。当性行为完成时，它们之间的"婚姻"也就结束了。那只棕色的雌黑松鸡急忙离开了雄黑松鸡，并在灌木丛中的某个地方筑起巢来。几天之后，它会产下 8 个左右的蛋，接着，它会开始孵蛋，并独自承担起养育那群小黑松鸡的责任。一旦那漂亮的雄黑松鸡已为传宗接代的目的效过力，那雌黑松鸡就必须保持独处状态，因为雄黑松鸡的美会引起肉食动物的注意并危及其幼崽。

在此期间，那只"那块土地上最漂亮的雄鸟"则每天在那片舞场上继续神气活现地四处炫耀着它的美。自然，所有的雌鸟都毫无例外地会选择它为自己的配偶。而其余不怎么漂亮的雄鸟则过着"壁花"般郁郁寡欢的生活。

当只有最漂亮的雄性才能繁殖后代时，一种动物就会很快演化出越来越多漂亮但因此而结不了婚的雄性。最终，那些雄鸟就会变得不再能飞、不再能保持蛋的温暖或履行任何有用的职能。除了在那些雌鸟面前神气活现地到处炫耀自己的美之外，它们一无长处。

黑松鸡有着许多属于松鸡亚科的亲戚。松鸡亚科的成员们逐渐演化出了羽毛长得越来越漂亮的雄鸡。榛鸡代表着松鸡亚科的雄性朝纯装饰化方向演化的第一阶段。这种松鸡中的两性的体表色都是能起伪装作用的朴素的色彩，两性个体在外表上看起来很像。在出生后第一年的秋天，在求爱仪式中，年少雄榛鸡的表现就像雄黑松鸡的一个笨拙学徒。它张开其末端垂向地面的一对翅膀，嘴里发出"咻—咻哞律—咻咻—咻哞"的叫声，并使眼睛上方亮红色的鸡冠膨胀起来，这样，鸡冠就能露出于羽毛之上了。

在做完求爱炫示之后，雄榛鸡看起来就像平常一样朴素，其举止也就像平常一样谦逊了。因此，雄榛鸡的存在并不会对配偶、巢及幼崽构成威胁。在6个月婚期后，雄、雌榛鸡就要到下一年的春天才交配了。在6个月婚期中，它们是在一起度过的。在交配后，它们会一起抚养7～10只雏鸡，并互相保持忠诚直到其中一方亡故为止。

雷鸟代表着松鸡亚科朝纯装饰化方向演化的第二阶段。雄雷鸟的羽毛总的来说仍然是朴素的，但它已经拥有一排较大的黑白相间的羽毛。此外，与雄榛鸡不同的是，雄雷鸟并不是私下里向某只雌鸟求爱，而是在春天里许多只雄鸟聚成一个个群体，并为吸引雌鸟的注意而互相竞争。

雄鸟在约定的地方聚合成群，并像马戏表演者一样向雌鸟展示自己的美，这种展示行为就叫作竞技场行为。

每一只雄雷鸟都会选择一块岩石、一丛灌木或者当地地形中别的向上凸起的地方来作为据点。与雄黑松鸡只是进行虚拟性的战斗不同的是，雄雷鸟们则会为了不让别的雄雷鸟靠近自己的据点而真的互相打斗。在演化的这一阶段，雄雷鸟的打斗行为并没有完全仪式化。

在求爱炫示活动中，雄雷鸟会将翅膀拍得呼呼作响，盘旋上升到约40米外、10米高的空中并飞出一个大圆圈，而后像一个回旋镖一样返回自己的据点。当它在空中飞行时，它会制造出尽可能多而响的噪声，而后在"阿尔尔尔"的尖叫声中着陆。雄雷鸟们的据点彼此隔开一定距离。这样，为了确保雌鸟能看到它并知道它在寻找配偶，每一只雄雷鸟都必须来来回回地飞并制造噪声。

当一只雌雷鸟选择一只雄雷鸟作为配偶时，那只雄雷鸟就会远远地跟着它。相对于理想的伪装色来说，它的羽毛已过于华丽，但又没有华丽到会让飞在它附近的雌鸟被天敌发现的程度。由此，起初，那对雷鸟可以说是过着一种远距离的婚姻生活。后来，雌雷鸟会独自筑起一个巢，而且，在 21~24 天后，它会产下 6~10 枚蛋并开始孵蛋。在雌雷鸟孵蛋期间，雄雷鸟则会在一定距离外站岗放哨。它会做好保卫家园的准备，并设法转移大型肉食动物对那个巢的注意。

幼鸟孵化出来后，雄雷鸟就会退到离家更远的地方，这时正是它换秋季羽毛的时候。在一两个星期之内，它会完全消失不见。一两个星期后，它就会长出一身伪装功能极好的新羽毛。当它的体色像它的妻子一样单调朴素时，它就会回到它们的已几乎完全长大的孩子们身边。这时，它们就可以在不会给妻儿们带来生命危险的情况下安然地与它们待在一起了。

雄雷鸟显然是能自觉意识到这一点的：羽毛改变了颜色后，它再回到巢里就是安全的。推测起来，大概是它被家吸引的本能感觉的起伏，决定了它会离那个巢有多近。通过自然选择，这种情感上的波动已变得与羽毛的颜色的变化相关联了。

到冬季，所有的雷鸟都会第三次长羽毛——长出一身让它们能与白雪相容的雪白的羽毛。

北欧雷鸟、黑松鸡、流苏鹬代表着雄性向美而无用（指除吸引异性外无他用）方向演化的下面几个阶段。当然，这几种动物中的雄性还远不足以代表雄性之美的终极阶段。北美大草原上的艾草榛鸡中的雄性，其外表就比上述几种雄鸟还要壮观得多。雄艾草榛鸡在一个 800 多米长、200 多米宽，大小可与古罗马圆形大竞技场相比的竞技场上相会。在那个大竞技场中，会有约 400 只雄艾草榛鸡聚集一堂。

每只雄榛鸡都会在竞技场中圈出一块自己的领地。它会展开尾羽，将双翅像一个盾牌似的罩在自己的面前，并鼓起喉部巨大的白色气囊。它颤抖着白色羽毛，发出一种可以听得见的声响。而后，两个橙子大小的橙色肿块就会鼓出于它的胸部羽毛之外。在艾草榛

雄艾草榛鸡是这个世界上唯一会在求爱炫示活动期间在胸前出现两个"乳房"状物的雄性动物。

鸡中，是雄性而非雌性拥有这样的"乳房"。

突然，雄艾草榛鸡发出一声刺耳的尖叫，那尖叫在300多米外的草原上还在回响。它膨胀的身体像一个被刺破了的气球似的一下子瘪了下去。接着，这样的游戏又会一遍遍地从头再来。

在竞技场中心站着4只"大师"即最常被雌艾草榛鸡们选作配偶的雄性。它们占了74%的雌性作为自己的交配对象。当它们精疲力竭时，就会有6只"副大师"级的雄性占有余下的13%的雌艾草榛鸡。另13%的母鸡则会选择级别更低的为配偶。在竞技场中的约400只雄艾草榛鸡中，约350只是根本没有机会与任何雌艾草榛鸡交配的。

显然，这些膨胀的雄性"羽毛球"（喻指高等级雄艾草榛鸡）是不能成为合适的婚姻伴侣的。在与一只雌性交配过后，它们就不会再理睬它，并马上将注意力转向下一个。而在此期间，那些已经交配过的雌艾草榛鸡则会自顾自地离开，去找个地方筑巢、下蛋并抚养它们的雏鸡。

一只雄鸟与雌鸟们相处得越好，它在没有雌鸟相伴的情况下也就能生活得越好。雄艾草榛鸡能成为合适配偶的可能性甚至比雄黑松鸡更少。

也许这听起来像个悖论：这些鸟中之所以会出现这种无用却外表华美的花瓶式雄鸟，其原因却在于雌鸟自身，因为那些雌鸟只对雄鸟的姿态和羽毛的形式美感兴趣，却不管其力量、飞行能力或生存技能如何。而且，它们也不看重雄、雌个体间的亲和感。雌鸟们喜欢华而不实的雄鸟的趣味加速了雄鸟朝此方向演化的速度，并由此很快创造出了既不能飞，又不能保卫家庭，也不能孵蛋的，除了吸引异性外什么都不会做的雄性。

由此可见，在生物演化的过程中，生物并不总是变得能更好地与它们所处的环境相适应。通常，天敌、竞争对手、气候条件以及其他环境因素在支配着自然选择。但在某些罕见的情况下，像雌性关于雄性美的理念这样的因素也会对自然选择起作用。当这种情况发生时，一种动物就会演化出实际上对生存斗争不利的特征。

作为人，知道（形式）美与（实际）功利因素都在控制着演化，这是会让爱（形式）美的我们感到愉快的。不过，从另一方面看，如果一种动物演化出太多对生存不利的特征，那么，它就会走向灭亡。对我们人来说，记住这一生物学规律是意义重大的，因为就像艾草榛鸡一样，人也并不总是能用一种可确保人类的物种安然生存下去的观点来控制我们的社会。实际上，我们反而在被那些最终会危及我们生存的社会与政治理想及其合理性理论所控制。

应该为剑齿虎的灭绝负责的，就是其巨大的尖牙。这种尖牙足有 11 厘米长。在装备了这么长的尖牙后，剑齿虎的双颌就不再为其基本目的——杀戮与吃食——服务了。雄剑齿虎演化出这种奢侈的装饰很有可能只是为了取悦雌虎。

在上一个冰期的末尾，雄大角鹿的两个角的两个顶端间的距离超过 3.5 米。那时，欧洲的地貌就像现在的北极冻原。除了作为等级的标志外，这种巨大的鹿角毫无用处。后来，当广大的森林又重新覆盖这块土地时，那些曾令雌鹿们印象如此深刻的巨角就使得拥有它的雄鹿无法在茂密的森林中生存下去了。结果，这种动物就灭绝了。

此外，恐龙很可能也是因为同样的性选择而演化出了那么巨大而笨拙的身体，这种不适应生存需要的演化必然会导致它们的灭绝。

当一种动物演化出不切实际或不利于生存的特征时，它是会必然灭亡呢还是会有办法逃脱灭亡呢？换句话说，雄性的外表美是不是就注定了一种动物的灭亡呢？

在所有的鸟中最漂亮的要数孔雀、大眼斑雉、华丽琴鸟及极乐鸟家族的鸟儿。由于某些原因，这些外形完美的鸟栖息在肉食性动物相当少的一些地区。只有在新几内亚、北澳大利亚及周围的一些海岛上才能见得到极乐鸟。

在描述这些最可爱的鸟时，托马斯·吉利亚尔（E. Thomas Gilliard）说道：雄鸟们占领用来求爱的领地，张开尾羽和状如斗篷、扇子、拖地长裙或篱笆的羽毛，以及色彩缤纷的冠为雌鸟们表演奇妙的把戏。[1]它们还常常将喙张得大大的以展示喙内绿色或乳白色的表面。在展示它们的美的期间，那些鸟会将身体伸得尽可能高，并或前或后地跳着舞；它们还会在自己停留的树枝上来回兜圈子，并左右摇摆着身体，甚至将身体倒挂在树枝上。有些雄鸟会慢慢地打开自己的羽毛，就像一朵花张开花瓣；另一些鸟则会不断地开开合合扇状羽毛、柔软的须状羽毛或明亮的盾状羽毛。萨克森极乐鸟会展示自己巨大的旗状羽毛，阿法六线风鸟在下层林丛中跳舞，其他种类的极乐鸟会绕着细长小树的树干做体操表演。极乐鸟属的鸟则会挥舞着宛如飘动的裙尾的羽毛。

极乐鸟有约 40 种。这种鸟表现出了与松鸡亚科一样的演化倾向，即不断变得更美丽的倾向。包括多冠风鸟、绿胸辉风鸟、号角鸟在内的一些鸟则没有演化出羽毛色彩华丽的雄鸟。这些鸟可能是从乌鸦演化过来的，其中的雄鸟看起来相当朴素，雄鸟与雌鸟也很相似。

　　　　　　　　　　　　相杀相爱：两性关系的演化

因而，在交配后，雄鸟与雌鸟是继续待在一起并终身过一夫一妻制生活的。

不过，与某些色彩缤纷的雄黑松鸡一样，色彩更华丽的雄极乐鸟也不满足已有的美丽，而是都想要比别的同类雄鸟更美丽。它们并不试图在力量上胜过别的鸟，而只是试图在外表美上取胜。它们相聚在竞技场上，举行公开的集体性求爱活动，以此来挑战自己的对手。

那些在竞技场上求爱的比较朴素的鸟中，有一种叫十二线极乐鸟的鸟。实际上，与大多数鸟相比，它们已远远不能说是朴素了。它们的体形就像柠檬黄的暖手筒。它们长着棕色的小尾巴和黑色的小脑袋，但它们的脖子上则装饰着土耳其石色和绿宝石色的环。天刚破晓的时候，这种鸟中的"王室高级管家"中的一只会飞到新几内亚丛林中的某一棵高树上并停留在那儿，而后发出会把邻居们吵醒的叫声。很快，其他的雄鸟也学它的样飞到并停在其附近的树上。

有时，雄鸟们会间隔几百米。或许，它们看都看不到对方。不过，它们还是能听到彼此的叫声，而对手的叫声会刺激它们去表演求爱舞。由于它们互相隔得很远，因而，它们的竞技场炫示行为可作为雄性炫示行为的代表。

大极乐鸟是那种在较小的竞技场中表演的求爱舞艺术大师。雄大极乐鸟就像一个裹在雪白的雾一样的薄纱中的、蓬松的金色羽毛球体。一旦有一只成年雄鸟兴奋地颤抖着张开羽毛并开始在树枝间来回游走，就会有许多年轻的雄鸟聚集在它的周围。在这个年龄段，年轻的雄鸟看起来还不像成年雄鸟那么壮美。那些热情的学徒也在努力模仿它的优美动作。

大极乐鸟是在天亮之前表演的。雄大极乐鸟用亮丽的羽毛装饰自己并以此取悦雌鸟，但它们却在矮树丛下藏起自己的亮丽，只在太阳升起、阳光能照在羽毛上之前，或在丛林中昏暗的树荫下跳舞，这种现象看起来似乎是个悖论。也许，它们是怕自己的美会引起肉食动物的注意。然而，由于它们只敢在昏暗光线下跳舞，因而，为了能给雌鸟们留下深刻印象，它们的羽毛又必须尽可能亮丽。由此，它们陷入了一个恶性循环。

竞技场求爱活动的另一种艺术大师是红极乐鸟，这种鸟看起来就像一道由红、黄、绿、棕、黑五色羽毛组成的迷人瀑布。多达40只的这种美丽的鸟儿会同时在丛林中的树上表演芭蕾舞。那些鸟会在树枝间互相追逐，而后突然停下来并摆个姿势——在身体上遮上一块块由羽毛组成的如火焰般醒目的"面纱"。

那些身材小巧的土褐色雌鸟会长时间地看着这种表演但不表现出一星半点儿的兴趣。它们似乎已厌倦于这种冗长乏味的羽毛展示。若想要一只雌鸟走向它并选择它为配偶，那雄鸟就必须来上一段真正精彩的表演。

有些新几内亚原始部落的人对极乐鸟的集体求爱舞的印象是如此深刻，以至于他们会在部落性仪式中模仿。男人们会用极乐鸟羽毛装饰自己，并在类似竞技场的地方跳模仿极乐鸟的求爱舞。其中，那个羽饰最漂亮的男人就是对部落中的年轻女子最有吸引力的男人，尽管那个男人本身可能并不如他的对手们强壮，也不如他们英俊。

极乐鸟会连续几十年都在同一场所跳求爱舞。现在，各个巴布亚人家族都拥有了那些鸟在其中展示自己的合意的土地。这样，那些势力最强大或拥有土地的巴布亚人家族的男人就有办法得到最多最好的极乐鸟羽毛了。因此，那些在竞技场上装饰得最漂亮的男人实际上也就是部落中最富裕也最有影响力的男人。换句话说，新几内亚的女人也非常像世界上到处都有的那种被财富与权位所吸引的女人。

自然，最华丽的极乐鸟是那些被肉食动物和人类攻击得最频繁的极乐鸟。因而，让我们回到原先的问题上去：如果一种动物因其雌性一时的审美情趣而导致它演化出了不利于生存的特征，那么，对这种动物来说，会发生什么后果呢？简明一点说，极乐鸟是否已命中注定要灭绝了呢？

答案是：不，这种鸟不会走向灭绝。托马斯·吉利亚尔相信：那些与极乐鸟有亲戚关系的鸟就是具有传奇色彩的造亭鸟（园丁鸟）的祖先。[2] 也就是说，极乐鸟已经在朝着一个新的方向演化。

从特征上看，有些极乐鸟处于极乐鸟与造亭鸟之间，也就是说，它们是介于这两者之间的过渡性鸟类。其中包括雄鸟能像直升机一样绕着小树的树干盘旋的丽色风鸟以及瓦岛丽色风鸟。比上述两种鸟更接近造亭鸟的鸟种是阿法六线风鸟，这种鸟中的雄鸟会等着雌鸟靠近，而后飞到地上来表演"芭蕾舞"。它会张开黑色羽毛，让那些羽毛在自己的身体周围形成一个像芭蕾舞女们穿的那种撑开的短裙似的圆形的扇状造型，而后，先往前跳两步又往后退两步，接着，又很快地做圆周状旋转。在表演舞蹈之前，这三种极乐鸟中的雄鸟都会花一定时间来清理一下它们跳舞的场地，如清除那些会挡住雌鸟们视线的植物。它们还会摘掉自己头顶上方树枝上的所有树叶。它们的"舞台"的直径有 5～7 米，高度可达 10 米。这样，雄鸟就可在雌鸟的完整视野中，在通过无叶子阻挡的树枝泻下来的、会照亮其亮丽羽毛的"聚光灯"似的太阳光束下，展现舞姿了。这种特殊的照明技术使这种极乐鸟中的雄鸟不必具有那些只在丛林里昏暗处跳舞的极乐鸟所具有的亮丽色彩。

由此可见，行为模式的变化可以阻止一种鸟朝着羽毛越来越亮丽的方向演化。

除极乐鸟外，一些别的鸟也已经发展出了有助于阻止朝着羽毛越来越亮丽方向演化的那种行为模式。实际上，这种行为模式已经使得那些鸟演化出较为朴素的色彩。

采摘叶子是雄鸟的极为重要的行为模式。显然，为了帮助自己的配偶筑巢，一只雄鸟必须能摘草采叶并将它们编织在一起。那些非常漂亮的雄鸟已经失去筑巢的能力，或者，更确切地说，它们的筑巢本能已处于睡眠状态。

在丽色风鸟和阿法六线风鸟中，雄鸟们的采摘叶子冲动已得到恢复。这些鸟会花大量的精力来清理一块直径有 5 ~ 7 米、高达 10 米的空间中的树叶。当然，与筑巢相比，这只是小事一桩。

采叶冲动是筑巢本能的一种变异形式。在造亭鸟中，我们可看到这种冲动给当事动物的演化所能带来的影响。

在丽色风鸟与阿法六线风鸟后，造亭鸟代表着雄鸟们朝着色彩更朴素方向演化的下一个阶段。

雪山亭鸟（雪山园丁鸟）是造亭鸟中的一种。这种鸟会为自己准备好一块直径两三米的用蕨类植物做衬垫的求爱场地。雄雪山亭鸟每天都会收集枯叶，并将它们加到环绕着求爱用庭院的那堵墙上。最值得注意的是，它会在那堵墙顶上堆上许多"珍宝"——一串色彩亮丽的浆果、许多闪着彩虹般色彩的昆虫盔甲、蜗牛壳、树脂块、烧焦了的木块、兰花或其他的花。在这种鸟中，雄鸟自身之外的物体的美，开始作为雄鸟自己的羽毛的美的替代物而起作用。

属于极乐鸟的丽色裙风鸟也表现出了爱好装饰的倾向。这种鸟中的雌鸟们会用蛇蜕下来的整张蛇皮来装饰鸟巢。不过，它们是真的喜欢蛇皮看上去的样子还是只是想借此吓跑其他的蛇——这一点尚不清楚。

造亭鸟共有 18 种。筑塔的造亭鸟不会满足于只是用树叶或蕨类植物来给它们的庭院加上衬里，这些鸟会真的造起一座座塔来。澳

极乐鸟演化出了越来越华丽的装饰性羽毛：（1）像乌鸦的号角鸟。（2）十二线极乐鸟。（3）红极乐鸟。（4）所示的阿法六线风鸟代表着极乐鸟与造亭鸟之间的一种过渡形态。造亭鸟逐渐演化出了构建越来越精致的凉亭或求爱区域。由于其所筑的凉亭已能吸引雌鸟，因而，雄鸟本身就可以相对朴素一点了。（5）所示的是黄褐色金亭鸟。而（6）所示的则是看起来很朴素的棕色斑点造亭鸟。

大利亚北部的金亭鸟会围着一棵小树的树干堆起成堆的树枝，并将它们编成 3 米高的塔。以身高比例来换算，这样的塔已相当于人类所建的 80 米高的塔。

就像美国纽约曼哈顿的商家们竞相要盖比对手更高的摩天大楼一样，雄金亭鸟们也都努力要将自己的塔造得比邻居们的更高更精美。这些雄鸟仍然在某种竞技场中竞争着，只是，它们是在**用建筑而非羽毛来竞争**罢了。

有些造亭鸟会造上几座互相并立的塔并用其上装饰着漂亮东西的小枝条组成的墙将它们连接起来。另一些造亭鸟则会造出状如美洲印第安人圆锥形帐篷的房子。那些房子内部空间很大，房子门前还设有起保护作用的障碍物。

这些建筑奇观并非雌鸟会在其中下蛋并育雏的家巢，而是仅用来求爱与交配的爱巢。若雌鸟也参与筑巢的话，那么，毫无疑问，它们就会造出某种更为实用的鸟巢。

用这种漂亮建筑物及其装饰来炫耀雄鸟身体的美是效果最好的。不过，那些建筑物要比建筑师本身壮美得多，因而，身为建造师的雄鸟的外貌就相对不重要了。因此，那些雄鸟就有条件让自身的色彩朴素一点了。

尽管雄造亭鸟与雄极乐鸟相比已显得朴素了，但它们仍非合适的婚姻伙伴。两只鸟刚交配完，雌鸟就会立即飞走，并会像任何一种别的鸟一样去筑起一个朴素、普通的巢，而后独自一个在那里养自己的雏鸟。

黄胸大亭鸟会在土里塞上几千条小棍子和小枝条，并用灯芯草将它们编成一堵坚固的墙，而后用草给那个围栏加上衬里。

相杀相爱：两性关系的演化

雄缎蓝亭鸟还会"油漆"自己的凉亭状建筑物的内部。它会取一张树皮或干叶并将其中的一边打磨平整。然后，它会将那张树皮或树叶含在嘴里，拿它当刷子来用。根据所属亚种的不同，不同亚种的雄缎蓝亭鸟会使用蓝色或绿色的"油漆"。它会用在浆果汁中混入唾液的办法来制造"油漆"。当嘴里的"油漆"已备好后，它会以让打磨过的那边朝下的方式用嘴含着那把"刷子"，并让嘴里的"油漆"流向刷面。接着，它就会用刷子打磨过的一边沿着墙上下来回地刷动起来。

雌造亭鸟选雄鸟做配偶时并不是看它的个头、力量或性格，而是看它构筑爱巢的技能、勤奋程度和创造性。

造亭鸟的造亭技能对它们的生存能起到多大作用呢？如果有一种鸟将艺术性技能当作至高无上的东西加以尊崇，而不像人类中的大多数那样更看重物质利益，那么，对人类来说，这岂不是一个讽刺吗？

遗憾的是，在造亭鸟的艺术成就中，体力起到了重要作用。如果一个造亭鸟建筑师技高、勤奋但体力差，那么，它想要吸引雌鸟的努力还是会以失败而告终。就像所有的邻居一样，造亭鸟的邻居们也往往是嫉妒其他鸟的。如果一只体力强的造亭鸟看到一个体力不如自己的邻居造起了一个比自己的更高更漂亮的建筑物，那么，它就会走过去将其弄破并推倒。

建筑越复杂、装饰越富丽，作为建筑师的雄造亭鸟的羽毛的色彩也就越朴素，因而，它的羽毛所能给它提供的伪装效果也就更好。

雄造亭鸟会跳相当复杂的求爱舞蹈，包括一些传统舞步、跳跃和翅膀动作在内。不过，在跳舞时，雄造亭鸟并不展示红色的喉部羽毛或鸟冠，而是在嘴里噙着一大串红色浆果。这种行为是求爱中的喂食行为的一个变种。在造亭鸟中，复杂的行为模式已经取代了身体的外在形态和诱使雌鸟们来交配的其他类型的性信号。这样，造亭鸟的演化方向已使得极乐鸟可避免走向灭绝之路。

欧洲大角鹿已经灭绝了，但它的后代——现代鹿则没有。现代鹿与造亭鸟的生存状态表明：不利于物种生存的形态特征的出现并不必然会使物种遭受灭绝的厄运。就像雄极乐鸟一样，雄造亭鸟也一直在为了给雌鸟们留下深刻印象而不断演化出越来越壮观的炫示活动。雄造亭鸟的确表现出了朝着越来越复杂的炫示方式发展的倾向，但这种倾向是通过创造出某些可以独立于雄鸟自身之外的物品的方式表现出来的。

数千年之后，现在的造亭鸟的后代们也许会再次选择"结婚"并终身与自己的配偶生活在一起。雄造亭鸟的土褐色羽毛已不会对那个巢构成威胁，因此，在未来某个时候，它们没有理由不与雌鸟共担养育幼鸟的责任。

正在朝一夫一妻制方向演化的造亭鸟是极乐鸟的一种较晚近的品种。这一事实表明：在鸟类中，一夫一妻制并不像初看起来那样，是两性关系的一种"倒退的"形式。

第十五章

围场中的求爱

火鸡的性独裁体制

我已讨论过雄性动物用增强自身或所造之物的美来吸引雌性的多种办法。20世纪70年代，动物学家们发现：有些雄鸟会以保有并支配一伙雄性"马仔"的方式扩大自身的魅力。[1]火鸡的社会是真正的专制社会。

在美国得克萨斯州南部科珀斯克里斯蒂镇附近的威尔德野生动物保护公园中的沙漠里，我们可看到这样的情景。火鸡群中的"李将军"与它的三个兄弟——约翰、吉姆与杰克一起在沙漠里迈着正步，就像四艘满帆而行的航船。它们快步走过干燥的地面，走向一个由52只母火鸡组成的母火鸡群。一路上，它们翘着尾羽，张着翅膀，而翅膀的边缘已碰到地面，鼓起喉部的红色垂肉，并响亮地"咯咯"地叫着。

在它们前方左右两翼，另外两个各由3只公火鸡组成的火鸡群也在朝那群母火鸡步步逼近。与此同时，在它们的后方，几个"两鸡小组"及许多单只的公火鸡也在竭尽所能地用它们的雄壮身姿和步伐来给那些母火鸡留下深刻印象。不久，火鸡首领"李将军"及其三个兄弟就像一个准备与敌人交战的舰队一样靠近了那个离它们最近的"三鸡小组"。当"李氏兄弟"保持着队形来到离它们不到4米远的地方时，那三只公火鸡就不战而降地降下了"旗帜"——它们乖乖地收起了自己的翅膀，看上去一下子变小了许多，并显出一副垂头丧气的样子，而后，蹑手蹑脚地走开了。

"李将军"及其同伙只不过是向其他火鸡组合靠近就立刻迫使它们全都认输了。那些输了的火鸡立即撤退到了胜利者所走的路的边界线之外，并眼巴巴地看着它们走向那群母火鸡。

像印第安人中的酋长们一样，"将军"和它的三个兄弟威风凛凛地在母火鸡群中走来走去。终于，"将军"看到了喜欢的一只母火鸡并开始向其求爱。与此同时，它的三个兄弟也环绕着那只母火鸡，并张开了翅膀和羽毛，像它们的盛气凌人的"老大"一样热情地"咯咯"叫着。那几个小兄弟当然完全明白它们是不会被允许与那母火鸡交配的。它们并非为了自己，而只是想要抬高它们大哥的威望。

正当"将军"与那母火鸡开始进行那持续四五分钟的交配仪式时，一只浣熊突然从一个矮树丛中跳出来。那些命里注定只能站在母火鸡旁边看着的别的雄火鸡看到了那一危险，它们立即在母鸡与"将军"的前方排成了一个战斗队形。它们拍打着翅膀，朝浣熊凶狠地"咯咯"叫着，并表现出一副要用自己的喙和脚上的尖刺与那个敌人决一死战的样子。不久，它们就赶走了浣熊。在此期间，那个"将军"继续平静地享受着它的幸福。

在接下来的4个星期中，同样的情景一而再，再而三地重复着。

　　　　　　　　　　　　　　　　相杀相爱：两性关系的演化

聚集在那52只母火鸡周围的公火鸡共有31只，但有机会与那些母火鸡交配的却始终只有那位"李将军"。它一个接着一个地与母火鸡们交配。只要它出场，所有其他的公火鸡就会像电影中的临时性群众演员那样站在一旁。

偶尔，会有一只站在母火鸡群远处一侧的公火鸡试图偷偷摸摸地爬骑到母火鸡身上。但那个兄弟"四人帮"就立即会朝那不守规矩的家伙冲过去，并迫使它安分守己。在交配之前，火鸡总是要在求爱仪式上花上4分钟。这样，在"马仔们"的协助下，那个"将军"就总是能够抽出一些时间去镇压叛乱，而后再赶回到它的新娘身边。等它把叛乱者教训一顿后，母火鸡就已在情感上做好交配的准备了。由此，那些叛乱的公火鸡在无意中起到了帮母火鸡与公火鸡老大实现与性有关的身心状态同步化的作用。除了间接起到使母火鸡们做好交配准备并保护它们免受敌人攻击外，那27只公火鸡就不再有其他用场了。

"将军"的三个兄弟也是注定得节制性欲的。它们的任务是帮助老大维持其凌驾于所有别的公火鸡及其组群之上的、至高无上的地位，并帮助它向母火鸡求爱。由此，公火鸡的性行为很像人类中的"摩托帮"的行为：在这种帮派中，低等级的成员们都得驾着摩托车来回运动并炫耀帮主的势力，以此来帮助那个帮主向他的女友求爱。

这个得克萨斯南部的野生火鸡的社会是由一群奴隶和一个独占群雌的全能统治者组成的。一个雄性与52个雌性交配，而别的30个雄性只能无望地站在旁边看着。而且，没有一个雄性曾经真正像模像样地反叛过。那个老大甚至无须动用真正的战斗就能打败它的对手。它只需摆出一副统治者的架子并显出一副胜利者的样子。

"李将军"当初是如何获得并掌握群落统治权的呢？为什么别的公火鸡就不敢反抗它呢？为了回答这些问题，罗伯特·瓦茨（G. Robert Watts）与艾伦·斯托克斯（Allen W. Stokes）研究了野生火鸡的生活。[2]

母火鸡会下多达14枚的蛋，而后伏在那些蛋上直到孵出小火鸡。至此，只要知道公火鸡是不能帮母火鸡筑巢、孵蛋与育雏的，读者对火鸡的婚姻心理就会有足够了解。显然，公、母火鸡之间是不可能结婚的。当然，那些母火鸡本身已足以履行雌性在婚姻中的义务。在动物界，不能成为合格的婚姻伴侣的只有雄性。

在4月初，雏火鸡就会出壳。在最初的几个星期中，肉食动物的捕食及严酷的气候条件会使雏火鸡数目减半。不久，火鸡母亲就与其雏鸡们结成了一个个小群体。不同母亲的小火鸡群之间常常打架，此时取胜的群体就是其中小公火鸡数量最多的那一个。一个6雌1雄的小火鸡群的战斗力要比一个1雌3雄的火鸡群弱得多。在这个年龄段，在体力上，小公火鸡与小母火鸡是一样大的，但公火鸡的攻击性则要比母火鸡强得多。那些身为母亲的火鸡从来都不插手孩子们之间的争吵。

在12月初，所有的小公火鸡就都会离开母亲和姐妹，并开始与自己的兄弟们生活在一起。它们对自己的母亲和姐妹的依恋就从此消失了。取代这种依恋的是它们对雌性的轻蔑，当然，在以后的生活中，它们的这种态度又会定期地屈服于性的冲动。从此以后，公火鸡就会只对自己的兄弟感到亲近。两个、三个、四个或有时达五个的兄弟会终身互相忠诚。如果某一窝雏火鸡中只有一个兄弟活了下来，那么，它就会始终独处，因为在火鸡中，是不会有任何一个外来者被别的组群接受为兄弟的。不过，所有由兄弟关系组成的小群又都属于一个由所有小公火鸡组成的更大的群体。

就像许多需要出气筒的雄性动物一样，年少的公火鸡也会投入多得数不清的战斗。这些战斗决定了每只公火鸡在它后来的生活中的社会地位。首先是兄弟之间为兄弟帮内的最高地位而战，它们拍着翅膀、用爪猛击对方并用喙猛刺对方的头和脖子。这样的战斗始终是公平的，因为在火鸡中，绝不会有两个兄弟结成帮派来共同对付另一个兄弟这样的事。

除了在战斗期间火鸡会使用它们的垂肉这一点之外，公火鸡之间的战斗很像一个养鸡场中的公鸡之间的战斗。很多人都对公火鸡的垂肉有什么用感到奇怪，因为除了会妨碍其吃食外，那块垂肉似乎就起不到任何作用。垂肉是极为坚韧的东西。当两只公火鸡打架时，它们都会用嘴咬住对方的垂肉，而后尽可能猛烈地将它扭来扭去。有时，一场战斗会持续两个多小时。直到对手之一精疲力竭，战斗才会停止。作为投降的标志，它会躺在那个胜利者的面前并伸出头和脖子以使之也能平躺在地上。在呈现这种姿势的状态下，如果另一只火鸡选择猛刺它的喉部的话，那么，它是很容易被杀掉的。不过，那个胜利者是不会杀自己兄弟的，因为以后它会需要兄弟来打仗并帮它向母火鸡们求爱。

直到家庭内部的管理权和地位等级秩序已经建立起来，兄弟之间的战斗才会结束。接下来的就是兄弟帮与兄弟帮之间的战斗。动物之间的战斗很少有像火鸡兄弟帮之间的战斗这么凶猛的。在帮际战斗中，火鸡之间的战斗就不会以公平的一对一的方式进行了。这时，同一帮派的两三只公火鸡就会一起攻击另一帮派的一只公火鸡。

因此，群落内最大的组群——通常是个"四人帮"——就总是能打败所有其他的组群。

一旦等级秩序建立起来后，一个火鸡群就会生活在一种"罗马治下的和平"之中。这时，那些鸟儿就不必再打来打去了。即使兄弟之间的相对实力出现一些变化——例如帮内有某个兄弟死了——火鸡之间也不会改变原有的等级秩序。

在得克萨斯沙漠中，火鸡的死亡率是很高的。每年都会有40%的火鸡死亡。"李将军"的两个兄弟在还是雏鸡的时候就死掉了。在那一年稍晚一些的时候，约翰与杰克也死去了。现在，"李将军"就只剩下一个兄弟了。它不再比群落中的那些兄弟"三人帮"更强势了。尽管这样，在它去世之前，它还是一直保持着老大地位。在它去世后，其余的兄弟帮之间才开始重新为争夺最高统治地位而战。

火鸡社会中的统治者是最不可能死亡的，因为它总是与母火鸡们待在一起，而它的食物供应也总是最丰富的。它的部下的处境则要危险得多了，因为它们得站在离那些母火鸡有一定距离的地方去保护它们，使它们免遭肉食动物的侵犯。

在两性关系上，火鸡社会是一个实行**一雄独占群雌**的**彻底专制**的社会，而那个雄性独裁者既不一定是最强壮的也不一定是最漂亮的。这种社会是通过独裁者的下属们的自我牺牲式的劳动而得以维持的，这种社会中的下属们的自我牺牲行为会让人想起昆虫国度中的居民们的相应行为。在动物界，为什么会出现这样的社会呢？

当一种动物所处的环境中**食物缺乏**或幼崽过多以至于身为母亲或父亲者**单靠自己不能养活幼崽**时，为了能生存繁衍下去，这种动物就必须演化出**一夫一妻制**。美洲鹌鹑就是这种动物的一个实例。

相杀相爱：两性关系的演化

而当**食物丰富**时，一种动物就可能演化出**多偶制**（通常是**一夫多妻制**），而其中的雄性则会表现出竞技场炫示行为。

对决定一个动物社会的婚配习俗也会起到一定作用的另一因素是**地形**。对生活在其中有许多藏身之处的地区的动物来说，如果它们以单个独处或两个共处或很小的组群形式生活在一起的话，那么，它们就会是最安全的。这样，它们就不会有寻找庇护所或筑巢处的麻烦。群体大会引起肉食动物们的注意。北欧雷鸟与流苏松鸡就是以小组群的形式生活的两种动物。

流苏松鸡实行的是一种"远距离"婚姻。即使雄流苏松鸡的羽毛并不亮丽因而不会给雏鸡们带来危险，它还是会待在离巢有一定距离的地方为自己的家庭站岗。不过，它完全能照料幼崽。如果配偶死了，那么，雄流苏松鸡就会自己孵蛋直到雏鸟孵出，并自己抚养。

草原所能提供的庇护所要比森林所能提供的少得多。在草原上，许多鸟都会聚集在少数有足够的庇护所供它们筑巢与育雏的区域。由此，在这些地区，大多数的鸟都是以大群体的形式生活的。例如，草原榛鸡与织巢鸟都是以大群落的形式生活的。

得克萨斯沙漠可以提供丰富的食物，但它所能提供的庇护所很少。这样，环境条件就有利于像火鸡这样实行一夫多妻制的大型社会的发展。然而，为什么火鸡实行的是（季节性的）一夫多妻制而不是后宫制呢？

气候是影响动物社会中的婚配习俗的第三个因素。南得克萨斯很少下雨，而且何时下雨也没个规律。不过，在一场暴风雨过后的短暂时期内，植物与昆虫倒是长得又多又快。火鸡们必须在这个食物丰富时期养育孩子。而这意味着：天一下雨，母火鸡们就得做好交配与下蛋准备。一只母火鸡必须尽可能快地在情感与生理上与配偶同步化。当一群像"李将军"及其兄弟那样的公火鸡一起向一只母火鸡求爱时，它们几乎立刻就会达到这种同步化。

火鸡的行为随气候不同而不同。即使环境中的一些小变化也会导致火鸡社会中的社会秩序发生重大变化。

在美国佐治亚州的森林里生活着另一种火鸡。森林是不利于大型的动物社会的发展的。因而，那里的火鸡是以小组群形式生活的。在佐治亚，一只公火鸡只拥有一两只或最多三只母火鸡，而且，在交配后，公火鸡与母火鸡就分开了。那里的公火鸡是不可能结婚的。

生活在美国俄克拉何马州的火鸡们所建立的是第三种社会秩序。它们所生活的大草原上的气候不像得克萨斯的那么干燥。这样，公火鸡们就没有必要在暴风雨一开始时就与母火鸡们交配了。

俄克拉何马的公火鸡们也试图建立与其南得克萨斯的亲戚们所建立的同样的独裁统治，但那里的母火鸡们并不总是予以合作。在俄克拉何马，下雨相当有规律。这样，母火鸡们就只是在某个特定的季节才会做好交配的准备。在一年中的其余时间，它们则会拒绝火鸡兄弟帮的求爱。当交配季节到来时，许多母火鸡就会几乎同时地发出它们已经做好交配准备的信号。这时，公火鸡们都会变得极为兴奋，以至于它们会对那个统治者的指责置之不理，每只公火鸡都会试图为自己争得几只母火鸡。独裁统治就这样瓦解了，大一统社会就此分裂成了许多由一雄几雌组成的小"后宫"或小"公国"。

第十六章

帕夏们的不幸生活

后宫或妻妾群

男人们总是希望能拥有一个后宫。仅仅这一事实就已证明：**男人们在本性上并不与一夫一妻制相适应**。然而，那些真能维持一个后宫的男人都是生活在其中的大多数人都缺吃少穿的穷国的非常富有的男人。

对动物中作为后宫统治者的帕夏们的生活，人们会有许多误解。他们以为：所有的帕夏都会搜罗上一帮雌性，然后像对待奴隶一样对待它们，并时不时地从中选出一个来与自己交配。但实际上，动物中的帕夏的生活是随着动物种类的不同而有很大不同的。

例如，在阿拉斯加和西伯利亚之间的白令海中，有个普里比洛夫群岛，群岛的海岸线上生活着一个海狗群。现在，就让我们来考察一下这个海狗群的生活。在那里的约 1 千米长的海滩上，500 多头公海狗的吼声此起彼伏、不断回响。它们的战争叫嚣甚至盖过了浪涛的声响。那些公海狗在那里徒劳地等待 8 000 只母海狗到来已两三个月之久了。在等待期间，它们不断打仗，并由此逐渐划分出一块块面积在 20～30 平方米的领地。体重达 220 多千克的成年公海狗们占据并保卫着它们的"海滩城堡"，它们彼此"狗咬狗"，直到咬出血来。它们甚至不敢暂时离开自己的小领地一会儿去捕鱼来吃。

到 6 月 13 日或 14 日，第一批母海狗终于乘着海浪朝海岸游来。见此情景，那些公海狗的战争叫嚣马上就转变成了温柔的呼唤。那些领地在海岸高处的公海狗朝着那些占据了靠海最近的据点的公海狗们嫉妒地吼着。与此同时，那些靠着海岸线的公海狗则在用"海妖塞壬般的"歌声来引诱那些母海狗向它们靠近。

在格日梅克（Grzimek）主编的《动物生活百科全书》中，阿尔温·佩德森（Alwin Pedersen）与赫伯特·文特（Herbert Wendt）曾经对接下来所发生的事情做过无与伦比的描述："在夺得一只母海狗后，公海狗就会以与此前非常不同的态度来对待它了。公海狗会以讨好的含情脉脉的音调呼唤它，直到自己已挡住那母海狗的退路，使它无法再回到水里去了。而后，公海狗会抓住它的脖子，将它拖到海滩上的领地中去。接着，公海狗又开始向另一只母海狗求爱。但在它成功地将另一只母海狗诱捕到之前，它的一个对手就已将它诱捕到的前一只母海狗诱进了自己的领地，那只母海狗就这样出乎意料地被另一只公海狗从背后夺走了。当公海狗们为了母海狗们而战时，公海狗与母海狗都会严重受伤。有时，两只公海狗会用牙咬住同一只母海狗——一只咬住它的脖子，另一只咬住它的臀部，而后，你拖我拉地来上一场'拔河'比赛。母海狗们表现得相当被动。它们似乎并不在乎自己将属于哪只公海狗。"[1]

公海狗们的"抢夺萨宾妇女"的行为会持续几天，直到数千只

相杀相爱：两性关系的演化

母海狗在岸上成为它们的囚犯。最后，每只占据了靠海的有利地形的公海狗都会拥有一个由 14~20 只母海狗组成的后宫，它必须细心守卫这个后宫以免它们逃跑。而那些领地离海岸线较远的公海狗就只好满足于一个由四五只雌海狗所组成的小后宫了。

公海狗们在岸上两三个月的等待、禁食与战斗耗尽了它们的精力。在这一时期中，它们往往会失去近 28 千克的脂肪和肌肉。而努力与雌海狗们交配则使它们更加精疲力竭。

年轻力壮的单身公海狗们居住在一个附近的海滩上。这些年轻的公海狗不断地在那个由 500 个帕夏以及它们的 8 000 个"妃子"组成的群体周围巡逻着，寻找着某只过于体弱且疲劳因而无法保卫自己领地的公海狗。有时候，一只单身的公海狗能成功地将一只体弱的较年长的公海狗赶走并接管它的领地。由此，在每一个交配季节，每一个后宫都会发生几次主人更替这样的事。

在一只公海狗正当年富力强时，它能保留帕夏身份的时间也超不过 3 年。即使是在这段时间，它也只能短期地保有它的领地。在以帕夏身份度过 3 年后，它剩下的日子就在徒劳地试图"复辟"的过程中度过了。在 7~17 岁的公海狗中，每年都有 40% 的个体被别的公海狗咬死。只有少数公海狗能活到 24 岁。公海狗的高死亡率可解释海狗中的雌雄比例为什么这么高——8 000：500。由此看来，海狗中的后宫统治者们实际上是过着艰辛而不幸的生活。它们的命运实在不值得羡慕。

公海狮就不像公海狗那么富于攻击性了。尽管如此，它们的生活也不是幸福的。与那些被粗暴对待的母海狗不同的是，母海狮一登岸就选配偶。一般说来，母海狮都是自愿与自己选择的公海狮待在一起的。

将海狗后宫内部的关系说成是一种一夫多妻的关系是不准确的，因为其中的雄性与雌性之间并不存在一对一的对子关系。海狗中其实并不存在任何形式的婚姻，即使是一夫多妻式的婚姻也不存在，因为对那个后宫雄主来说，一个雌性与另一个雌性完全是一样的。

有人可能会觉得：母海狗们到岸上来并非由于性欲的驱使，而只是因为它们得在岸上生孩子。在一年中，可供母海狗产崽的时间不过两三天。一到岸上并被迫纳入某个后宫后，它们就会生孩子；一生完孩子，公海狗们马上就会与它们交配。

母海狮也是一上岸就生孩子，一生完孩子就与它们的帕夏交配。但海狮两性间的关系与海狗两性间的关系差异甚大。作为对它选择某只特定公海狮为其帕夏之举的回报，那只公海狮会和善地对待它并给它以特别的关注。

如果未曾向母海狮求过爱，那么，公海狮就不可能与后宫中的任何一只母海狮交配。即使一只公海狮后宫中的母海狮多达20只，其中的每一只母海狮还是有望得到公海狮的追求和爱抚。那些母海狮彼此也非常友好。不过，对所有母海狮来说，那个帕夏还是有点让它们感到敬畏的，因为公海狮的个头可有母海狮的两倍那么大。只有在公海狮向母海狮至少求上24小时的爱后，母海狮才会开始觉得自己与它有了亲密关系因而愿意与它一起去游泳，这时，那两只海狮才会交配。

与公海狗不同的是，繁殖期的公海狮有时是能享受到海里去游一会儿泳的奢侈的。当然，它得防着那些单身汉来偷后宫佳丽，但在它离开时，那些母海狮并不会走失。

我已说过：攻击性在决定婚姻的形式上起着重要作用。在一种动物中，**如果雄性对同性表现得非常富于攻击性而雌性是温顺的**，那么，就像海狮中的情况一样，这种动物就会采取**一雄多雌**的**后宫制**。在海狮后宫中，母海狮之间很少会发生争吵。

人类中的女人比母海狮更富于攻击性。因此，女人们往往会彼此争吵并比母海狮们更多体验到彼此间的敌意。男人要比女人更富于攻击性。不过，男人的结盟冲动要比女人的强。如果男人之间对某些事物有着共同的基本态度，那么，他们的结盟冲动就会抵消掉较高水平的攻击性，从而使他们免于争吵。

人会努力取得攻击性与社会性结对冲动之间的平衡。不过，在两性关系上，女人要比男人更难维持这个平衡。因此，女人很少会愿意与别的女人一起生活在某个后宫中，除非她们生活在贫穷国家中并被男人给她们财富的承诺所诱惑。如果她们是在男人家里被养大并专用来给男人做奴仆的，那么，她们也会同意这种安排，中国古代就曾有这种情况。

尽管女人们有时候会被迫生活在后宫或妻妾群中，但**女人在天性上倾向于一夫一妻制**。而**男人在天性上倾向于一夫多妻制**。尽管如此，但倘若女人获得了凌驾于男人之上的政治权位，那么，她们也是会像印度西南部的马拉巴尔的恩雅尔人（Ngyars）一样实行一妻多夫制的。在波利尼西亚的某些岛上，那些在部落中占据重要地位的妇女也是可以有几个丈夫的。

海狮们不必像人类这样受这么复杂的两性问题之苦。母海狮们相处得很好，并一直保持对共同的帕夏的忠诚，只要帕夏在性方面不让它们失望。海狗们必须在多岩石的不舒服的海滩上交配，因为在这样的地方，公海狗才能防止母海狗逃跑。而公海狮与母海狮之间则彼此友善，因而可以自由地玩乐并在水中交配。

公海狮与母海狮会在水面上亲密地依偎在一起并几乎一动不动地随波漂流约一个半小时。当它们分开时，它们对彼此的感情就会消失。这时，公海狮就会在水中睡着，而母海狮则会赶紧上岸去照料它才几天大的幼崽。

15分钟后，帕夏就可能会被后宫中行使自己的权利的另一个雌性成员粗暴地唤醒。随着时间一周一周地过去，那只筋疲力尽的公海狮会变得越来越瘦弱。最后，公海狮会变得极为疲惫，以至于在交配中途就会睡着；而这时，失望的母海狮就会愤怒地抱怨起来。随即，后宫中的其他母海狮也会加入它的抗议之中。通常，这种集体性的抗议之声对海滩上的单身汉们来说就是一种有机可乘的信号，这一信号会让一只单身公海狮赶紧跑过来，并为了争夺后宫的所有权而与那筋疲力尽的公海狮打上一架。在这种战斗中，赢的通常都是那个入侵者。

这样，在每个交配季节，一个海狮后宫都会发生几次主人更替这样的事。只要公海狮仍然强壮并具有性能力，雌海狮们就会对它保持忠诚；但一旦它身体衰弱，雌海狮们就会另找新欢来将它取而代之了。由此看来，公海狮并不是它的后宫的真正主人。如果它不能履行自己的责任，那么，它就可能很容易地被赶走。

海狮们是不能形成持久的婚姻关系的。由于这个原因，海狮的社会是从来不会发展到超出初级水平的。

在我的《动物们的神奇感官》一书中，[2] 我曾讨论过其中的雄性们保有后宫的多种动物的社会。这些动物包括仓前空地上的家鸡、

相杀相爱：两性关系的演化

侏儒丽鱼、鳄鱼、斑马和草原犬鼠。没有一种后宫制的动物社会曾经发展到超出原始的水平。而较复杂较高级社会的基本单位都是家庭，在家庭中，幼崽长大后，所有家庭成员仍待在一起。

在当代人类社会中，传统的**家庭**这一社会单位的价值已**受到挑战**。人们正在尝试各种"开放式婚姻"——频繁交换性伴侣、集体性爱、公社内部的自由性爱等。作为社会单位，所有这些"开放的"性关系都是持续时间相当短的。一般说来，年轻人在公社生活上所花的时间都要多于他们通常会在单身宿舍里度过的时间。

阿努比斯狒狒

狮尾狒狒

阿拉伯狒狒

　　塑造社会的主要力量是什么呢？对这个问题，科学家之间有着严重分歧。有些科学家相信：我们是受本能支配或被环境所塑造的。另一些科学家则相信：人类的理性和教育是构筑社会秩序的主要因素。那么，哪一派是对的呢？

　　现在，科学家们已经知道哪些力量决定着狒狒社会的形式。1968年，科学家们做了一个关于遗传、环境和教育对狒狒社会和性行为的影响的详细研究。

　　在野外，有些雄狒狒是保有后宫的。然而，它们的一种近亲动物中的雄性与雌性则是过自由性爱的生活的。为什么一种狒狒会选择这两种社会类型中的一种或另一种呢？其原因在于遗传还是环境呢？或者，不如说这是某些狒狒对同一群体中的其他狒狒进行教育的结果？汉斯·库默尔（Hans Kummer）研究的就是这一令人感兴趣

相杀相爱：两性关系的演化

的问题。[3]

东非肯尼亚的阿努比斯狒狒生活在有 30 ~ 80 个成员的群体中。在交配季节，一只雌狒狒几乎每天都会更换配偶。雌狒狒遵循着一定择偶模式。在交配季节的最初几天里，它选择与地位低的雄狒狒交配。接着，它会逐步选择地位较高且越来越高的雄狒狒交配。到了交配季节的高峰期，它会向群落首领求爱。实际上，它很可能只会怀上首领的孩子。那些较低级成员或许只不过起到了帮它"训练"性能力并帮它达到在生理上与情感上与首领同步化的作用，这样，到交配高峰期，它就处于已准备好怀孕的状态了。

阿努比斯狒狒群体的成员们倾向于建立一个个小帮派或俱乐部——单身雄狒狒子群、雌狒狒子群或某些由雄雌狒狒共同组成的混合子群。

这些子群在大群体中掌握着不同程度的管权。狒狒们可自由选择加入某个俱乐部并与其他成员友好相处。当队伍必须经过某个危险地带时，它们会排成一个军事队列：有布置在队伍前后方的哨兵，有保护母亲与孩子们的卫兵，还有一支主力作战部队。通常，狒狒群体是由一个"智者政务会"来领导的，这个"政务会"是一个由一些年长而富于经验的雄狒狒组成的"三头 / 多头执政联盟"。

狮尾狒狒与阿拉伯狒狒都是生活在非洲的埃塞俄比亚和索马里境内的阿努比斯狒狒的近亲。它们的社会秩序与阿努比斯狒狒是显著不同的。这两种狒狒中的雄性都会保有一个由两三只雌狒狒组成的后宫，而后宫中的雌狒狒又经常是由一只"副帕夏"身份的雄狒狒来陪伴的。那些雌狒狒是没有自由性爱权的。走到离后宫太远的地方去的雌狒狒都会被它们的主子丈夫狠揍一顿，并带回"宫"中。

每个后宫中的雌狒狒们都只与那个帕夏生活在一起，并按它的旨意走动或搬迁。不过，在夜晚，几百只狒狒就会聚在一起，在它们惯常的宿营之地中的大岩石上睡觉。夜里在一起睡觉的习惯并不意味着那些狒狒属于一个更为复杂的社会单位，因为天一亮，所有的帕夏就会带着自己的妻妾各走各的路。

对狮尾狒狒与阿拉伯狒狒来说，以后宫的形式生活是有利的。狮尾狒狒生活在寒冷而草木稀疏的埃塞俄比亚山区，阿拉伯狒狒生活在干燥的索马里沙漠中。**后宫**这种社会组织形式总是出现在**食物缺乏之地**。在这种地方，在一个强大雄性的保护下的小群体必须在一大块领地中四处寻找才能找到足够的食物。在这种条件下，若动物们以大群体形式生活在一起，那么，它们就会饿死。只有在食物较丰富的平原或稀树大草原上，大型动物群体才能生存下去。在平原上，阿努比斯狒狒会被迫联合起来抵抗成群的狮子、土狼、野狗、花豹以及猎豹的侵袭。后宫形式的小型动物群体是不可能在那种地方生存下去的。

显然，对某些狒狒来说，以后宫的形式生活是有利的；对另一些狒狒来说，生活在大群体中并实行自由性爱制是有利的。不过，狒狒们自己并没有关于不同的生活方式的社会经济学优缺点的知识。因此，我们还得问一个问题：是什么在推动着一种动物去按照自己的特定方式生活呢？

雄狮尾狒狒与阿拉伯狒狒用打与咬的方式来使妻子对自己保持忠诚，而雄阿努比斯狒狒则允许所有的雌狒狒与它们自己选择的任何一只雄狒狒交配并对此感到满意。这是否意味着每个群体中的雄性都在教导各自所在的社会中的雌性如何行事呢？如果事情是这样的话，那么，一只雄阿拉伯狒狒就应该能教导一只雌阿努比斯狒狒：作为它后宫中的一个雌性成员，什么样的行为才算是对的。

汉斯·库默尔决定通过做实验来判定雄狒狒们的行为是否真的控制着雌狒狒们的行为。他捕捉了几只在性自由环境中长大的阿努比斯狒狒并将它们放进了阿拉伯狒狒的领地。结果，雄阿拉伯狒狒将那些雌阿努比斯狒狒带进了自己的后宫，而后，就一直对它们进行威胁，直到它们以"正确的"方式行事。当库默尔出于同样考虑将雌阿拉伯狒狒引进一个阿努比斯群落时，那些雌狒狒很快就适应了新家中的性习俗。可见，雌狒狒们是能生活在两种不同的狒狒社会中的，而它们的性行为是被雄性所控制的。

雄阿拉伯狒狒将雌狒狒们看作私有财产。与公海狗们不同的是，雄阿拉伯狒狒绝不会试图偷另一只雄狒狒后宫中的雌狒狒。也就是说，如果它承认那只雄狒狒与它一样是在它们惯常的宿营地中睡觉的狒狒之一的话，那么，它就不会去抢那只雄狒狒的雌狒狒。

为了研究雄狒狒们的"性道德"，汉斯·库默尔又做了一系列实验。在每一个实验中，他都会在一个笼子中放入一只雄阿拉伯狒狒并将一只陌生的雌狒狒与它放在一起，同时，他会让第二只雄狒狒通过其所在的笼子的栅栏观察它们的行为。那两只雄狒狒以前总是在同一宿营地睡觉。几天之后，第二只雄狒狒被允许加入旁边的笼子中的那对狒狒的队伍。即使新来者比第一只雄狒狒更强壮，它还是不曾试图为了能拥有那只雌狒狒而与第一只雄狒狒打架。实际上，它表现得非常克制：它将背朝向那对狒狒，似乎它正在承受某种情感上的冲突，而它已经决定宁愿装作什么也没看见。

然而，若两只雄狒狒以前不是在同一宿营地睡觉的，那么，实验结果就会完全不同。在这种情况下，第二只雄狒狒的行为就远非高尚而令人敬佩了。当它进入那只笼子时，它会攻击另一只雄狒狒并把那只雌狒狒抢走。对阿拉伯狒狒来说，只有在一个雄性将另一雄性看作自己所在群体中的一个可信任的成员的情况下，它才会克制住自己要去攻击另一个雄性的冲动。由此，在阿拉伯狒狒的社会中，为后宫的稳定提供保证的是群内成员的团结。

那些年轻的雄狒狒又如何着手建立自己的后宫呢？有两条路可走。第一条，一只年轻的雄狒狒可试着去偷抢年轻的雌狒狒，也即别人的后宫中的雌狒狒们的女儿。当女儿们在生理上开始成熟时，那些身为母亲的狒狒就会粗暴地对待它们，拒绝它们，因微小的过失而惩罚它们。这时，一只年轻的雄狒狒或许就能将那不幸的雌狒狒诱离那个后宫。而后，尽管它只不过比年轻的雌狒狒略微大一点，它还是会像一个"母亲"一样地对待自己的新伴侣，它会克制住自己，避免与它性交。通过这种大度的行为，雄狒狒满足了那年轻的雌狒狒曾一度受挫的想要得到母爱的愿望，并给其一种安全感，从而与其建立起一种互相同情的对子关系。不过，那只雄狒狒能维持它的慈悲心的时间不长。不久，它就与雌狒狒有了性关系，而且开始往它的后宫中添加更多的佳丽。而后，取代母亲般的关爱的是：每当有雌狒狒试图逃走时，它就会对它们拳打脚踢。

在孩子们接近成年时，做父母的就会对他们比较严厉一些。在这一方面，人类的家庭是与狒狒的家庭相似的。他们本能地这样做着，并将这种做法当作帮助孩子成长并促使其独立的一种方式。在一定程度上，所有动物的**母亲**都会采取一定的强制措施来**迫使**自己的**孩子**在这个世界上**独立**生活。例如，在幼鳄刚刚孵化出来的第一天，鳄鱼母亲对自己的孩子是很和善的，但若是在第二天幼鳄还待在它的视野范围内，那么，这个母亲就会吃了它。狒狒母亲则要有耐心得多。年幼的阿努比斯狒狒要在好些年后才开始独立，即使到了那个时候，母亲还是不会完全拒绝它们，而是会允许它们继续留在群体中。

由于人类发育得比较慢，因而，人类的孩子在长到一定年龄后仍然与父母保持接触是自然的。不过，当父母与孩子之间出现较大冲突时，孩子也会像被自家人拒绝的年少的动物们一样与同龄人结成帮伙。就像斑马一样，他们会加入全都由年轻人组成的团体；或一个少男与一个少女生活在一起，就像两只年轻的阿拉伯狒狒生活在一起一样。通常，生活在一起的少男少女并不寻求性的满足，而是寻求他们没能在自己家中得到的安全感。可惜的是，如果那对少年伴侣之一或双方都无意于向对方做出关于相关责任的、深沉的个人承诺，那么，他们之间的关系就不能为他们提供他们想要的安全感。

如果人们之间不能形成持久的情感上的联结，那么，人类社会就会变得像是在池塘中求爱的蛙的社会那样。就此而言，如果没有持久的联结所带来的安全感，那么，无论人类还是阿拉伯狒狒都不能在情感上做好与异性共同生活的准备。

年轻的雄阿拉伯狒狒获得后宫的方法有两种。一是从别的后宫中诱拐年轻的雌狒狒。二是在一只年长雄狒狒的后宫中做一个"副帕夏"。在后一种情况下，它最终会通过继承得到那个后宫。

随着逐渐变老，后宫统治者们会变得嫉妒心与占有欲都不那么强。如果一只年轻的雄狒狒像一个"太监"似的靠近那个帕夏，以将其屁股朝向那个帕夏的方式来表示臣服并做出其他顺服的姿态，而且还"无私地"帮帕夏看管雌狒狒，那么，那只较年长的雄狒狒就会容忍它的存在。

那个"后宫助理管家"逐渐承担起越来越多的责任。它会去探察新的供食场地，并带着那群狒狒去寻找食物。诸如群体什么时候前行、往哪儿走、什么时候返回宿营地这样的事都会由它来决定。不过，只有在帕夏已经死亡而它又承担起了对群落中的雌狒狒与幼崽们的照料工作时，它才会得到性方面的特权。

以这两种方式获得一个后宫都是需要以年轻的雄狒狒具有相当的远见为先决条件的。狒狒们实际上具有高度的先见之明。晚上的时候，大约500只阿拉伯狒狒会聚集在它们睡觉的岩石上过夜。这时，一些年纪较小的狒狒就会玩一种游戏：将一块块石头扔下峭壁以制造出尽可能响的噪声。有一次，一个科学家曾经观察到一只年轻狒狒站在一块10米高的悬崖上，而那悬崖下面有5只幼狒狒正在玩耍，它们可没有意识到自己正处于危险中。[4]那只年轻狒狒玩弄着一块沉重的大石头，且显然很想把它扔下悬崖；但它还是忍住了要这样做的冲动，直到那5只幼狒狒都离开那个地方一段距离后，它才扔下了那块大石头。与此类似的许多事件表明：狒狒们是有能力预见到自己的行为所会导致的后果的。

常有人认为：像投石器与长矛这样的武器的发明使得人类更富于攻击性。从理论上说，这样的武器使一个人能杀掉一个他不曾有过亲密接触和私人关系的人，这样就会减弱他的不杀同类的禁忌。也就是说，这种武器会对一种先天抑制机制起抵消作用。然而，一只年轻的狒狒却能理解像石头这样的远距离杀伤性武器所具有的破坏力量。而且，它还能做出不要去动用这种力量的选择。

假如狒狒是具有很高悟性的动物，那么，在有意地使它们的社会结构与环境条件相适应这一点上，它们是否也具有足够的洞见呢？科学家们对生活在阿拉伯狒狒与阿努比斯狒狒的领地之间的边界地区的狒狒行为进行了研究，这种研究为这一问题提供了答案。

那个 20 千米宽的区域是个食物缺乏的地方。如果生活在这一区域中的阿努比斯狒狒能够有意识地选择最有利于自己在那里生活的社会结构，那么，它们就不会继续生活在大型群体中，那些雄狒狒就会像阿拉伯狒狒一样建立并保有一个个小后宫。然而，它们并没有那么做。

诚然，白天时，阿努比斯狒狒是分成一些觅食小组的。不过，那些小组中的成员每天都是不同的。有一天，三只分别被称作厄尼、伯特和克拉姆的阿努比斯狒狒一起出去觅食。但那一天，厄尼与克拉姆吵了起来；因而，第二天，克拉姆就与另一个小组一起觅食旅行了；一只叫比博的狒狒替补了它原先的位置，与厄尼和伯特一起旅行了。有时，全都由雌性组成的小组也会在没有雄性的情况下自己旅行。

尽管食物缺乏，但那一边界地区中的阿努比斯狒狒们过的仍然是自由的性爱生活。换句话说，尽管环境不支持它们的社会组织方式，但雄阿努比斯狒狒们还是没能改变它们的行为以适应环境。由此，在那一边界地区中，没有一只雄阿努比斯狒狒试图建立后宫。

1970 年，总数达 180 只狒狒的三个夜宿共同体占领了那一边界地区。这些狒狒是混血儿，也即阿努比斯狒狒与阿拉伯狒狒的杂交品种。一些年轻的雄阿拉伯狒狒诱拐了一些年轻的阿努比斯狒狒并以它们作为自己的后宫成员，这种结合方式导致了混血后代的产生。当然，雄阿努比斯狒狒是不会去抓雌阿拉伯狒狒来建立后宫的。

那些来自杂交型后宫的混血儿有时与阿努比斯狒狒交配，有时与阿拉伯狒狒交配，有时与别的混血狒狒交配。这三种情况都会导致新一代混血儿的产生。从表面上看，那些混血狒狒是实行后宫制的。但观察者们却发现：每隔几天或几周，那些雌狒狒就会更换后宫。当然，在交配季节过后，有些帕夏会试图保住那些雌狒狒，但它们已经不再像纯种雄阿拉伯狒狒那么富于攻击性，因而，那些雌狒狒或迟或早总是会逃离它们的。

那些混血狒狒表现出了多种多样的性行为，从一个雄性保有一个暂时稳定的后宫到一雄一雌两只狒狒结成持续时间很短的一对一配偶关系。缺乏看守雌性的技能的混血雄狒狒从不曾同时在其后宫中成功地保有多于一个的雌性。不过，一个帕夏只有一个妻子并不意味着它们间是一夫一妻单配关系。雄狒狒的后宫之所以规模这么小，仅仅是因为它在同时控制多于一只的雌性上的无能。

混血雄狒狒的性行为随着其所具有的遗传因素的不同而不同。也就是说，它们的性行为方式取决于基因构成中占优势地位的是阿拉伯狒狒还是阿努比斯狒狒。由于雌狒狒们能够适应任意一种狒狒的生活方式，因而，从母亲那里继承下来的遗传物质并不会使混血雄狒狒具有保有后宫的先天倾向。

狒狒的行为表明：狒狒的**社会是由遗传、环境和教育这三种因素塑造的**。雄狒狒们通过遗传继承了它们与雌狒狒打交道的方法。而后，它们又以行动教导雌狒狒们是否必须生活在后宫中。最后，环境因素也会为某种类型的社会组织方式的发展提供支持。

塑造人类社会的力量要比塑造狒狒的社会组织方式的力量更加复杂也更富于变化。但**人类行为和社会组织方式**也是受**遗传、环境与教育**这三种因素**影响**的。当这些力量互相协调时，例如，如果我们所受的教育不与我们的遗传倾向相冲突的话，那么，我们所在的社会就会是和平的。而当遗传、环境和教育因素之间存在冲突时，随之出现的就会是压抑和革命。

无论是保守的还是激进的社会理论家在看待人类社会结构上都过于片面。如果盲信某种学说的狂热分子们试图教育人们以某种与自然秩序相对立的方式生活（例如，教育所传播的观念与人类遗传的本能倾向相冲突），或者，如果他们忽视一个变化着的环境的经济与技术要求的话，那么，其结果就会是人类的灭亡。

第七篇

婚姻的形式

第十七章

互不相识的婚姻伙伴

"同居婚姻"

如果我们将**婚姻**界定为**雄性与雌性**个体**基于**彼此间的**依恋关系**、**超越性需求**并在**性交后**一段时间内**仍然存在**的**伙伴关系**的话，那么，动物中的多种性关系并不能看作婚姻关系。一个帕夏与其临时后宫中雌性之间的关系就是一种不能看作婚姻的两性关系。此外，在动物界还流行着第二种**非婚姻性两性关系**。有时，一对雄性与雌性个体并不是跟作为个体的对方结婚，而是跟一个场地（巢或领地等）结婚。这样的伙伴在**个体间关系**上是**彼此冷淡**的，而且，无论那对配偶中哪一方死了或不见了或被另一个体取代了，另一方都不会在乎。在某些情况下，那两个配偶甚至都可能无法将对方与同种的其他成员区别开来。因此，当它们离巢在外时，它们就会表现得像是彼此完全陌生的个体一样。多种**昆虫、鱼、爬行动物、鸟和哺乳动物**所具有的就是这样的**非婚姻性两性关系**。

一种叫作"红尾豆娘"的蜻蜓会将成年后的部分生命花在逗留

在别种蜻蜓的大群体中。在其余时间中，它则是独自生活与捕食的。这种昆虫在河岸或溪岸上的灌木或树上度过它的"社交时间"。几乎每片叶子上都会有一只蜻蜓坐在那里晒太阳。就像某些宗教信徒在祈祷时都会面朝圣地一样，所有蜻蜓都会面朝太阳。尽管雄、雌蜻蜓彼此都靠得很近，但它们并不交配。在这种聚会场所，性事与战斗都是禁忌。

如果天气好的话，那么，已性成熟的蜻蜓就会在天亮时离开聚会场所。而后，那些雄蜻蜓就会朝着河或溪的上游或下游飞，寻找一块岸边的私属领地。每只雄蜻蜓都会圈出一块几米长并向背岸方向伸展约1米的领地。离岸更远的陆地则是一个中立区。

雄蜻蜓通过沿着其领地边界线飞行来标示自己的领地范围，这样，别的雄蜻蜓就不会侵入了。现在，它的行为就与所有蜻蜓都在一起晒太阳时大不相同了。当它正在使自己融入社会时，它会连续几个小时坐在别的雄蜻蜓旁边而对所有雌蜻蜓都置之不理。现在，它则会攻击任何胆敢进入其领地的雄蜻蜓，并热情地向所有近旁的雌蜻蜓求爱。由此看来，雄蜻蜓的行为很像角马与瞪羚。当它们生活在一个群体中时，它们是和平的、性无能的。然而，在拥有一块领地后，它们就会变成凶猛的斗士和热烈的情人。

雄蜻蜓与雌蜻蜓之间是通过飞行模式来识别对方的。雄蜻蜓以波浪式的模式飞行并比雌蜻蜓飞得快，雌蜻蜓则总是直线飞行。

晚上或天气转坏时，雄、雌蜻蜓会离开雄蜻蜓的领地并飞回聚会场所——那个尚未完全成年的蜻蜓们已在那里等了一整天的地方。当飞到或者飞离那些领地时，蜻蜓们会穿越那个中立区。在飞行途中，雄、雌蜻蜓都会变回到情感性性冷淡状态。这时，雄蜻蜓会失去对雌蜻蜓的兴趣，并突然间就不再将别的雄蜻蜓看作自己的竞争对手了。

这种行为就是**间歇性对子关系**的一个例子。周期性的领地之争及相应的攻击性与性驱力的出现导致了摧毁蜻蜓之间的对子性社会关系的反社会行为。攻击性、性本能和拥有领地的冲动都属于生殖性驱力，这些生殖性驱力是与促使动物们相聚在聚会场所的社会性结对本能相抵触的。

让我重复一下：雄、雌蜻蜓只能在雄蜻蜓的领地中交配，而不能在聚会场所交配。在雄蜻蜓的领地范围内，那两个性伙伴对它们在与哪只昆虫交配是漠不关心的。雄蜻蜓会向每一只出现在自己领

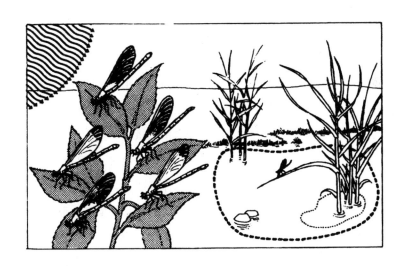

左边，雄蜻蜓们互相靠得很近地坐在一起。只要它们在一个群体中相处，它们的行为就是和平的且与性无关的。在几米之外，一只独处的雄蜻蜓则气势汹汹地防范着别的雄蜻蜓侵入它的领地并与所有靠近其领地的雌蜻蜓交配。

地范围内的雌蜻蜓求爱。雌蜻蜓的兴趣则主要在发现一个适合产卵的地方。雄蜻蜓们仔细地选择着领地，流经其中的水的深度和流速需在不会损坏卵子的范围内，而且，领地中还得有许多可供雌蜻蜓在产卵时躲藏的地方。换言之，雄蜻蜓的领地是这样一种地方：它能使性伙伴双方都感兴趣，并将它们引入其中，让它们在那里完成短暂会晤。

盲虾虎鱼同样是与一个地方而不是另一条鱼结婚的。这种长不过3厘米的小动物生活在南加利福尼亚的太平洋东岸沿线的小洞穴中。盲虾虎鱼喜欢当作家的那种石洞通常是被沙子或淤泥塞住的，而盲虾虎鱼自己又不会做挖掘工作。因此，要找到一个藏身之处，盲虾虎鱼就得靠一种能挖掘的动物的帮助，并且，这种动物还得能容忍自己的房子中有一个"房客"存在。

盲虾虎鱼的理想同居者是会挖掘的、小小的热带鼹鼠蟹。盲虾虎鱼身体两侧的感觉细胞使它能测量它所处的环境中的物体的振动。这种细胞及其所具有的嗅觉使这种盲鱼得以找出热带鼹鼠蟹所在的位置。当它发现一只鼹鼠蟹"有房出租"时，盲虾虎鱼的难题就解决了。盲虾虎鱼是靠随着水流涌入洞穴中的微型动物为生的。当一只盲虾虎鱼在洞中享受水流带到它嘴边来的美食时，那只鼹鼠蟹则在进行着它的永无止境的挖掘工作，以保证那个洞穴不被泥沙所淤塞。不过，这种共生关系也有缺点：如果那只蟹死掉了，那么，那条鱼也就会死掉，除非它很快就能找得到另一只蟹。

尽管体形小，但盲虾虎鱼非常富于攻击性。雄盲虾虎鱼不会与别的雄性同类分享自己的屋子。不过，雄盲虾虎鱼并不会攻击雌盲虾虎鱼，而同样富于攻击性的雌盲虾虎鱼也不会攻击雄盲虾虎鱼。

相杀相爱：两性关系的演化

因此，有时，一只雄盲虾虎鱼会与一只雌盲虾虎鱼居住在同一个洞中。不过，两条鱼都是到那个洞里来寻求食物与保护而非爱情的。尽管如此，那两条鱼最终还是会交配。它们别无选择，因为在那个洞里，它们是仅有的两条同类的鱼。那个洞穴中的第一个"房客"必须接受进入其中的第一只异性盲虾虎鱼为自己的配偶。

科学家们做过一些关于盲虾虎鱼的实验，在这些实验中，他们将生活在同一个洞穴中的两条盲虾虎鱼中的雄鱼或雌鱼用另一条同一性别的鱼来取代，结果发现另一条鱼并不在乎自己的配偶已被一条陌生的鱼所取代。**盲虾虎鱼是与洞穴结婚的**，而不是与一个异性伙伴结婚的。

绿蜥蜴也是与它的家而不是与另一只蜥蜴结婚的。蜥蜴伴侣中的任何一方都会将试图进入其领地的所有同性成员赶走。不过，无论雄蜥蜴还是雌蜥蜴都不会攻击同种异性成员。在蜥蜴性伴侣之间并不存在一对一的个体间关系。不过，不攻击异性的禁忌再加上两个伴侣对共同庇护所的依赖使得它们也可像在结对本能的支配下一样建立起一种共同生活关系。

初看起来，盲虾虎鱼与绿蜥蜴似乎都是实行一夫一妻制的。这两种动物都是高度富于攻击性的。它们中的雄性都会将进入其领地的所有别的雄性赶走，而雌性又都会将进入其领地的所有别的雌性赶走。因此，这两种动物都不可能实行一夫多妻或一妻多夫制。尽管如此，盲虾虎鱼与绿蜥蜴并不是真正实行一夫一妻制的动物，因为这两种动物的配偶之间彼此都是漠不关心的，如果其中的任意一方被另一个同性的同类所取代，那么，无论哪一种性别的另一方都是不会在乎的。

由于这种类型的性关系很像一夫一妻制，因而，人们曾经错误地认为：鹤是一夫一妻制的鸟。在流行的想象中，鹤是婚姻忠诚和家庭幸福的象征。但实际上，雄、雌**鹤都是与巢而非另一只鹤结婚的**。

每年的春天都会有许多鹤飞抵德国石勒苏益格–荷尔斯泰因州的贝尔根胡森镇。那些鸟是从非洲远道而来的。雄鹤比雌鹤先到，一到达目的地后，雄鹤就会立即回到它去年所用的那个巢中。几天之后，雌鹤也会飞抵那个镇。雌鹤也会去寻找老巢。因此，将两个鹤伴侣引到一块的其实是它们对那个巢的忠诚。

有一天，一只叫彼得的雄鹤返回到了靠近镇里教堂的巢中。[1]随后，一只雌鹤也抵达了那个巢。那两只鹤将喙碰得咔嗒咔嗒响，并隆重地绕着巢走了一圈，以此来互致问候。它们表现得就像两个久别重逢的老友。当时，看到的人都以为那只雌鹤肯定是彼得去年的配偶路易丝。然而，雌鹤脚上的身份带却表明：它其实是原来住在附近的波恩镇上的一只叫雷娜特的 4 岁大的雌鹤，而此前它还从未有过配偶呢。

彼得看起来一点都没有因为它巢中的这只雌鹤并不是以前的配偶路易丝而心烦。两天后，正当彼得与雷娜特在互相求爱——将它们的喙碰得咔嗒咔嗒响，将各自的头与脖子往后仰，直到头上的冠碰到自己的背——时，路易丝突然降落在巢的边沿上，随即用它的喙猛地刺向雷娜特。接着，那两只雌鹤凶狠地打了一仗，那种仗可是很容易让其中一方受到致命伤的。

彼得显出一副对冲突漠不关心的样子。在确信它没有卷入其中后，它沿着屋顶走开了，并将背对着那两个女战士，而后，专心致

　　　　　相杀相爱：两性关系的演化

志地盯着近旁一棵树上的叶子。

12 分钟后，战争结束了。路易丝赶走了雷娜特，从而确定了它在自己的老巢中拥有居住权。彼得立即走过去，并像刚才向雷娜特求爱一样地向路易丝求爱。其实，它会接受任何一只碰巧在那巢中的雌鹤为自己的配偶。同样，如果彼得对那个巢的所有权受到另一只雄鹤挑战的话，路易丝也犯不着去保护彼得。而且，如果彼得被赶走的话，路易丝也不会像灰雁、寒鸦、乌鸦或人类中的配偶们一样与它一起离开那个巢去寻找另一个家。

鹤在相会与互相问候时的行为表明它们实际上是能够互相认出对方的。换句话说，彼得完全知道那第一只降落在它的巢中的雌鹤并不是它的前配偶路易丝。尽管如此，**鹤配偶个体间并无固定的对子关系**。如果说鹤是忠诚的，那么，它们的**忠诚对象只是那个巢**。当配偶间存在的只是**纯粹的性伙伴关系**时，如果配偶中的一方被同性的另一个动物取代的话，那么，另一方都是不会在乎的，无论这个另一方是雄性还是雌性。

识别同类个体的能力是一个个体与别的同类个体形成个体间关系的前提。尽管如此，鹤的行为表明：仅仅认得别的个体是不足以建立起一种个体间关系的。

云雀的两性关系代表着"**同居婚姻**"与真正的一夫一妻制的过渡阶段。

二月中旬，云雀就会离开冬季住地返回中欧。那时，中欧仍是冬天。在到达春季住地后，雄云雀所做的第一件事情就是占据一块块大小在 5 000 ~ 15 000 平方米的领地。在雄云雀们到达繁殖基地并占据了各自的领地后，雌云雀们也会在大约 10 天后到达那个繁殖基地并占据与雄雀们的差不多大小的领地。雄云雀们的领地通常都是与雌云雀们的领地相邻并相连的。一个雄性与一个雌性占据同一块领地是形成"同居婚姻"的前提。

雌云雀以拍翅飞向雄云雀的方式开始它的初次求爱。不过，也许是被自己的大胆之举所惊吓，它又迅速后退了。

在任何一种两性关系中，两个伙伴都必须克服恐惧感与攻击冲动。盲虾虎鱼与绿蜥蜴会本能地避免攻击异性。雄鹤与雌鹤会以触碰对方的喙并做出其他友好的姿态来使对方确信自己是善意的。然而，云雀在建立两性关系上就比较困难了。当某块领地中的雄云雀看到自己近旁的那只害羞的雌云雀时，它会向雌云雀求爱。但刚开始时，它的求爱之举所起的作用只是吓跑雌云雀。当雌云雀逃跑时，雄云雀会赶上去追，并努力将雌云雀赶回自己领地的中心。

到那时为止，雄、雌云雀的行为中并没什么不同寻常之处。但当那逃离雄雀的雌雀进入两只已交配过的云雀的领地时，就有某种相当不寻常的现象出现了。这时，由于担心侵入别的雄雀的领地，那只雄雀就会放弃追赶雌雀，转而以富于诱惑力的音调呼唤起那只雌雀来。与此同时，那只被别的雌雀入侵所激怒的邻居雌雀立即开始攻击它的敌雀。接着，为了保护自己的配偶并使它免遭"入侵者"伤害，那只邻居雄雀也加入了攻击。那对邻居配偶将那只雌雀赶回到边界另一侧，赶进了那只正向它求爱的雄雀的等待的翅膀中。也就是说，它们（那对邻居配偶）确信它是忠实于它的"婚姻"的。

尽管雄、雌云雀都是忠实于一个地方的，但它们之间的确形成了一种超越于各自之于领地的关系之上的个体间紧密关系。当那对邻居云雀配偶将那雌云雀赶回它自己的领地时，在那场战斗中，那

　　　　　　　　　　相杀相爱：两性关系的演化

只雄云雀是站在自己所追求的雌云雀这一边的。这种行为与雄鹤的行为——当两只雌鹤打架时，它只是消极无为地站在一旁，根本就不关心战斗结局如何——是大不相同的。

不过，云雀配偶之间还称不上互相挚爱。一天，一只名叫提尔的雄云雀遭到了另一只试图占领其领地的雄雀的攻击。[2]那两只雄雀在离地面几米高的空中面对面打斗着——互相用嘴啄、用爪抓、用翅膀击打对方。后来，它们又垂直往下降落。在即将落到地面上时，它们止住了降落并重新飞到空中，又开始了另一回合的战斗。在连续打了 10 分钟后，提尔终于赶走了对手。在打仗这段时间中，提尔的配偶阿丽亚娜始终没过去帮助它。由此看来，雄雀似乎要比雌雀更关心对方的安危。

在提尔与阿丽亚娜已将它们的第一窝雀养大后，旁边那块领地的雄性主人被一只秃鹰杀了。在注意到那块领地现在无雀占据后，提尔立即向周围的雀们声称自己是那块领地的主人。每隔 15 分钟左右，它就会飞上 50～80 米高的空中，用它的歌声四处宣布它对那块地的所有权。自然，它也会去安慰那个失偶的寡妇。这就是云雀的一个与领地有关的重婚案例。显然，对雄性动物来说，篱笆另一边的草看起来总是比这一边的更青翠一些。

提尔将很多时间都花在了与第二个配偶待在一起上，以至于阿丽亚娜都不再下蛋，因而也就未能再养它的一年一次的第二窝雀了。不过，到下一年，提尔就又重新变成"单配的"了，它又与那个曾被它忽视了的阿丽亚娜在它的老领地上一起生活了。

雄、雌云雀个体间的对子关系是不怎么牢固的，这种关系的强度从来不曾超过它们各自对领地的依恋的强度。胡安·德利乌斯

（Juan D. Delius）曾观察过爱尔兰海英格兰西北部海岸一带的 30 对云雀配偶的生活。[3] 那些云雀生活在雷文格拉斯国家公园中。在那 30 对云雀中，有 16 对是连续两个交配季节都待在一起的，而这 16 对云雀都是在两个交配季节中双双回到它们自己的老领地中去的。雌雀更换领地的情况有 5 例。雄雀因被别的雄雀赶走而更换领地的情况有 3 例。那 3 个雄性占领者都与上年占据那块领地的雌雀结了伴。雄雀与雌雀都移居别的领地的情况有 6 例。在这 6 例中，雄雀与雌雀都各自移居到了不同领地上，并都与新的异性云雀结了伴。由此可见，**领地**始终是**云雀**的**婚姻**的**基础**。云雀们从来都不曾因为伙伴间存在一对一的亲密关系而结合在一起。

在不同类型的婚姻中，对一个特定场所的依恋关系都会在两个性伙伴建立起对子关系方面起到一定作用。当人类待在一个熟悉的地方时，他们会有一种"在家"的感觉。对家的依恋对许多婚姻的过程都有着深切的影响。

相杀相爱：两性关系的演化

第十八章

只有富于攻击性的配偶才会待在一起

季节性结偶

季节性结偶是一种不能很长久地经受住环境压力的一夫一妻制形式。袋獾就是一种季节性结偶的动物。袋獾是一种长约75厘米的肉食性动物，能以或活或死的动物为食。袋獾是生活在澳大利亚南部塔斯马尼亚岛上的丛林中的独居动物，它们总是独自猎食与生活。袋獾不允许任何竞争者进入其面积广大的领地，一只雄袋獾会将雌袋獾及别的雄袋獾全都赶走。

在4月份的交配季节即将到来时，也即塔斯马尼亚的夏季差不多要结束时，雄袋獾的行为就会发生变化。在月明之夜，雄袋獾会在多小山的平原上飞奔，寻找着雌袋獾。当找到一只雌袋獾时，它并不向雌袋獾求爱，而是表现得像一只把迷途的羊逼入角落的牧羊犬。它会对雌袋獾咆哮，将牙齿咬得咯咯响，并咬雌袋獾，将其赶进自己的领地，而后又赶入它所住的岩洞。

直到那雌袋獾被捕获两个星期后，雄袋獾才与其交配。在那两个星期中，雄袋獾从不允许雌袋獾朝洞外探出一次头。它看守着雌袋獾，就像其是个危险的囚犯。每当雌袋獾试图逃跑时，它就会弓起背，吐着口水，咆哮着，咬雌袋獾，并唾沫四溅地大发雷霆，以努力与自己的威名相称。

那只雌袋獾刚被捉住时性生理方面尚未成熟，也没有做好怀孕的准备。这就是那只雄袋獾和雌袋獾在交配前会节欲两个星期的原因。恐惧与强制拘禁使得那只雌袋獾的性器官很快地成熟。由此，雄袋獾的"恶魔般的"行为反而有助于使雌袋獾的性驱力与雄袋獾的性驱力同步化。

在交配后不久，在体形和体力上都比不了雄袋獾的雌袋獾竟然转而占了上风并凶狠地威胁起雄袋獾来。在怀了孕后，它甚至变得比雄袋獾更富于攻击性。不过，尽管那两只袋獾的攻击性都很强，但它们还是在一起生活了一段时间。

最多一窝四只的幼袋獾会在5月底或6月初出生。就像所有有袋动物一样，幼袋獾也小得令人难以置信：不过12毫米长。一出生后，每只幼袋獾就会含着母亲的位于育儿袋内的一只乳头吸起奶来，并以此牢牢抓住自己的母亲。袋鼠的育儿袋是位于母亲身体前方的，袋獾的育儿袋则是位于母亲身体后方的。如果袋獾的育儿袋长在身体前方的话，那么，当母亲在芦苇丛中爬行时，那个袋就会在地上拖着并兜起地上的泥土，这样就会伤及幼崽。此外，育儿袋的开口处是紧紧封闭的，因而，通常人是发现不了育儿袋及其中之物的。只有在幼袋獾已15周大后，幼袋獾的尾巴、腿或头有时才会伸出到袋外。

当幼袋獾长到这个年龄时，幼袋獾父母就得在那个洞穴中挖出

相杀相爱：两性关系的演化

一个小洞来放它们的孩子了。父母双方都参与挖洞，并用干草做洞的衬里。母亲会继续照料它的孩子 5 个月。当做母亲的出去猎食时，那个父亲就会承担起保卫家庭的责任来。如果那个父亲不承担这个责任的话，那么，敌害就会进入洞穴并吃掉那些幼袋獾。在幼袋獾长大之前，父亲的主要任务就是保卫家庭。由此，在长达 9 个半月的时间内，它不得不维持已婚状态。

到次年 2 月初，小袋獾就已大到能独立生活了。它们要到两岁大时才会性成熟，但在 9 个半月大时，它们与父母及兄弟姐妹之间的本能联系就已消失了。每一只小袋獾都得独立进入这个大而危险的世界。

每当雌袋獾试图逃离它的配偶时，雄袋獾就会表现出一些像是在努力与自己的威名相称的行为。

当小袋獾们自己出去闯世界时，那对成年雄袋獾和雌袋獾就会打架并分手。此后，每一只成年袋獾都会独自生活上两个半月，直到下一个交配季节到来时雄袋獾寻得另一只雌袋獾。可能性大的情况是：它不会再找到它的前配偶，而是找到一只它又得囚禁上两周的、完全陌生的雌袋獾。于是，同样的戏码又会完整地重新上演一次。

袋獾能维持婚姻的时间只有幼袋獾需要雄袋獾帮着照料的时段那么长（9个半月）。一种动物的幼崽达到成年期所需的时间越长，**需要父亲帮助养育**未成年后代的**时间**就越长，这种动物的**婚姻持续时间**也就越长。但反之并不总是亦然。有些动物的配偶们会在幼崽刚出生不久就将幼崽赶走，但它们之间却是终身互相忠诚的。事实上，有些实行一夫一妻终身制的动物对幼崽是根本不关心的。黄腹金鹃、寄生织巢鸟与黑头鸭都将蛋下在别种鸟的巢中并让这些养父母去养它们的孩子。

在产卵并使卵受精后，蝴蝶鱼就不再为它们的后代做任何事情了。然而，这种鱼的配偶关系却是维持终身的。它们之所以是单配制的或许是因为它们是一种非常罕见的动物。通过始终待在一起，雄鱼与雌鱼就可省掉在每一个交配季节都得去找新的性伙伴的麻烦并省下相应的时间，以便得到更好的繁殖机会。

显然，身为父母的动物们不会仅为后代而待在一起。不过，在由**母亲独自照料幼崽**的动物中，**婚姻关系**几乎在刚刚**交配完后**就**立即终止**了——这倒是真的。在这种情况下，一段"季节性婚姻"就是由求爱、交配、仅持续几个小时或几天的蜜月期以及离婚组成的。这种婚姻是如此短暂，实际上根本就不能算是婚姻。豪猪、金仓鼠、

相杀相爱：两性关系的演化

虎及北极熊等动物的两性间都是这种**短暂**的"私通"关系。

北极熊是世界上最大的熊之一。在用后腿站起来时，它们的身高达 2.5 米，它们的体重达 600 千克。这种身材高大、肌肉强健的动物是生性不爱交际的独居动物。它们在一块像欧洲这么大的地区独自漫游着，并将一路上碰上的所有北极熊都赶走，无论雌雄。

熊都是不爱交际的独居动物。它们的不爱交际的性格可从其全无表情的脸上看出来。熊的脸颊与前额上没有可用来改变其表情并反映其情感状态的肌肉。我们无法通过观察一只熊的表情来看出它是否正在体验一种愤怒、害怕或友好的情感。即使与北极熊打了多年交道的驯兽师们也无法判断他所训练的北极熊下一步将要做什么。

动物是为了与同种个体交流情感而改变面部表情的。像北极熊这样的独居动物无须有富于表现力的面部。不过，它们陷入了一种恶性循环：独居动物无须有面部表情，但除非它们演化出了面部表情，否则它们就仍然得继续独居下去。像北极熊这样的无法与同种个体交流感情的动物无法与性伙伴建立亲密的对子关系，因而无法进入持久的婚姻。

当人看起来面无表情时，那并不是因为他们缺乏传达情感所必需的肌肉。他们可能处于情感冷淡、自我中心、感到不安的状态，或是有着平淡的个性，或者只不过是非常善于控制自己的情感。

显然，不能与别的北极熊交流情感是不利于它们寻找配偶的。当一只公熊发现一只母熊时，它们两个看起来都不能确定是否应该去攻击对方。

于是，那两只北极熊就开始互相追逐。这种追逐通常都会以真的打起来而告终。它们会用后腿站立着，像两个摔跤运动员一样格斗起来，它们会用前爪互相抓住对方，并用尽全力猛推对方。不过，它们不会互相咬起来，因为它们都会本能地避免给性伙伴造成严重伤害。渐渐地，它们的抓撕动作就会变成爱抚动作。借助于身体接触，那两只熊终于设法交流了它们无法通过面部表情来表达的友好意图。

一段北极熊的浪漫史最多可持续两三个星期。随着激情的冷却，那对配偶就会粗暴地互相对待并最终分手。它们很有可能再也不会看到对方，而在下一个交配季节，它们又都会找到新的配偶。

与北极熊相比，长颈鹿看来是热爱和平、和蔼可亲的动物。尽管如此，这种五六米高的"会走路的瞭望塔"的性关系却比北极熊们的还要短暂。

长颈鹿生活在组织松散的、相当于无政府主义的乌合之群中。只要自己愿意，雌鹿雄鹿都可随意退出或进入一个群体。它们所遵守的唯一规则就是雄鹿得始终与其他雄鹿生活在同一个群中，雌鹿得始终与别的雌鹿生活在同一个群中。除了雄鹿们不会让雌鹿群完全消失在视野中之外，两种性别的长颈鹿都不会表现出对对方的兴趣。

长颈鹿群中是存在等级秩序的。通常，个子最高的鹿就是等级最高的。最高等级的长颈鹿总是将头抬得高高的。等级较低的长颈鹿在从等级较高的鹿群成员面前经过时得略微低下头并将头往前伸。

长颈鹿母亲与孩子待在一起的情景是很少能看到的。母长颈鹿只照料幼鹿一两个月，此后，母鹿们就不再关心它们的命运了。通常，小长颈鹿会一路小跑着、努力跟在鹿群后面。如果有几个鹿群一起在水潭边喝水的话，那么，这时，小长颈鹿就会决定转换鹿群，

相杀相爱：两性关系的演化

而对此，它的母亲根本就不会予以理会。

　　长颈鹿是彼此间无牢固情感联系的、爱好和平的动物。无论在交配之前或之后，它们都不会将时间花在浪漫上。偶尔，会有一只雄鹿漫步走向一个雌鹿群，而后，用鼻子在雌鹿身边嗅来嗅去，以便搞清楚雌鹿中是否有已性成熟并已做好交配准备的。如果一只雄鹿发现一只已性成熟的雌鹿，那么，它是不会费心去举行一场长时间的求爱仪式的；它所做的不过就是直接爬骑到雌鹿的背上，在完事后就回到雄鹿群中。

　　长颈鹿的这种极为短暂的婚姻关系是由它们的温顺的天性以及生活在乌合之群中这一事实所造成的。长颈鹿是一种喜欢与别的长颈鹿一起生活在小群体中的社会动物。没有一只长颈鹿会在乎另一只长颈鹿是新来的还是群中的老资格成员。长颈鹿是生活在一种与狼、狮子及阿努比斯狒狒等所身处的"封闭社会"相反的"开放社会"中的。长颈鹿总是乐意接受新成员到自己所在的鹿群中来。

　　长颈鹿之间偶尔也会打起来。例如，当有等级较高的长颈鹿经过时，若等级较低的长颈鹿忘了对它低头行礼，那么，那两只动物就会打起来。它们会将自己的长脖子尽力挥向对方，并让两个长脖子碰撞在一起。不过，在大多数情况下，长颈鹿们是一点都不好斗的，它们不会结成敌对的帮派或子群，也没必要互相害怕。这意味着：当一只雄长颈鹿与一只雌长颈鹿相遇时，任何一方都不会对那场遭遇感到特别激动，也不必去努力克服自己的害怕和攻击性。当雄性与雌性对彼此都这么平和淡然时，雄性就没必要去进行煞费苦心的求爱活动了。而且，在松散的乌合之群中，动物们也没有必要形成密切的个体间关系。因此，长颈鹿很快就可完成交配，也很快就会忘记对方。

在动物界，**生活在乌合之群中**、无须互相害怕、**爱好和平的动物**是从来都**不会建立持久性婚姻关系**的。这样的动物所过的都是短期的"季节性婚姻"生活。

在动物社会中，持久婚姻的心理基础是个体间的亲密对子关系与恐惧感和攻击性之间的冲突。只有在雄性和雌性都必须努力去克服自己对亲密关系的阻力的情况下，这种亲密关系才会在性行为之外仍能长久存在下去。这种亲密关系的持久程度取决于配偶间的私交和相应情感能在多长时间内有效地抵消它们的恐惧感和攻击性。

雄雌长颈鹿都不会感到要铸造一种个体间对子关系的冲动，因为它们是那么温和，以至于无须有这样一种冲动。母虎则须努力建立一种自己与配偶之间的对子关系。不过，在性欲望消失后，它又不再感受得到这种对子关系的存在。因此，尽管长颈鹿与虎差别甚大，但它们都是过极短暂的"季节性婚姻"生活的。攻击性很强的袋獾与北极熊的行为表明：一旦结对本能使一对配偶间建立起了和平共处关系，那么，这种关系就能使之长期或较长期地生活在一起。

如果雄性与雌性待在一起并一直待到下一个交配季节，从生物学上看，对一种动物是有利的，那么，它们就会结成持久的一夫一妻的婚姻关系。这种形式的婚姻可以使它们免除每年都得找个新伴侣的麻烦和不一定找得到的风险。

稍后，我将会详细讨论持久的一夫一妻制婚姻关系。现在，让我们先回到对"季节性婚姻"的几种变化形式的讨论中去。

斑姬鹟是鹟科中的一个成员，它们是每年春天都要找一个新配偶的。斑姬鹟喜欢与同龄的异性交配，如 1 岁的配 1 岁的，等等。

　　　　　　　　　　　　相杀相爱：两性关系的演化

这种鸟的行为与外貌会透露它们的年龄。雄鸟的年龄越大，在交配季节中它背上的羽毛的颜色就越黑。雌鸟的年龄越大，它在春季离开苏丹飞回到中欧的家园的时间就越早。年龄较大的雌鸟比年龄较小的雌鸟下蛋早，而且，一窝所孵出的雏鸟的数量也更多。

显然，斑姬鹟与同龄鸟交配是有利的，因为这样的两只鸟在性发育上就差不多是同步的。这样，它们使自己在性成熟上同步化从而同时做好交配准备就比较容易了。此外，两只同龄鸟在育雏方面也会有同等经验。父母双方都知道如何照料它们的孩子——这一点是极为重要的。

有一次，一只叫琪琪的 5 岁大的雌斑姬鹟与一只叫乌提的 1 岁大的雄斑姬鹟结成了配偶，这种做法与习俗是大相径庭的。[1] 在雏

一只 5 岁大的雌斑姬鹟在向它 1 岁大的配偶展示其应该带给孩子们的那种昆虫。由于太年轻，那只雄鸟还没有照料雏鸟的经验。

鸟们已在一棵树的树干上的巢中孵化出来后，乌提开始给雏鸟带它在附近的灌木丛中发现的大量存在的大而肥的毛毛虫。但雏雀的小嘴实在吞不下这么大的毛毛虫。因而，那雌雀不得不靠自己去努力捕捉比毛毛虫难捕捉得多的苍蝇来喂雏雀，而且，它还得不时地将那些毛毛虫从巢里扔出去。两天后，乌提终于明白不能给雏雀喂自己喜欢的食物，并开始像其配偶一样去捕苍蝇来给雏雀吃。但这时，7只雏雀中已有2只饿死了。

自然，斑姬鹟不能有意地选择与同龄的雀结偶；而且，它们也不会对属于另一个年龄组的雀儿感到讨厌。实际上，这种鸟选择与同龄鸟结偶的目标是这样达到的：自然安排那些同龄的雀生活在彼此靠近的地方，这样，它们就不可避免地互相结偶了。

雀儿越年轻，冒险性就越强，相应地，它们在冬季时往南飞入苏丹的距离就越远，而在春季时回到中欧的家的时间也就越晚。最早到家的斑姬鹟都是3岁或更大的。晚3天到家的是那些2岁的雀，此后再晚3天到家的就是那些1岁的雀了。

通常，斑姬鹟很快就会与在其附近的别的雀结偶。这样，在下一组更年轻的雀到家时，每一组较年长的雀就都已经结偶。只有那些未能找到同龄配偶的较年长的雀才会尝试与较年轻年龄组中的雀儿结偶。

由此可见，在某些动物中，冒险性是一种具有实用的生物学功能的特性。

就像斑姬鹟一样，许多动物中的较年轻的成员迁徙到繁殖基地中去的时间都要比较年长的成员晚一些。这一点对在繁殖基地养育幼崽的憨鲣鸟、海鸥、燕鸥来说同样正确。此外，年龄较大的雄性海狮、海狗、海象到达繁殖基地的时间也要早于那些较年轻的雄性。

在那些不在繁殖基地集中繁育后代的迁徙的动物中，要确定较年长成员返回家园的时间是否也比较年轻成员早，这是比较困难的。为了研究斑姬鹟的迁徙模式，鲁道夫·伯恩特（Rudolf Berndt）不得不靠德国下萨克森东南地区无数志愿者的帮助。[2] 志愿者们给被安置在特殊的人工巢中的 130 对斑姬鹟挂上了身份带，并在一年之中的某段时间中跟踪观察它们的行为。基于这些观察，科学家第一次成功地证明了：在一种不在繁殖基地集中繁育后代的鸟中，较年长成员们回迁到老家的时间也要比较年轻成员们早。

在繁殖基地集中繁育后代的动物也像斑姬鹟一样，较年轻成员要比较年长成员跑得更远，因而返回老家的时间也更晚。在较年长成员已建立起后宫后，它们才会到达求爱或繁殖基地，做求爱与生育幼崽之事。这种行为模式有利于后代的繁育，因为它有助于避免没有经验的母亲或父亲对配偶的繁育成就产生抵消作用。

许多动物都得学习如何照料幼崽。通常，大多数鸟类配偶所孵的头窝鸟都不会幸存下来。不过，那些年轻父母很快就会懂得怎样不再犯错误。1 岁的斑姬鹟与较年长的雀在孵蛋时间和地点上是不同的。这样，那些初为父母者就不会妨碍较年长也更有经验的雀的繁殖成就了。

年少的动物对冒险的爱好，可将其某些骚动的能量从性的渠道转移到别的渠道中去。例如，在生命的头三年中，阿德利企鹅从不到繁殖基地中的繁育群中去。较年长的成年企鹅在南极洲的海岸边繁育。在度过短暂的蜜月期后，那些成年企鹅就得花 6 个月的时间含辛茹苦地养育自己的幼崽。与此同时，那些小企鹅则在浮冰之间游来游去，或在那些南部海洋中四处漫游。到 4 岁时，它们就会跟在较年长的前辈后面，游到繁殖基地去。在绕着有数十万只企鹅在那里表演的巨大的婚姻市场漫游一圈后，它们会明白过来：它们已经来得太迟，因而不可能找得到配偶，所以，它们会重新滑入海洋之中。

到下一年，那些企鹅就会赶紧赶到自己的目的地去。每只企鹅都会回到它们已有 4 年多没见的地方：在那里，它们由一个蛋孵化为一只企鹅、曾被父母照料、曾与邻居家的小企鹅们一起玩耍。在那里，它们发现：婚姻市场已开业了。那些较年长的企鹅正在努力地声明它们对自己一年前所占据的石头堆里的巢拥有所有权。然而，暴风雪其实已经毁坏了海岸线，而企鹅的眼睛又是非常近视的，因而，它们其实是难以在一块每平方米内有约 4 个巢的地方辨认出它们自己的巢的。有时，巢的真正主人可能会在巢已被另一只企鹅占了两三天后才到达那个地方。这样，那些企鹅就会打起来，它们会连续几天用粗短的翅膀互扇耳光，并用喙猛刺对方。

使得当时的场景乱上添乱的是，所有企鹅都在拼命地找自己的配偶。当它们离开那个繁殖基地时，一对对企鹅就会分开并各顾各地度过许多个月。不过，当它们返回到繁殖基地时，所有曾在上一年中共同养育过幼崽的企鹅又会努力重新找到对方。企鹅不是跟领地结婚的动物。尽管如此，它们还是倾向于回到出生之地或老巢所在的地方。这种对一个地方的忠诚有助于以前的配偶重新找到对方。

不过，没有一只企鹅能无限期地等从前的配偶到来，因为那个配偶或许已经被海豹或虎鲸吃掉了。再说，可供选择的婚姻候选者多得是。许多 4 岁大的年轻企鹅则在那里以我前面描述过的方式，

相杀相爱：两性关系的演化

用一块石头过于急切地向别的企鹅求爱（参见第三章）。

　　一只企鹅的最重要的婚姻职责之一是建造并布置一个合适的巢。当雄企鹅在搜集建筑材料时，雌企鹅则蜷曲着身体伏在巢上。接着，雌企鹅会筑起一座绕巢一圈的石墙。在离那对配偶只有几百米远的地方就有着无数的小石块。但如果从邻居那里就能轻而易举地偷到石头的话，那么，谁又会愿意走那么远的路去自己搬石头呢？

　　观察企鹅偷石头是一件很有趣的事：一只雄企鹅蹑手蹑脚地靠近一只邻居雌企鹅，从它身子底下抽出一块石头。如果在雄企鹅将那块石头拿到手之前雌企鹅就回过头来的话，那个贼就会显出一副无辜的样子，两眼凝视天空，那样子就像是在说："哦，我不过是碰巧站在这里而已！"

　　一次，几个动物学家将一只雌企鹅领到一只曾从它的巢里偷过许多石头的企鹅的巢那里。但它却根本就认不出那些被偷的财物。企鹅们只会咒骂那些被当场抓住的贼！那些财物被盗的巢主会追赶那个贼，直到赶出相当于繁殖基地宽度一半的路程，它们会一边赶一边用喙猛刺那个贼，并用翅膀打它。

　　接连好些天，企鹅繁殖基地的中心区域所呈现的都是苦涩的争吵场面、令企鹅不愉快的三角关系、出于嫉妒的发脾气，以及偷盗、吵闹和两性间不忠等情景。但在企鹅们返回繁殖基地27天后，雌企鹅们就开始下蛋；从那时起，所有群落成员就都会是守贞操模范，所有企鹅的婚姻关系也都会是安全的。而那些较晚到繁殖基地的3岁大的企鹅和无力找到配偶的其他企鹅则会跳入水中去捕鱼虾。那些留在岸上的企鹅则会专心投入历时几个月的养育幼崽的和平生活中去。

一旦所有的激情平息下来后，会有多少阿德利企鹅去设法寻找自己的前配偶呢？

在较年长的企鹅中，有84%会选择它们上一年的配偶，只有16%会接受比它们年轻的同类的求爱，而且也只是在以前的伴侣比那些较年轻的企鹅还要晚到繁殖基地许多天的情况下才这样做。

在只养育过一窝幼崽的较年轻企鹅中，50%的企鹅会在不管旧伴侣是否晚到的情况下选择另一个配偶。我们只能这样假设：在它们中，有些企鹅或许会认为自己曾有过的婚姻是不幸的，因而，它们想要寻找并抓住新的机会以便在第二次婚姻中改善自己的命运。

在对配偶的忠诚上，其他企鹅就比不上阿德利企鹅了。我已提到过：阿德利企鹅是攻击性极强的鸟。体形更大的王企鹅的性格就要比阿德利企鹅来得温顺了。王企鹅的生活要比阿德利企鹅来得安宁，它们较少为领地吵架，也不费心去造围巢的石头堡垒。这种企鹅配偶中的雄、雌企鹅轮流用温暖的脚掌呵护着它们所仅有的一个蛋，那双代替了巢的脚掌就成了蛋的庇护所。王企鹅是不会在一个固定的地方养育幼崽的，它们不停地四处迁移。由于它们不圈领地，因而，它们不必像阿德利企鹅那样富于攻击性，也较少用炫耀的方式来求爱与择偶。

当一种动物中两性都不好斗时，两个伴侣就不必努力去克服恐惧感与攻击性从而容忍两性关系了。因此，雄、雌个体也**就容易每年都重新结一次偶**，而且也没必要重新回到前配偶身边去了。由此，王企鹅不像阿德利企鹅那样常常与之前的旧配偶结偶。

帝企鹅的体重及相应的动作笨拙的程度都是王企鹅的两倍。就像王企鹅一样，它们也用脚掌来作为安置蛋的巢并不断地四处迁徙。

相杀相爱：两性关系的演化

这样，它们就不必费心去圈出一块块领地。当南极的暴风雪连续多天在冰天雪地里肆虐时，五六百只一群的帝企鹅就会互相挤在一起以保持彼此的温暖。可见，帝企鹅的社会性要比王企鹅的强。没有一只帝企鹅会怀着敌意与攻击欲去跟一个同类成员打招呼的。

　　在求爱过程中，帝企鹅会保持温顺的性格。雄帝企鹅是用温柔的呼唤而不是争吵与尖叫来向雌帝企鹅求爱的。然而，在交配季节，帝企鹅却要比王企鹅更缺乏找出前配偶并与之重新结偶的理由。当所有的雄性与雌性个体都能相处得很好时，这个伴侣与那个伴侣

右边的是这三种企鹅中体形最小的阿德利企鹅。这种企鹅是最喜欢吵架的，但它们在配偶关系的忠诚性上却又是三种企鹅中最强的。中间的是帝企鹅，是这三种企鹅中最和平却在配偶关系上最不忠诚的。左边的是王企鹅，其身高介于前两种企鹅之间；在配偶关系的忠诚性上，这种企鹅同样介于前两种企鹅之间，即高于帝企鹅却又低于阿德利企鹅。

之于某一个体就会同样合适并令它满意。因此，在交配季节，只有14%的帝企鹅会回到自己上一年的配偶身边去，而在阿德利企鹅中则有84%的企鹅会这样做。

那个适用于熊与长颈鹿的规律同样适用于企鹅：**只有富于攻击性的动物才会对婚姻保持忠诚**。由此可见，作为配偶间的亲密感，**婚姻忠诚源自**个体在与富于攻击性的、不熟悉的同类成员接触时产生的**不安全感与恐惧感**。

帝企鹅、王企鹅和阿德利企鹅代表着从季节性婚姻向持久性婚姻过渡的三个阶段。雄、雌林䴗伯劳之间的关系也代表着介于临时的与较持久的结偶关系之间的一个过渡阶段。林䴗伯劳是过一夫一妻的生活并共同养育雏鸟的。一旦雏鸟羽毛已丰，那对成年伯劳便不再有必要努力保卫它们的约8公顷大的繁殖领地以免遭别的伯劳的侵入了。到这时，伯劳全家就会到处漫游，并在漫游中一起猎食。不久，那些小鸟就能完全独立生活，并会离开它们的家。

当小鸟们已经离家时，那些身为父母的鸟就没有理由再待在一起了。当孩子已经离开时，袋獾配偶就分手了，企鹅与海鸥配偶也是这样。而且，在一年中的这个时间，鸟儿们是不会有任何性冲动的。

不过，在那时，对一对伯劳配偶来说，倒是还没什么东西可以阻止它们待在一起。在9月底前，食品供应都是丰富的。由于两只鸟都能轻而易举地找到足够的食物，因而，它们都不会舍不得将自己的食物给另一半。由于不存在让伯劳配偶们分手的紧迫的理由，因而，它们之间的个体间对子关系还是会让它们继续待在一起。

有时，伯劳配偶们会在8月份往南飞。如果它们继续留在北方

相杀相爱：两性关系的演化

的话，那么，它们就会在食物缺乏的秋季分手，并各自占据一块冬季领地。在一年中的这个时候，伯劳们会变得非常喜欢吵架。这时，如果一雄一雌两只伯劳被放在同一个笼子里的话，那么，它们就会血战到底。

尽管婚姻出了问题，但伯劳配偶们是不会彻底分手的。它们会生活在相邻的领地中，并保持着较远距离的接触。两只鸟都会不时发出拖音很长的听起来像是"孤味特"的叫声。接着，它们会飞蹿到高空之中，在对方的领地上空做长距离飞行，似乎每一方都想要确认一下对方的存在，查看一下自己的配偶到底在哪里。

3月初的时候，也即下一个交配季节即将到来之际，那一雄一雌的两只伯劳就会重新结合。它们之间就不会像那些互不相识的伯劳那样进行复杂而煞费苦心的求爱了。由于那一对鸟彼此间已很了解，因而，一旦食物供应情况许可，它们马上就会像往年一样生活在一起。

第十九章

彼此忠诚只是一种幻想吗?

持久的一夫一妻制

怀疑论者们会认为:没有婚姻会永久持续的。但他们错了。理想的婚姻的确是存在的。在这种婚姻中,伴侣们始终忠诚于对方,从不分开,不会争吵,也绝不会离婚。事实上,双方永远不可分离地结合在了一起,并逐渐融合成了一个统一的整体。

要看这样的婚姻,就得去海洋深处的永恒黑暗之地。那里,雄性与雌性、母亲与孩子、友与敌之间是根据它们各自所带的荧光灯的式样、荧光的色彩及灯光闪动的节奏而非根据外貌来互相辨认的。这个由灯火照亮的世界就像萤火虫的世界。属于深海鮟鱇鱼家族的多种贪吃的肉食性鱼就是这个世界的部分居民,这种鱼会用自带的灯来引诱猎物进入它们张开的嘴里。在这个世界上,没有一种动物中的两性会比这种动物中的两性更亲密的了。

这种雌鱼的背鳍前方的"刺"很长。它能用这根"刺"来作为一根"钓竿"。雌鱼会将这根长长的"刺"挥向前方,这样,"钓竿"

就会下沉并悬挂在它的两排非常尖锐的牙齿的前方。在那根"钓竿"的末端，有一个小而明亮的像萤火虫的小球在那里摆动着，那就是鱼饵了。

在黑暗的水体中，深海鮟鱇鱼能看到像亮照鱼、墨鱼和小螃蟹之类会发光的动物。不过，以鮟鱇鱼的视力来说，某些动物还是看不见的。这些动物是那些不会在黑暗中发光的，或在攻击猎物时将灯灭掉的动物。但当这种不可见的鱼靠近时，深海鮟鱇鱼是能够知道的，因为它的身体两侧的器官会记录附近物体所发出的振动并精确地确定它们的位置。在猎物冲上前去咬那个诱饵的瞬间，深海鮟鱇鱼就会缩回那个诱饵，并跳上前去对猎物发起攻击。

黑鮟鱇鱼能吞下自身两倍长的猎物。深海鮟鱇鱼就像某些长着

与雄鱼相比，雌深海鮟鱇鱼可以说是一个大得可怕的"女巨人"。两只很小的雄鮟鱇鱼的嘴已经成了雌鮟鱇鱼的身体不可分割的组成部分。

一张大嘴而其后又没什么东西的人。这种鱼的胃很小，但它们的胃却能像气球一样膨胀到正常大小的4倍。这样，一条深海鮟鱇鱼就能整个地吞下一条大灯笼鱼。

所有深海鮟鱇鱼的体色都是能吸收光线的黑色。许多深海鱼与墨鱼都有明亮的"探照灯"，如果鮟鱇鱼没有保护色的话，那么，它们就能照亮它的身体并由此看穿与那根"钓竿"有关的诡计。

深海鮟鱇鱼的黑色肤色给它们自己制造了一个难题。它们仅有的一点光亮是用来做鱼饵的，它们的身体的其余部分在黑暗的水体中都是不可见的。那么，在交配季节，雄、雌鮟鱇鱼又如何找到对方呢？我们已注意到：找配偶的困难使得蝴蝶鱼选择了一夫一妻终身制，尽管它们不必在一起照料幼崽。深海鮟鱇鱼面临着同样的问题，而它们已通过一种在动物界真正独一无二的方式解决了这个问题。

显然，气味是可将一个雄性吸引到一个雌性身旁的。在辽阔的海洋深处，当一条雄鮟鱇鱼确定一条雌鮟鱇鱼的位置时，雄鱼会用牙咬入雌鱼的身体并由此紧紧地抓住它。因怕自己会失去雌鱼或怕雌鱼会吃掉自己，那条雄鱼从来都不会松动它紧咬着雌鱼的牙齿。从那时起，那两条鱼就真的不可分离了。

渐渐地，雄鮟鱇鱼嘴部周围的区域变成了雌鱼身体的组成部分，而那个"爱情之咬"也变成了一个永久的吻。起初，雄鱼的双眼是很大的，但一旦变成了雌鱼的附属物，它的眼睛就退化并最终失明了。雄鱼的嘴与消化器官也会萎缩。它的循环系统与雌鱼的循环系统合并在了一起。从那时起，雄鱼就通过雌鱼的血液来获得养料，就像未出生的孩子通过母亲的胎盘来获得滋养一样。不过，与未出

相杀相爱：两性关系的演化

生的孩子不同的是，雄鮟鱇鱼并不生活在子宫内，而是一直附着在雌鮟鱇鱼身体的外面。

简而言之，雄鮟鱇鱼变成了一种依靠雌鮟鱇鱼生活的寄生动物，它唯一的使命就是生产精子来使雌鱼的卵受精。那条带着"嵌入的"雄性寄生者的雌鱼几乎成了一种雌雄同体的动物。这种世界上对爱情最投入的雄性动物是一种高度特化的专门履行其性职能的动物。就像雄绿叉蟖一样，与它的妻子相比，雄鮟鱇鱼的身体小得微不足道。有一次，有人从北大西洋的深水处钓到一条115厘米长的雌格陵兰鮟鱇鱼，附着在它身上的三条雄鱼中没有一条是超过1.5厘米的。那雌鮟鱇鱼的体重几乎是其配偶的100万倍。按人类的尺度来计算，这相当于一个女人随身带着只有一颗痣那么小的丈夫。

一段时间以后，雄鮟鱇鱼的性器官会长到10厘米长。这时，雄鮟鱇鱼身体的其余部分实际上就只不过是其性器官的一个容器而已了。

确保配偶忠诚的另一种原始方法就是将其监禁起来。多种犀鸟中的雄鸟会将配偶关在一段老树干中的约30厘米×40厘米大的洞里。雌犀鸟刚刚在那洞里下了2~5枚蛋后，雄犀鸟马上就会用碎木片、鸟粪、唾液与泥浆的混合物将洞口给封上。雄犀鸟会在封盖上留一条窄缝。那只与一只母火鸡差不多大的雌犀鸟会将约13厘米长的喙从那条缝中伸出来，猛刺像猿或蛇这样的敌害。它还通过那个缝吃雄犀鸟带给它的食物。

由此，犀鸟配偶间的关系恰好与深海鮟鱇鱼配偶间的关系相反：雌鸟成了寄生于雄鸟的食客。雌犀鸟胃口很大。每次回家，那只雄鸟都得带约60个果子来给它的配偶吃。科学家们曾经观察到过：在一个繁殖季节中，一只雄犀鸟总共带了 24 000 个果子给它的配偶。那只雌鸟吃了相当于整整一个果品市场中的果子！

科学家们刚开始研究雄犀鸟带给雌犀鸟的食物时曾经误以为它在试图毒杀雌鸟。因为雄犀鸟给雌犀鸟喂的干果中含有大量会致人死亡的番木鳖碱。不过，事实证明，这种成分并不会使雌犀鸟中毒。

但如果雄犀鸟被杀的话，那么，那只被监禁的雌犀鸟又会怎么样呢？它是注定要饿死还是能设法获得自由呢？它确实能从那监狱中逃出来，但这样做对它没什么好处。雄犀鸟一将它封在树洞里，它就马上开始脱毛。它的羽毛会几乎全部掉光，而那些掉下来的羽毛则被它用来做了巢的衬垫。由于羽毛已几乎全部掉光，它也就不再能飞了。这样，无论待在那个监狱之内还是之外，那个寡妇的命运就都已注定了，除非这时出现另一只雄犀鸟来照顾它。

在交配季节，年轻的单身雄犀鸟会去巡视邻居的巢洞，看看那些有配偶的雄鸟是不是在尽它们夫妻间的义务：给那些雌鸟喂食。只要有只雄鸟每天都给那只雌鸟带食物过来，那么，对单身汉犀鸟来说，它的巢与配偶就是禁脔。然而，如果一只单身汉犀鸟发现一只雌鸟得不到照顾的话，那么，它就断定这只雌鸟是个寡妇，并开始像喂自己的配偶一样热心地喂它。从那时起，那两只犀鸟就会**成为配偶**，尽管事实上它们还从**未有过性接触**。由此可见，**结对本能是可独立于性驱力之外的，并强大到仅凭自身就足以在两个动物之间建立起亲密关系。**

犀鸟配偶们甚至在小鸟羽毛已丰的情况下仍然会待在一起。这时，那个监狱的墙或封盖已被破除，整个家庭的成员们已开始在外面飞来飞去，而那只雌犀鸟也已经重新长出一身完整的羽毛。在小鸟们飞离那个家之后，那两只成年犀鸟则继续生活在一起并相伴到老。由此可见，那对犀鸟配偶实际上并不需要任何的"墙"来将它们圈在一起。即使雌鸟不是一个"囚犯"，它仍然会对那只雄鸟保持忠诚。那堵"墙"实际上只是起到了在它脱毛与孵蛋时使它得到保护的作用。

有些非洲黑人部落的男人在错误理解了雄犀鸟行为的基础上，也常常将他们的妻子关在小土屋内。他们不只是在妇女们怀孕期间才监禁她们，他们对她们实行的实际上是终身监禁。

有时候，动物伴侣们真的不能在缺了另一个的情况下活下去。原产于新西兰但现在已灭绝了的垂耳鸦就是这样一种动物。

垂耳鸦常以一种在树的木质里打很深的小隧道的昆虫的幼虫为

一对垂耳鸦配偶

食。若无雌鸦的帮助，雄鸦就吃不到那种幼虫，反之亦然。垂耳鸦体长 45 厘米左右，是一种与乌鸦类似的黑色的鸟。雄垂耳鸦长着可用来剥树干上的树皮的短喙，但它们的喙却无法伸进幼虫藏身的窄窄的隧道。雌垂耳鸦长着马刀似的可往下切割的细长的喙，这种喙很适合用来掘出幼虫，但若用来撬开树皮就过于薄弱了。在雄鸦移开树皮后，雌鸦就会挑出蛀孔里的幼虫并喂一些给它的配偶。它们中**任何一方都不能离开另一方而生存**，因而，**垂耳鸦**配偶们**不得不互相忠诚**。

由于单身雄鸦或雌鸦不能独立生存，因而小垂耳鸦还在被父母喂养的年龄就得结偶了。寡妇和鳏夫也是注定要饿死的。由此造成的结果是，**垂耳鸦配偶**很可能是整个**动物界彼此最忠诚的配偶**。

不幸的是，我们不可能了解垂耳鸦婚姻生活的更详细情况了。1907 年，毛利族猎人们已射杀最后一只这种令人着迷的鸟。垂耳鸦是容易被捕捉的动物，因为猎人们知道怎么模仿它们的呼救声，并利用这种呼救声来将垂耳鸦引向死亡。

我们只能猜测垂耳鸦是怎样使用它们的呼救叫喊的。如果配偶中的一方死亡了，那么，尚活着的一方肯定很快就会饿并发出求助的叫声。或许，会有邻居的垂耳鸦夫妇对求救声做出回应并给那个寡妇或鳏夫喂食，直到有另一只丧偶的垂耳鸦或尚无配偶的年轻垂耳鸦来填补那个已亡的配偶所留下的空缺。

除了垂耳鸦外，几乎没有其他动物实现过终身执着于婚姻的理想。诚然，许多动物也实行终身的一夫一妻制，如某些等足目动物、某些螃蟹、丽鱼、蝴蝶鱼、数不清的鸣禽、乌鸦、鸽子、灰雁、鹦鹉、海狸、豺狗、矮羚羊、某些鲸、獾、狐和长臂猿等。然而，这

相杀相爱：两性关系的演化

些动物的婚姻生活很少有与人类关于美好婚姻应如何的观念相符合的。**除非一夫一妻制对生存必不可少**，就像垂耳鸦的情况那样，包括**人类**在内的**动物们都倾向于对配偶不忠**。

我将以一种德语中被称为不可分之鸟、英语中被称为爱情鸟的鸟（牡丹鹦鹉）为例，来做一番讨论。除了头上覆盖着一层黑色羽毛外，长着黄色领圈的爱情鸟们在大小与外貌上都与它们的亲戚虎皮鹦鹉很像。爱情鸟们以群居的形式在坦桑尼亚高原上生活，它们在孤零零的金合欢树与猴面包树的树干上的洞里筑巢。

爱情鸟用有趣的竞赛来决定个体在群中的社会地位。两只雄鸟或雌鸟会同坐在一根树枝上，互相盯着对方看并同时前后或左右摇晃自己的身体。突然，一只鸟朝前扑去，啄另一只鸟的脚并用喙抬起那只脚，以使对方失去平衡从而从树枝上掉下去。

总是吵吵闹闹的爱情鸟群是由已婚的鸟夫妇们及正在寻找配偶的"青少年们"组成的。埃维塔是一只刚性成熟的少年爱情鸟。[1]作为一只高等级雌鸟，同时向它求爱的雄鸟总是不下于 5 只。每一只雄鸟都不让别的雄鸟靠近它。不久，两个等级较低者放弃了对它的追求，并将注意力转向自己不怎么中意的雌鸟。等级最高的雄鸟恩佐、排序第二的雄鸟梅莫及佩皮诺则继续在为获得埃维塔的青睐而竞争着。

起初，强有力的恩佐似乎胜利在望，因为它总是能将另两只雄鸟赶走，只要它想这样做。然而，埃维塔有别的想法。恩佐献媚地朝埃维塔鞠躬，或前或后地在其附近小跑着，并试图靠近；但每当它靠近时，埃维塔就会将它赶开。

我们不清楚埃维塔为何拒绝恩佐的求爱。仅仅是因为恩佐不讨它喜欢，还是它不喜欢恩佐自命不凡的样子，或是它对恩佐在向自己求爱的同时还在向另外三只雌鸟求爱不满？无论哪种情况，埃维塔都没有被恩佐的高级社会地位所迷惑。在被它冷落 7 次后，恩佐放弃了，并将注意力转向了别处。

不久，梅莫也放弃了对埃维塔的追求。埃维塔选择了它的三个追求者中地位最低的那一个。当埃维塔与佩皮诺正式互相托付时，包括鸟群中高等级和更强势成员在内的所有别的爱情鸟都尊重它们的选择。

尽管它们的求爱活动可能是吵吵闹闹的，但一旦两只长着黄色领圈的爱情鸟结偶之后，它们就会在其后的生命过程中一直保持互相忠诚。不过，如果一对爱情鸟配偶中有一只死了的话，那么，还活着的那只鸟很快就会找一个替代者。这时，若条件允许的话，它们会优先选择从前的追求者或"女朋友"。

为确定在不正常情况下爱情鸟的忠诚性如何，施塔姆（R. A. Stamm）曾做过一系列实验。[2] 他将一群鸟放进中间用玻璃隔成两半的大鸟舍。那些爱情鸟配偶中的雄雌两方被放在玻璃的两边。配偶们能通过玻璃互相看到，但许多别的鸟的在场又给了它们寻找别的性伙伴的许多机会。

罗密欧与朱丽叶是被玻璃墙隔开的配偶中的一对。连续几个月，它们都蹲在那堵玻璃墙边，互相呼唤并看着对方。在交配季节到来时，它们两个都与新的伙伴交配了。但只要它们有一分钟的空闲，它们就会回到那玻璃墙边，凝视着对方。显然，事实证明：**动物们的结对本能以及个体间对子关系，可以比性本能更强大**。

当那堵玻璃隔墙被移走时，罗密欧与朱丽叶都立即就放弃各自的新配偶，并重新变得不可分离了。

　　并不是所有的爱情鸟配偶的表现都像罗密欧与朱丽叶一样。在一系列实验中，每对配偶的行为都与别的配偶的行为略微有点不同。有些爱情鸟配偶很快就不再通过玻璃互相看着对方，而是转而专心致志地与自己的新配偶相处。另一些配偶的表现则像是：新配偶才是"生命中的真爱"。因此，当玻璃隔墙被移走时，许多爱情鸟并不回到它们的前配偶身边去。

　　三个因素决定着隔离墙移走后一对配偶是否会重聚：一、前配偶之间亲和性对子关系的强度；二、新配偶之间亲和性对子关系的强度；三、与前配偶分离时间的长短。

　　在这本书中，我已经讲清楚：动物个体间的对子关系会比任何性关系都要持久得多。然而，正如爱情鸟的行为所表明的，对子关系并不总是能持续终身。如果两个配偶分开相当长一段时间，那么，它们就会忘了对方。同理，如果一对人类配偶分开已久，那么，他们也会走向分手。例如，释放后回家的战俘们常常发现他们与自己的妻子已不再有任何共同语言了。

　　有时，当一对爱情鸟被隔墙隔开时，雄鸟会很愉快地再婚，而雌鸟则会对自己的新配偶感到不满，并会将它的所有时间都用在通过玻璃如饥似渴地凝视前配偶上。而当隔墙被移走时，那闷闷不乐的雌鸟就会试图回到它的前配偶身边去，除非它被已移情别恋的对方所拒绝。

　　在雌鸟大大多于雄鸟或雄鸟大大多于雌鸟的情况下，爱情鸟之间的一夫一妻关系又会发生什么变化呢？施塔姆所做的实验表明：当雌鸟的数量大大超出雄鸟的数量时，这种鸟就会改变结偶习俗。

在正常情况下，是雄鸟向雌鸟求爱而雌鸟有接受或拒绝的自由。然而，在雌鸟大大多于雄鸟的情况下，那些没配偶的雌鸟就会主动向雄鸟求爱，甚至向已经有配偶的雄鸟求爱。那个嫉妒的妻子会试图将自己的竞争对手们赶走，但它常常不会成功，结果，它的丈夫就会有两三个妻子。

在爱情鸟中，如果一只雄鸟有两个配偶的话，那么，两只雌鸟就会在不同的巢里各自养育自己的雏鸟。不过，过一段时间后，如果它们在巢外的地方碰上的话，那么，它们就会逐渐变得能容忍对方的存在。

雌鸟过剩时的爱情鸟的行为令人想起《圣经·旧约》中所记载的利未人的婚姻。根据古希伯来法律，一个死后无嗣的男人的遗孀得嫁给她丈夫的兄弟并将再婚后所生的第一个儿子当作那个已亡男人的儿子及继承人。即使那个兄弟已经结了婚，他也得与那个寡妇结婚。在那个时代，很多男人会死于战争，很多妇女因此而没了丈夫。这样，那少数可供结偶的男人便不得不像雄鸟短缺时的雄爱情鸟那样，"扩张自己的结偶范围"。

然而，在雄爱情鸟数量大大多于雌爱情鸟的情况下，雌鸟们并不采取一妻多夫制。那些没有配偶的雄鸟可与一只已婚的雌鸟做"朋友"，甚至可在它正在孵蛋时给它喂食，但雄鸟们所做的也仅此而已。不过，若一只雌鸟的配偶死了，那么，它的"男朋友"就可以成为它的新配偶。由此，在实验室条件下，雄爱情鸟们实行的是与生活在野外的狮尾狒狒和阿拉伯狒狒同样的"副职制"。

与许多鸟类一样，爱情鸟也已经将给伴侣喂食的技术发展成了接吻艺术。爱情鸟是用舌尖来互相传递食物的，因而，实际接触的只有鸟喙的顶端。当它们互相喂食时，那两只鸟是以面对面的方式抬起头的，因而，它们的动作很像人类的接吻。

爱情鸟配偶们常常互相"接吻"。例如，只要它们分开一段时间甚至只有一分钟，它们就会在互相问候时接吻。另外，当它们受到某种危险之物（如正在向它们逼近的蛇）的威胁时，当它们并肩坐在一根树枝上时，在它们交配之前以及每当争吵过后讲和时，它们都会接吻。

只有爱情鸟配偶间才互相接吻。未婚夫与"副职配偶"是只能给雌鸟喂食而不能跟它接吻的。当我们看到动物们如何恰如其分地控制自己的行为，以使之总是与自己及群体中其他成员的社会地位相称时，我们不由得会深感惊异，并发出由衷的赞叹！

使得爱情鸟配偶能终身保持互相**忠诚**的是，**结对本能**及个体间强烈的**亲和感**。爱情鸟个体间结合关系的稳定性取决于配偶之间的亲和关系的强度。**爱情鸟的婚姻行为是人类相应行为的一面镜子**。爱情鸟所做出的榜样会激励我们去研究我们人类自己的结对本能，从而使我们能更好地理解那些对人类的婚姻具有至关重要的影响的力量。

《浮士德》中的梅菲斯特曾问："现在，如果你愿意，请你告诉我：男人与女人为何总是相处得那么不好呢？"现在这已经成了一个比以往任何时候都更具有现实意义的问题，因为人类的婚姻从未显得像现在这样不稳定。不和谐的婚姻与离婚现象正在破坏着一种制度或习俗，而它对很多人来说是其安全感的主要来源。

在此，我不会讨论不幸的婚姻与离婚对孩子们造成的影响。这里，我只想说：我们婚姻的品质塑造着这个世界未来的命运所依赖的那些人的品质。

我认为：**现代婚姻的许多不幸，是由于伴侣双方都误认为性的吸引力是幸福婚姻的主要成分。单单基于性吸引力的婚姻会像基于谋求金钱或社会地位的欲望的婚姻一样贫乏与不稳定。** 歌、诗、戏剧、小说、电影和电视剧等作品中经常描绘出一幅幅关于爱情是什么的错误图画。这些关于爱情的错误图解未能展示出作为**幸福婚姻之真正基础的、伴侣间亲和对子关系**的重要性。

科学家们最近才发现社会性结对本能的存在。是研究动物行为的动物学家而不是研究人类的哲学家和社会学家发现了这种驱力——这一点看来是意义重大的。结对本能表明：**动物们的行为可能完全不是所谓"动物性的"。**

我已经讲述了那种将两只爱情鸟维系在一起的纽带的力量。接下来，我将讨论离理想的一夫一妻制稍远一点的动物婚姻生活。

结对本能在爱情鸟近亲虎皮鹦鹉结合中所起的作用，不如它在爱情鸟婚姻中起的作用。**虎皮鹦鹉**是终身一夫一妻制的，但配偶双方尤其是雄性经常是不忠的。不过，雄性的婚外情并未影响到婚姻的稳定性。对这种鸟来说，**性关系与配偶间的私密感情是两回事。** 鹦鹉配偶中的雄性通常都不是它用父爱来养育的雏鸟们的真正父亲。不过，这种鸟并不关心父子关系是否确实的问题，因为它们当然不会懂得性交与生子的关系。

对虎皮鹦鹉来说，性关系与性以外的社会关系是完全不同的两种关系。因此，有时，两只同性的虎皮鹦鹉也会凑到一块过起家庭生活来，即两只雄鸟或两只雌鸟建立起了一种永久性结合关系。如果两只鸟都是雌的，那么，它们中的每一只都会与雄鸟私通，而后在同一个巢中生下受过精的蛋并一起养育它们的雏鸟。

与虎皮鹦鹉一样，有时，**人类也会将性与爱分开来**。我曾看过一部叫《船长的天堂》的英国喜剧片，片子讲的是一个常常在直布罗陀与丹吉尔之间航行的船长的故事。那个船长在两个港口城市各有一个妻子。他在直布罗陀娶了一个顾家爱家的妇女，而他在丹吉尔的妻子则是一个性感的肚皮舞女郎。他还以与自己船上的旅客中的名人们交谈来满足自己的知性需要。由此，船长实际上将自己的生活分成了三个不同部分。在与两个妻子的关系上，他得不断地防备着一个妻子得知另一个妻子的存在。最后，不可避免的事情终于发生了，那个船长也就失去了他的天堂。

在古代青藏高原曾经有这样的习俗：屋子的男主人会允许在他家过夜的客人与他的妻子性交。他妻子的"不忠"并不会损害他们的婚姻，而做丈夫的也从来都不会质疑她的孩子与自己的父子关系。换句话说，那些做丈夫的是将婚姻与性看作两种不同的事情的。

一个**男人有时会抵挡不住一时的性诱惑而做出对妻子不忠的事**来。那个做妻子的没必要总是将这样的不忠行为看得过于严重，因**为丈夫一时的风流韵事并不一定意味着他不爱她**。当配偶中一方因为另一方不忠而选择与他或她离婚时，他或她可能只是在用不忠来作为借口，逃避那个本来就已经失去意义的婚姻而已。

不过，那个不忠的人自己应该总是严肃地对待自己的不忠行为，因为这是在玩火。**亲和感与性吸引力是并生共长的**，当其中之一存在时，另一种也会很快产生。因此，如果一个男人在身体上对他妻子不忠的话，那么，他就会冒在情感上也对她不忠的危险，因为他可能会真的开始爱上并想要得到他的情妇。

一个男人可以有许多亲密的男性朋友，但他心里只装得下一个女人。即使那些拥有许多后宫佳丽的男人也总是只有一个他特别喜欢的妻子。因此，新出现的性结合关系是会摧毁原有的亲和性对子关系的。

此外，正如文须雀行为所显示的那样，一个屈从于足够大的情感压力的动物会失去与别的个体形成亲和性对子关系的能力。

在奥地利与匈牙利交界处有一个新锡德尔湖，在这个湖边的约1千米宽的环湖芦苇带中，生活着一种叫文须雀的鸟。在这个松散的雀群中，每个巢中会有约 4~7 只小鸟。到 6 月份，那些小鸟的羽毛就会完全长好。夜里，那些鸟是在芦苇中相互依偎着安安静静地过夜的。那时，它们的羽毛是蓬松的，因而看起来就像一个个绒毛小球。但天一亮，它们就会发出沙哑的叫声，而且，那些雄鸟会互相啄、刺、推拉，尤其是啄、刺、推拉那些雌鸟。尽管那些小鸟还没有性成熟，但它们已在找它们未来的配偶。那些雄鸟的表现就像人类中那些戏弄与数落小姑娘们的小男孩。刚开始时，一只雄鸟会欺负所有在它的视野中的雌鸟，但后来，它就会将注意力集中在某只特定雌鸟上。如果这只雌鸟耐心地忍受它的各种可气恶作剧的话，那么，那两只鸟就会认为它们已订婚了。它们要到次年春天才会交配，但一旦订了婚，它们就会在一起共度此后的生命。不过，如果它们发现彼此并不像当初看起来的那么协调，那么，它们也会解除婚约，当然，这样的情况非常少见。

动物们也会"订婚"：一种测试双方是否协调相配的"试婚"形式。它们**在性成熟前**就会**这样做**。这样，订婚就不是对性感觉而是对**亲和性结对驱力**的一种**回应**。如果伴侣间的对子关系经不住时

　　　　　　　　　　相杀相爱：两性关系的演化

间考验，那么，它们就会解除婚约。

如果一对已订婚的文须雀相处得很好，那么，那只雄雀就不会离开那只雌雀。（维也纳大学动物行为学教授）奥托·柯尼希（Otto Koenig）提到，两只已经订婚的文须雀是无论在洗澡、整理羽毛、睡觉还是寻找食物时都在一起的。它们会用嘴来帮助对方梳理羽毛，互相爱抚。如果一只鸟飞到旁边的一棵高高的芦苇上去，那么，另一只鸟就会立即跟上。[3]

一旦两只文须雀订了婚，那帮吵吵闹闹的少年雀就会让它们单独待着而不再去招惹它们。如果另一只年轻的鸟胆敢攻击那对已经订婚的鸟中的某一只鸟，那么，那对鸟就会给对方一顿痛打。由此，订婚的好处之一就是那两只鸟都能过上比订婚前更和平的生活。

随着时间一周一周地过去，越来越多的鸟儿订了婚，那些尚未找到配偶的雄鸟则开始变得狂乱，并向这个世界发出表达失望之情的抱怨之声。它们所唱的歌听起来像是"青—叽克—喊儿欸"。这是一种由几种声音组成的合成曲，科学家们已经能够破译这种歌曲的意思。

柯尼希发现：在文须雀语言中，"青（chin）"的意思就相当于人类语言中的"注意"或"看"，"叽克（jick）"表示那雄鸟正处于一种浪漫情绪状态中，"喊儿（chhr）"是对雌鸟的称呼，而"欸（ay）"则表示请求同情，因为那只雄鸟正孤身一个。因此，我们可这样来翻译那只雄雀的歌声："注意了注意了！我好想恋爱。雌鸟们，请到这边来，我好孤独哦！"已订的年轻雄鸟的叫声是："叽克—喊儿"，即"我爱意正浓，雌鸟，过来啊！"。换句话说，已订婚的雄鸟是不会呼唤鸟群中所有成员来注意它们，也不会表达自己的孤独的。

如果一只正在忙于寻找食物的雌文须雀看不到其未婚夫，那么，它就会叫"喊儿—喊儿"。这时，那只雄鸟马上就会回以"叽克"并飞到它身边。只有未婚夫身份的雄鸟才会回复雌鸟的求救声，别的雄鸟则不会予以理会。这样，它的呼救声就不只是一种一时的情绪的表达，而是一种自觉定了向的有目的的信号，一种发给某只特定鸟的私密性的呼唤。在 20 世纪 50 年代，研究语言的科学家们不认为动物们能够交换有目的的信号。有目的的信号交换可能是两个动物建立与维持个体间亲和性对子关系的一种手段，这种性质的信号交换也有助于平息它们的攻击性。

德斯蒙德·莫里斯（Desmond Morris）指出：许多人会在他们的谈话中引入在本质上无意义或不相关的话题。这种显然漫无目的的交谈是用来维持两人之间的接触的，正像猿之间的毛发梳理是用来维持两个猿之间的接触的。除了维持谈话本身之外，这种谈话并没有什么其他实际的用场。[4]

文须雀配偶之间的爱非常温柔体贴，在夜里，丈夫会展开自己的翅膀将妻子覆盖在翅膀之下，以保持妻子身体的温暖。

只有在被关在不同笼子里的情况下，文须雀配偶才可能被分开。如果配偶之一被鹰或猫所杀，那么，幸存的一方就会一边飞来飞去，一边朝伴侣大声呼喊着。而后，它会一声不响地坐着，显然，它已被悲伤所压倒。柯尼希指出：如果那只刚刚丧失亲鸟的鸟听到风中芦苇的沙沙声或另一只雀的叫声的话，那么，它就会变得非常兴奋，就像期待着配偶飞回到自己身边来似的。[5]

在经历一段长时间的哀伤期后，那只幸存的鸟会重新结婚。这时，它的选择范围已经有限了，因为一只冷静的两三岁文须雀的神经已不能忍受年少文须雀们喜欢吵来吵去的喧闹行为。那个寡妇或鳏夫必须加入成年雀们在非交配季节形成的群体。成年雀们是安静与和平的，它们不会带着激情来互相求爱，也从不嫉妒。如果一个寡妇与一个鳏夫在这种情况下相遇的话，那么，它们就很可能会进入一种"将就的婚姻关系"。

正如文须雀的结偶行为所显示的，一个动物一旦已与配偶结成亲密的对子关系，那么，它就会在情感上处于耗尽状态，因而无法再与第二个配偶结成这样的对子关系。寡居文须雀不难与新配偶一起生下它们的雏鸟。然而，凑合着再婚的两只文须雀却经常会大吵特吵。而且，它们分居的时间也要比那些处于第一次婚姻中的文须雀多。有时，它们甚至会完全分开或离婚。由此，那些较年长的文须雀的求爱是沉着冷静的，而它们**凭"理智"找到的第二次婚姻通常不如用青春的热情铸造出来的第一次婚姻幸福与持久**。

当然，这一规律也是有例外的。有时候，文须雀的第一次婚姻也有可能是不幸的。在这种情况下，如果它的第一个配偶死去而它又与另一个合拍的伴侣结了偶的话，那么，它对这第二次婚姻就会比对第一次婚姻满意得多。不过，一般说来，那些已失去过一个伴侣的鸟儿在求爱时是缺乏热情的，且也不能与新配偶形成牢固的结合关系。

一个自然法则决定着动物或人类婚姻关系的强度：**婚姻的强度取决于伴侣双方拥有的结对本能的强度**，即取决于伴侣们形成牢固的依恋关系的先天能力、彼此和谐程度，以及配偶中的每一方已将其用以形成依恋关系的潜能耗费到了什么程度。

第二十章

从动物到人

作为一种文化创造的一夫一妻制

我前面讨论过的实行一夫一妻制的动物大多是鸟类。这些鸟在其婚姻关系中展示出了许多跟人类相似的弱点。然而,在动物界,与人类血缘关系最接近的并不是鸟类,而是猿。那么,猿类的结偶习惯和人类的相似吗?

大多数猴子与类人猿都不是过一夫一妻制的生活的。如前所述:阿努比斯狒狒在大群落中过着自由性爱生活;狮尾狒狒和阿拉伯狒狒过着一雄多雌的后宫生活。这几种动物实行的都不是与人类的一夫一妻制相似的婚姻制度。

在日本猕猴中,一些猴群所过的也是与阿努比斯狒狒相似的自由性爱生活,另一些猴群所遵循的则是雄性将雌性当奴隶对待的父系制度,还有一些猴群所遵循的则是母系制度。(我已经在《友善的野兽》一书中讨论过多种不同的社会制度。[1])每一个猴群都发展出了自己的传统以及性行为和其他社会行为的形式。然而,日本猕猴从来都不曾实行过一夫一妻制。

在灵长目动物中，实行一夫一妻制的只有栖息在南美与东南亚的长臂猿与绒猴。

长臂猿与它们的近亲合趾猿是热带雨林中的空中杂技演员。它们同属类人猿亚目并以善吼闻名。它们的歌声美妙得不可思议并能传播到几千米外。曾有游客描述过合趾猿们在黎明时分在苏门答腊的山地丛林里所演出的奇异音乐会。每当太阳驱散清晨的薄雾时，那些猿就开始它们奇异的合唱。几只雌猿首先发出铃声般的低沉声音，那声音在浓密的藤蔓中回荡着。接着，约 1 米高的雄猿们发出嘈杂的叫声，而后是欢呼声，再后来是放肆的嗤笑声。最后，雄合趾猿们会爆发出真假声交错的欢快的歌声。这时，一群又一群的合趾猿加入了合唱之中，歌声在整个丛林里回响。在大约 25 分钟后，合唱中的主要声部渐渐变弱，并最终消失。

合趾猿的这种"歌唱比赛"是非常有纪律的表演活动。1970 年，于尔格·兰普雷希特（Juerg Lamprecht）发现：一夫一妻制的合趾猿们在唱二重唱时遵循着精确的规则。雄猿和雌猿按特定的次序发出特定的声音，它们都知道该在什么时候加入对方的演唱中去。[2]

合趾猿的音乐表演类似于歌剧团的排练。首先由一只雌猿发出一阵简短的引子式叫声，而后，每个雌性猿歌星都会唱出一串串长长的铃声般的歌声，那歌声会逐渐变短变快，最后变成一阵地狱般可怕的大笑。与此同时，那个男高音则漠然坐在那唱歌的雌猿一侧，没有在意它的伙伴所做的发声练习。然而，随着雌猿所唱的断断续续的歌声变得越来越响亮，也越来越活泼，雄猿就显得越是关注。雄猿的双唇开始有节奏但又不出声地一张一合，似乎正在做准备，要在适当之时加入歌唱中去。最后，随着它的伙伴的叫声越来越快，那雄猿终于被雌猿精湛的演唱技艺所陶醉，于是，它爆发出一阵长长的叫喊，接着又发出一阵快乐的喘息。当它的喘息声停下来时，那雌猿也停止了放肆的大笑。二重唱的第一节就这样结束了。

现在，那雄猿坐了下来，它通常都把背对着那雌猿。在几秒钟暂停后，就像开始演唱第一节一样，那雌猿又开始了第二节演唱。随着雌猿的笑声的节奏的加快，它在树间晃荡的速度也越来越快。在雌猿发出两三声叫声后，雄猿也以短促的狂吼加入，接着是一阵长时间的喘息声。雄猿疯狂追逐着雌猿，并试图以叫得比它还快来挑战它。有时，其中的一只猿会有节奏地用手击打其张开的嘴巴，就像美洲印第安人发出的战争呐喊。

"那两只猿渐渐地停止了它们的竞赛，"兰普雷希特写道，"它们安安静静地坐下来，或悬挂在树枝上，偶尔发出几声吼叫。它们没有因为尽力表演而显出一点疲劳的样子。在那个时候，它们一直保持着安静，并几乎或根本就一动不动，直到下一段二重唱开始。"[3]

每一段二重唱由两节组成，每节持续约 50 秒。每一段二重唱之间停顿约 20 ~ 60 秒。在每一段演出中，两个搭档都会使各自演唱的部分协调一致。这种合唱音乐会会持续约 20 ~ 25 分钟。不过，表演者们未必都知道自己该唱哪些部分。如果雄猿没有在合适的地方加入合唱中去，那么，雌猿就会中断那一节演唱，因为它觉得再唱下去是没有意义的。有时，雌猿会省略它在第二节中的快速而断续的演唱。在这种情况下，雄猿也会省略二重唱中的相应部分，以使自己的演唱与雌猿的协调一致。

诗人威廉·布施（Wilhelm Busch）曾写过一首讽刺人类的诗，

　　　　　　　　　　　　　相杀相爱：两性关系的演化

它同样适用于猿类："在二重唱中，人不能掩着那两张嘴，它们都得大张着。"在唱歌时，合趾猿会鼓起它气球般的喉囊。这些比人头还大的喉囊是用来放大乐声的。结果，音乐会中的声响震耳欲聋，以至于在现场的人无法听到彼此的说话声。

所有合趾猿的二重唱都遵从同样的基本模式。不过，演唱中总是存在着个体即兴表演的空间。每一对合趾猿都有吼叫与大笑的不同的节奏、不同的基调以及每节和每段二重唱之间的不同的时间间隔。或许，这些演唱技巧上的差异使得丛林里的不同的合趾猿配偶在相隔很远的地方就能互相识别。

这种二重唱的主要目的在于巩固配偶间的对子关系，即使在非交配季节也同样如此。当人类在一起唱歌时，他们会感受到一种同志之情。或许，合趾猿们也能感受到差不多完全一样的情感吧。

生活在动物园里的和婚姻不幸福的合趾猿夫妇从来都不进行二重唱。在鹿特丹动物园，雌合趾猿怕它的配偶。在柏林动物园，雄合趾猿和两只因太年少而还不能作为它配偶的雌猿生活在一起。这两个动物园里的合趾猿们都不在一起唱歌。

然而，法兰克福动物园的两对合趾猿却会举行四重唱。兰普雷希特录制的音乐显示：每只雄猿都遵从自己配偶的暗示在适当之时加入演唱。此外，那两只雌猿都会很小心地在同一个时间点上开始每一节演唱。结果，它们的演唱就成了四重唱。

在丛林中，相邻的合趾猿家庭会在相遇时在一起进行大合唱。推测起来，或许它们是在用音乐来打仗，也即用歌声来划分各自的领土的疆界。这种歌唱中出现的狂野的舞蹈是用来向别的合趾猿展示自己的体力的。在表演结束后，所有的猿群都会安静地离开边界。

栖息在一个特定区域中的合趾猿越多，它们的唱歌就越频繁。在种群密度较大的地区，它们不仅在清晨和黄昏时歌唱，且在白天时也会每隔一段时间就唱上一番。只要有一个家庭开始演唱，所有邻居就都会加入进来。很快，整个丛林里就会回荡起吼叫声、大笑声及快乐的喘息声。

在法兰克福动物园，并没有其他合趾猿来激发那两对合趾猿配偶唱歌，但它们会对到动物园来参观的学校里的孩子们的尖叫声做出回应。

合趾猿家庭的所有成员是在其丛林领地中的中心地带一起过夜的，它们睡在树枝上面。例如，在一个家庭里，身为父母的合趾猿会蜷曲着互相紧靠着待在群体的中心，它们俩中间会夹着一个三周大的婴儿，它被父母的身体温暖着。父母旁边会是 3 个分别 2 岁、4 岁和 6 岁的孩子。20 岁的祖父会缩成一团待在群体边缘位置上，另一边的边缘位置上会坐着一位带着孩子的 8 岁大的年轻母亲。

合趾猿和长臂猿都是实行一夫一妻终身制的。它们对同性其他成员都极富于攻击性。换言之，这两种猿的行为很像盲虾虎鱼和绿蜥蜴，即雄性对雄性怀有敌意，雌性对雌性怀有敌意，但异性间从不互相攻击。当然，合趾猿和长臂猿并不像盲虾虎鱼和绿蜥蜴那样"与一个地方结婚"。它们进入并维持永久性的一夫一妻关系，并与伴侣构成并共享一种牢固的一对一的对子关系。

在长臂猿与合趾猿总是对同性成员怀有敌意的常规中存在两种例外。一位母亲会允许自己女儿留在家族群里，即使那个女儿已性成熟并有了自己的第一个孩子。显然，母亲不会憎恶自己的女儿，尽管女儿的孩子肯定是由女儿和它的父亲即这位母亲自己的丈夫所生的。

在与父母生活在一起时，年轻的雌猿会"实习"性地生养自己的第一个孩子。不过，那个孩子通常活不下来。年轻的雌猿得通过观察母亲如何照料自己的兄弟姐妹并在自己的后代身上付诸实践，才能学会照料自己的孩子。

长臂猿实行一夫一妻制。不过，在一只雌猿找到自己的伴侣之前，它会先与自己的父亲发生性关系并为其生下一个孩子。当那位父亲和自己的女儿发生性关系时，它对自己的配偶是不忠的。

同性相恶规律的第二种例外是：一个猿家庭不会赶走自家的祖父。祖父是一只正在日渐衰老的雄猿，它不再能履行家长的职责。它的儿子之一会逐渐承担起它的职责。那个接替衰老父亲的家长职务的儿子很像阿拉伯狒狒群中那个取帕夏而代之的"副帕夏"。不过，这里的社会单位并不是后宫，而是一夫一妻制家庭。在合趾猿和长臂猿的家族群体中，祖母们也是可以被接纳的。

换而言之，长臂猿家庭通常实行一种不断自我更新的长期婚姻制度。年迈雄猿的职位被自己的一个儿子继任，这个儿子会与老父的中年妻子结婚。几年后，这个雌猿会变得很老，这时，它的女儿之一会取代它的位置，与它的这个儿子结婚。由此，做父亲的总是会与自己的女儿之一结偶，做母亲的也总是会与自己的儿子之一配对。这样，一代又一代，长臂猿们不断地近亲繁殖着。

有时，这些类人猿也会打破近亲繁殖的循环。

清晨，当它们听到早合唱的歌声时，整个家族成员都会从过夜的领地中心区域飞奔到它们将要唱歌的边界处。在树林里穿梭时，它们会听到邻居的领地里回响着类似于战争的叫喊。于是，这支队伍就会加快穿越丛林的步伐。

没有人能测量长臂猿能跑得多快，但毫无疑问，它们是世界上跑得最快的动物之一。与长臂猿相比，电影里的在藤蔓间摆动穿行的人猿泰山就慢得像只蜗牛了。长臂猿借助于有弹性的树枝来获得前行动力，就像撑竿跳运动员用长竿来获得前跳动力一样。这种身长约46~64厘米的猿每跳的距离达12米。它们的运动速度是如此之快，以至于它们可徒手抓住飞行中的鸟。如果一只长臂猿因距离判断错误而没能抓住本想抓住的一根树枝，那么，它只消用它长长的肌肉发达的手臂抓住另一根低一点的树枝就行了。长臂猿们很少在地面上行走。

整个长臂猿家族都会跑到领地的边界上去，在那里和邻居相会，举行震耳欲聋的歌唱比赛。像许多鸟类一样，长臂猿们也是用歌声来标明领地范围的。如果一群长臂猿闯入另一群长臂猿的领地之内，被入侵的猿群就会愤怒地追赶那些入侵者。不过，长臂猿很少进行肉搏。

长臂猿邻居们通过互相唱上半小时歌的方式来消除对方的攻击性。而后，所有长臂猿就会慢慢地安静下来，并通过树叶间的缝隙带着敌意互相看着对方。在这样的时候，来自敌方领地的年少长臂猿是被允许与己方孩子们一起玩的。不过，它们会与父母保持一定的距离。这时，一位刚生过第一个孩子的年轻母亲可能会与一位总是和自己父亲争吵并将被赶走的雄猿交朋友。那两只猿可能会在无猿之地订婚。如果相处融洽，那么，它们会离开那里，去找一块属于它们自己的领地，并在那里生儿育女，建立自己的家庭。

在配偶中任一方都不会舍不得将自己的食物给予对方这一点上，

相杀相爱：两性关系的演化

长臂猿是与海鸥相似的。长臂猿配偶从来不会试图拿走对方的食物。它们常常在一起分享唯一的果子。在会花很长时间来拥抱和爱抚对方这一点上，长臂猿是与恋爱中的人类相似的。但在别的方面，它们与人类的差异又相当大。我已说过：长臂猿是一夫一妻制的，但它们的一夫一妻制形式却又妨碍着它们形成比单个家庭更复杂的社会秩序。随着年少的猿们逐渐长大，它们就会被从猿群中赶走，而邻居的猿群则会被看作对手。

长臂猿社会的结构使得长臂猿配偶无法在家庭内部的乱伦之外对彼此不忠，因为**配偶双方都无时无刻不被对方监视着**，都没有与相邻猿群中的长臂猿接触的自由。如果人类社会也像长臂猿社会一样的话，那就意味着一个男人总是守在他妻子身边，从来不让她跟男性邻居、推销员、公交车司机或修理工及任何其他的男人说话。同理，妻子也绝不会让她丈夫靠近任何一个 30 米外的女人。而这种行为是无法让人类发展出比家庭更复杂的社会单位的。幸运的是，人类的一夫一妻制并没有长臂猿的那么严格。如果我们是那样的话，那么，人类社会就会只是一个个互相独立并彼此敌视的家庭单位。

如果人类像长臂猿那样生活的话，我们甚至无法互相配合组成一个个（雄性）打猎团队。换句话说，如果那样的话，那么，我们的祖先也就不可能离开丛林——那给他们提供食物并使他们免遭来自稀树大草原与平原的肉食动物袭击的丛林。所有冒险进入平原的猿猴都是以大群体形式集体旅行的。这些灵长目动物包括阿努比斯狒狒、恒河猴、日本猕猴及青潘猿。这些动物中没有一种是实行一夫一妻制的——这一点并不是偶然的。同理，一夫一妻制的长臂猿和合趾猿仍然留在丛林之中——这一点也不是偶然的。（参见第十五章关于火鸡的讨论，在那一章中，我们已经注意到：栖息在森林里的火鸡们是以小群体形式生活的，而栖息在平原上的火鸡们则是以大群体形式生活的。）

让我们来考察一下我们人在动物界最亲近的亲戚之一——青潘猿的性关系。青潘猿的祖先是生活在雨林里的。后来，它们组成大群落，冒险进入了平原。在随后的几十万年时间里，它们的后代——现代青潘猿一直居住在稀树大草原与平原上。然而，猿人和后来的人类一直在迫害青潘猿，所以，在许多地方，青潘猿已经返回它们的祖先所居住的丛林中去了。

影响青潘猿的社会行为的因素很多。首先，这种猿的童年期比较长。青潘猿母亲们必须照料孩子到 7 岁。照料后代的时间超过 7 年的只有人类。在许多国家，法律要求父母要对孩子承担 21 年的抚养责任。

由于寻找食物和逃避肉食动物方面的困难，雌青潘猿在同一时间只能照料一个年幼的青潘猿。所以，雌青潘猿每隔 7 年才交配 1 次。而它处于性成熟状态从而能交配的时间一年中不过几天。

青潘猿的交配场面野蛮而令人吃惊。届时，所有的雄青潘猿排成一队，一个接一个强奸雌青潘猿。雌青潘猿们尖叫着，表现得非常恐惧，它们不断试图逃跑与躲藏，但都是徒劳的。到第二天，雌青潘猿们还是会再三被强奸。*在这种折磨结束后，它们 7 年一次的性生活也就结束了。显然，在这种情况下是不可能演化出一夫一妻

---

* 根据本书出版后（译者看到过的众多）更新的相关考察报告，青潘猿之中的两性关系也有基于彼此自愿乃至爱情的。因此，作者此处描述的青潘猿两性关系应该只是某些情况下的特例，而非普遍情况。这是本书读者们应该注意的。——译者注

制的。

此外，结对本能在青潘猿身上也尚未得到充分发展。青潘猿们喜欢与自己所在的群内的同伴在一起，同时也与其他青潘猿群内的个体有私交，但它们并不形成持久的密切关系。当两群青潘猿互相遭遇时，双方的成员都会不停地大声尖叫，做出武力炫耀行为，并表现得相当富于攻击性。不过，用不了多久，两群青潘猿就会交朋友，它们会发出欢呼声，并互相拥抱。当两个青潘猿群体分开几个小时或几天后，许多青潘猿会离开自己的群体并加入别的群体中去。

青潘猿都是单身主义者，它们并不进入（长期稳定的正式）婚姻关系。

有些人错误地相信：动物在演化序列中的地位越高，它就越聪明，其行为也就越值得赞赏。但若他们知道作为人类近亲的青潘猿的性行为其实根本谈不上对人有教益或启发的话，那么，他们就会很失望。显然，自然法则并不遵从人类的道德偏见。一种动物演化得较晚这一事实并不意味着它们一定会比它们的祖先们"高级"。

过于相似的动物倾向于相互竞争，因而，这些动物中只有一种能够生存下来。所以，动物们倾向于朝着彼此的差异性不断增大的方向演化。因此，关于青潘猿与人类的婚姻关系，我们应该问的是为何它们会如此不同，而非为何它们不更相似一点。

人类的婚姻可以采取许多种形式。人类的婚姻形式的先决条件有智力、将自身学到的经验传授给别人的能力、使用武器和工具的能力、把洞穴改造成住所的能力等。在史前时期，人类的这些能力减少了未成年人挨饿和被肉食动物吃掉的危险。结果，不同于雌青潘猿的是，一个女人可同时抚育几个孩子，并在此期间一直保持性活跃。

如果早期人类也像青潘猿那样只能在某一个时期抚养一个孩子的话，那么，他们可能已经灭绝了，因为如果那样的话，那么，每一个女人就必须活足够长的时间才能生育两个孩子。若再考虑原始人中婴儿的高死亡率，那么，人类的夫妇将无法成功地自我繁殖。

随着人类的智力变得越来越高，孩子们的成长所需的时间也越来越长。倒过来，成长期的延长也使得他们变得越来越聪明，因而，人类整体上的智力也得以提高。

人的攻击性要比长臂猿的弱，因此，人能形成超越于家庭之上的社会组织。人的结对本能也要比青潘猿的强。

人类在智力与行为方式上的这一幸运的结合使得他们成为人，同时也给了他们演化出不同文化模式的自由。因此，人类不仅能保持一夫一妻关系（尽管伴有不忠、吵架与离婚），也能保有后宫，并能过一夫多妻或一妻多夫生活，建立父系或母系社会。

所有这些可能的婚姻形式都是人类本性的体现。一个特定的社会或个体会采取哪种**婚姻形式**并不单单是由遗传因素决定的，而是**由遗传、智力和选择能力共同决定的**。人类的远祖并不是过一夫一妻生活的。因此，在许多现代社会中，一夫一妻制成了占主导地位的婚姻形式，实在是一种令人惊讶的文化成就。

人类在动物界的独特性在于人类不像长臂猿那样只能建立一夫一妻制基础上的家庭层次的社会单位。人类不仅能建立保持一夫一妻制的两性关系，也能联合起来，形成从部落到现代国家的更复杂多样的社会组织。

第二十一章

兄弟姐妹可以结婚吗？

动物们怎样学会识别合适的性伙伴

红腹灰雀雏鸟长到六七周大时就开始调情。每个灰雀家庭中会有四五个兄弟姐妹，在六七周大时，它们还在受父母照料，还没长出第一身浅灰或浅棕色的羽毛，而且要到次年春天，它们才会有繁殖能力。尽管如此，它们却在那时就已忙着互相求爱了。雄、雌红腹灰雀看起来一模一样，因此，在这种雀中，常常会出现兄弟向兄弟、姐妹向姐妹求爱这样的事。而且，雄、雌灰雀的行为方式也是一样的：它们的行为都像是雌雀。

一对灰雀会互相亲嘴并用喙来为对方梳理羽毛。而后，其中一只雀会像雌鸟一样低下身子，并邀请它的伴侣爬到它身上与它交配。但第二只雀并没有爬到第一只雀身上并做出与它交配的样子，而是跳到它面前，低下身子并邀请对方爬到它身上。这种来回邀请会持续一段时间。

即使那两只小鸟都是雄鸟，它们仍然会表现得就像是雌鸟一样。

无论各自性别如何，它们之间的关系都是纯粹柏拉图式的，因为那时那些鸟都还没性成熟。尽管如此，那些红腹灰雀小"夫妻"却已互相不可分离。如果其中的一只鸟飞走了，另一只就会跟上。它们吃、睡都在一起并在受到攻击时互相保护。到3个月大时，年轻的雄雀们就开始给伴侣喂食，就像成年雄雀在向成年雌雀求爱时给它喂食一样。这时，雄雀的行为就是雄性的而非雌性的了。

不过，那些红腹灰雀小"夫妻"并不是真正的配偶，它们的行为就像一对已订婚的准夫妻，但它们并不会真正结婚。其他鸟类的婚约使两个伴侣有机会和时间来测试彼此的相配性，而两只红腹灰雀六七个月的订婚期则是用来训练它们如何在成年后彼此相待的。

在靠近按年历来算的岁末时，两只订婚的红腹灰雀会开始越来越频繁地争吵。最早解除婚约的是两兄弟或两姐妹，稍后，原已订婚的异性灰雀们也会各走各的路。

这时，那些年少的鸟儿已逐渐长出了成年期的羽毛。它们会在离巢不太远的地方四处飞行，寻找新的伴侣。这时，它们已学会区分雄雀与雌雀，因而，它们就会去找异性雀。而且，那些原先订过婚的兄弟或姐妹会在碰上时表现得非常富于攻击性。

较年长的红腹灰雀对同性及自己家中的成员的本能的敌意可使其避免为自己的第二次婚约选择不适当的伴侣。不过，两只雀在结婚前必须再次订婚。而那对再次订婚的伴侣要到三四个月后的春季到来时才会性成熟。

在与自己兄弟或姐妹订的第一次婚约期中，红腹灰雀练习的是婚后如何相待。在第二次订婚期间，它们所做的则是彼此间的相配性测试。第二次订婚期是从对亲和感与攻击性的测试开始的。

这时，主动求爱的是雌雀而不是雄雀。它会四处飞行以寻找雄雀。当它找到一只雄雀时，它会降落在其面前，伸出它大张着的喙，愤怒地对雄雀尖叫："唬—欤。"雄雀受了惊吓，就拍着翅膀飞走了。雌雀一路猛追，直到雄雀精疲力竭并安安静静地坐在一根树枝上。

如果雄红腹灰雀不想与那只雌雀有什么关系，那么，它就会别无选择地一直逃下去，直到雌雀放弃追赶。如果它觉得雌雀是个可接受的配偶，那么，它就会开始抵抗其攻击，雌雀的愤怒就会因此减退。最终，雄雀会鼓起勇气，欣然接受那只雌雀，并很快地吻一下它的喙。而后，它又马上飞到一段安全距离之外。但雌雀很快就停止了攻击，接着，两只雀就两喙相接了。雄雀给雌雀喂食，而后它们又用喙互相梳理羽毛。到这时，那两只雀就算订婚了。

1月与2月份的时候，人们有时候会看到一些同时与两只雀订婚的少年红腹灰雀。刚开始时，它们在大部分时间中会与身为兄弟姐妹的第一个伴侣待在一起，不过，它们会互相离开几分钟，以寻找另一个伴侣。一只雀越是接近性成熟，它所感到的对身为兄弟姐妹的伴侣的反感就越强，它与性伴侣待在一起的时间也就越长。

在第一次订婚期间，两只红腹灰雀都表现得像雌性。在第二次订婚初期，两只雀尤其是雌雀的表现都像雄性。就这样，小红腹灰雀经历了不同的发展阶段。在行为方式发生改变的同时，它们的"伴侣图式"即关于适当伴侣的意向也在改变。一只很小的红腹灰雀只会被它自己的兄弟姐妹所吸引，并会在置身于其他灰雀的周围时感到害羞与不安。随着不断长大，灰雀的趣味就会发生变化。终于，有一天，它会突然开始不再喜欢自己兄弟姐妹的陪伴，并宁愿将时间花在与陌生灰雀待在一起上。这种择偶倾向的本能性变化使红腹灰雀得以避免近亲繁殖。当然，那些雀本身是从来都不会自觉地意识到它们不能与自己的家庭成员交配的。

在正常情况下，与红腹灰雀一样，人类也不必受正式教育就能避免与自己的兄弟姐妹发生性关系。在以色列的基布兹中所进行的长期研究表明：人类儿童会本能地遵守乱伦禁忌。[1] 为了确定在彼此靠得非常近的环境中长大的人们在成年后会不会互相结婚，科学家们做了一个调查。他们调查了从小在基布兹中长大后来结了婚的5 538 个人，即 2 769 对已婚夫妻。

在基布兹中，婴幼儿与儿童不是由父母养大的，而是被分为一个个小组，由经过专门训练的人员养大的。每个小组中的孩子们都是差不多同龄的。每个小组中都有一个负责照料组内孩子的"组妈妈"。孩子们每天能看到自己父母的时间只有一两小时，即那些父母干完一天的活后的一段时间。在大多数基布兹中，孩子们都是与组内其他孩子而不是与自己父母一起过夜的。

渐渐地，那些孩子开始觉得似乎他们的"组妈妈"才是真正的妈妈。在基布兹中，一个"组妈妈"照料着 8 个左右的同龄男孩与女孩；因而，那种育儿组形式的家庭与传统的核心家庭是显著不同的。那些孩子彼此间没有血缘关系，但他们就像真正的兄弟姐妹一样在分享快乐与烦恼中一起长大。那些少年有时也会争吵，但他们总是以联合阵线的形式来面对外部世界。

基布兹中的孩子们有相当大的个人自由与性自由。在很小的年纪，他们便开始在一起玩性游戏。然而，在 10 岁时，那些小少年却自发地表现出了性禁忌迹象，并开始体验到羞耻感与羞怯感。正如

相杀相爱：两性关系的演化

我已经提到过的那样，这一事实证明：尽管压抑式教养能大大强化性禁忌，但羞耻感并不只是教养的产物。

从 10 岁起，基布兹中的女孩子与男孩子们就不再能像从前一样和睦相处了。他们会互相取笑与争吵，会拒绝在一起玩，会互相觉得对方"笨"。然后，当他们生理上接近成年时，他们彼此间的敌意又会消失。

这些孩子在成年后会分别与哪种人结婚呢？科学家们研究了伴侣双方都在基布兹中长大的 2 769 对婚姻。其中，在同一个小组中长大后来互相结婚的只有 13 例。2 756 个青年女子和同样数目的男子选择了那些不是在同一个小组中长大的异性为伴侣。此外，在同一个小组中长大后来又结了婚的人几乎从来都不曾有过婚外性关系。

在基布兹中长大的孩子们并未受过要避免近亲繁殖的教育。而且，公社中没人会对那些在同一个小组中长大的男女之间的婚姻表示不赞成。那些在一起长大的孩子觉得彼此很亲近，有更多共同语言，互相喜欢，也不会在对方身边时感到害羞。那么，他们为何不倾向于彼此结婚呢？那 26 个例外，即与同一个小组的成员结婚的那 26 个人为这个问题提供了答案。

在询问过那 26 个"不正常的"年轻人之后，科学家们才发现：原来，在 6 岁前，那 13 对配偶中都有其中一方曾在其配偶所属的小组之外待过一段时间。所有这些配偶都曾有过暂时地转移到另一个基布兹或与他们的父母在国外待过几年或因长期生病在外治疗的经历。15 年后，当他们已成年时，他们不觉得与他们的"兄弟"或"姐妹"之一结婚会让自己反感。相反，他们对同一个小组成员的亲密感使这种婚姻显得非常令人向往。

值得注意的是，那些在 6 岁后曾长期离开小组的孩子在长大后不觉得同一小组的成员对他们有性吸引力。如果一个孩子在 5～6 岁离开他待过的那个小组，那么，他就会与这个小组中的某个成员结婚。如果他在 6～9 岁离开那个小组，那么，他就绝不会与其中的某个成员结婚，即使他离开的时间有在前一种情况中那孩子离开的时间的 3 倍那么长。

由此，我们可以得出结论：**1～6 岁是一个人一生中的一个敏感期**，一个人在这一时期对周围的人的基本的情感倾向模式会成为他终身固定的模式。**在 1～6 岁，一个男人会被打上一种对自己的姐妹性反感的烙印，一个女人则会被打上一种对自己的兄弟性反感的烙印**。这种反感并不会破坏兄弟姐妹之间的友爱之情，但它却会**自动地抑制兄弟姐妹之间的性吸引力**，从而**避免乱伦**。

此外，以色列基布兹中的孩子们的行为还表明：人对乱伦禁忌的遵循并不是一种先天倾向。实际上，无论是否有血缘关系，所有在一起长大的孩子都在幼童期被打上这一禁忌的烙印。

也许有人会设想：孩子们可能是在 10 岁左右即他们开始体验到羞怯感与性顾虑时被打上乱伦禁忌的烙印的。但实际上，这一烙印的过程在 4 年前就已经发生了。我们对那些促使这种烙印发生的力量一无所知，而这种烙印并不会导致孩子的行为发生外因性变化。

许多塑造着人类孩子及小红腹灰雀的个性发展的其他因素同样还是神秘莫测的。例如，也许有人会设想：所有与别的少年雄性一起玩性游戏的少年雄性长大后都会变成同性恋者。但至少对小红腹灰雀来说，事实恰恰相反。同性雀之间的婚约是没有异性雀之间的那么持久的。结果，小红腹灰雀们就演化出了一种对同性成员的性反感。这种性反感起到了防止它们进入同性恋关系的作用。

人类的性角色要更复杂。在我将要写的关于未成年者的成长与亲子关系的关系的书(**《温暖的巢穴:动物们如何经营家庭》**)中,我会更加详细地讨论人类的性行为。

第二十二章

通奸与离异

一夫一妻制的好处

　　碧瑶诺亚岛或称熊岛坐落在北冰洋中的介于北极冰盖与斯匹次卑尔根群岛正中间的地方。这个大岛上的海岸线非常壮观——由巨岩构成的海岸线高出于海面 536 米。在某些地方，那些悬崖峭壁还像一个个阳台一样向外突出于波涛汹涌的海面之上。

　　每年的五六月份，都会有几十万只鸟飞到这些高耸的岩壁上来繁殖后代。大量的角嘴海雀在那个岛的南部高地上筑巢安家。海雀们群集在那些向前突出的岩石平台上，一群群三趾鸥在那些悬崖峭壁旁来回飞翔，就像是一阵阵白雪。那些岩石上的每一个一只手那么宽的球状凸起都是三趾鸥的巢址。

　　1954—1966 年，为了确定一夫一妻制以及终身的忠诚是否有益于三趾鸥以及它们的雏鸟，科学家们进行了一项调查研究。[1]

　　在我说过关于动物交配习性的所有的话后，回过头来看看，一夫一妻制似乎并不是动物婚姻的很有效的形式，因而，它可能只是

　　　　　　　　　　　　　相杀相爱：两性关系的演化

自然的一种代价昂贵的即兴之作。诚然，一夫一妻制的确为两个都富于攻击性的动物省去了在每个交配季节都与一个新伴侣构成某种关系的麻烦。但这种省心省力证明了大自然为了演化出一夫一妻的结偶驱力所花费的大量时间和努力的正当性吗？

像亲和性结对本能这样的力量的存在，不能只是以它们有助于增进动物生活的安逸这样的理由来解释。它们必定也有助于动物们的生存。在研究三趾鸥的习性期间，约翰·库尔森（John Coulson）发现：**一夫一妻制的婚姻有助于后代数量的增加及后代的身心健康，并由此有助于确保它们的生存。**[2]

在外表上，三趾鸥很像别的海鸥。在德国，这种鸥被称为"三趾海鸥"，是因为三趾鸥没有从脚后方伸出来的第四个脚趾，这一点与别的海鸥不同。它们的行为也与其他海鸥有显著的不同，因为这种鸥在令人头晕目眩的很高的悬崖峭壁上筑巢，而不是在海岸上松软的沙丘上筑巢。

三趾鸥的攻击性差不多与银鸥的一样强。然而，如果它们互相肉搏起来的话，那么，它们就会从悬崖上掉下去，而它们的巢也很容易被摧毁。因此，这种鸟很少互相打架。

有些读者或许会这样认为：由于三趾鸥会飞，因而，在打斗过程中，它们应该不会有从悬崖上掉下去的危险。但事实并非如此。在那个岛上，一年之中，有300多天是云遮雾罩、暴风雨肆虐的。在暴风雨之中，那些鸥是很难找到它们的巢的。但是，尽管天气不好，它们也得出去捕鱼，因为如果不去捕鱼，它们就会饿死。在出海捕鱼时，它们如何在浓雾笼罩之中确定那个岛以及它们的巢的位置，这一点仍然是一个未解之谜。更令人惊异的是它们在狂风中起飞与着陆的杂技般的飞行技巧。在多岩石的海岸上躺着的那些三趾鸥的死尸表明：有时，它们的捕鱼之旅是具有生命危险的。在这种情况下，两只三趾鸥在空中打架会是相当危险的。因此，三趾鸥们是以朝对方尖叫的形式来"打斗"的。

三趾鸥之间的这种温和的争斗会从黎明持续到黄昏，尤其是在交配季节。如果一只单身三趾鸥发现了一个无鸥防守的巢，那么，它就会在那个巢里坐下来并等着看那个主人回来时会有什么反应。通常，巢的主人都已经有一个配偶，并会对这种入侵事件非常不满。如果它对那个入侵者进行威胁的话，那么，那只陌生的鸟儿就会飞走并发出一串长长的刺耳的叫声。

由此，三趾鸥的婚姻的牢固程度常常过不了多久就会受由潜在对手挑起的竞争的考验。在那对配偶离巢不久，就常常会有一个诱惑者到达它们的巢。如果那个诱惑者是一只雄鸥而那对配偶中的雌鸟又是第一个返巢的话，那么，那个入侵者就会试图勾搭它。同样，一个雌性入侵者也会试图勾引那只雄鸟。有时，外来三趾鸥真的会成功地破坏一个婚姻，并从雌鸟那里夺走雄鸟或从雄鸟那里夺走雌鸟。由此可见，尽管终身一夫一妻制是三趾鸥在两性关系上的常态或理想形式，但许多三趾鸥并不懂得这一点。

库尔森对一小群三趾鸥在交配季节的行为做了长达12年的跟踪研究。他将每一只三趾鸥都做了标识，并对那些鸥之间的婚姻关系及每对夫妻怎么养育雏鸟的情况都做了连续记录。库尔森的研究表明：尽管三趾鸥的社会中存在着许多婚外情诱惑，但64%的三趾鸥还是维持着一夫一妻制，并在每一个交配季节刚开始时忠实地回到自己的前配偶身边去。有12%的三趾鸥不得不找新的配偶，因为它们的老配偶或已死于疾病，或已在暴风雨中被杀死在了悬崖上，或已在外出捕鱼时遇难。然而，也有24%的并非鳏夫或寡妇的三趾鸥自愿选择离开了前配偶，进入了第二次婚姻。

婚姻所持续的时间越长，那两个配偶继续待在一起的可能性也就越大。在一对三趾鸥已在一起生活1年以上后，它们就可能将婚姻维持下去。不过，也有一些相对于这一规律来说的例外。有一次，一只已经与同一个配偶生活了5年的雌三趾鸥从一次捕鱼之旅中返回家。它显然受到了另一只鸥的攻击，因为它的羽毛已残缺凌乱，而且还有两根羽毛笔直地粘在它的头上。像往常一样，它一回来就用以喙来摩擦配偶的喙的方式问候雄鸥。起初，那只雄鸥似乎愿意回应它的接吻。但那次的仪式性接吻却没有起到平息双方攻击性的作用，而是变得越来越狂乱，最后，那两个配偶真的互相啄击起来。由此看来，在不同寻常的情况下，一种像接吻这样本来有镇定作用的行为也会导致一场战斗。

那只外貌略微受损的雌鸥没有等它的丈夫来攻击它。实际上，它接受了它已经被逐出那个家的事实并再也没有回来过。两天之后，那只雄鸟就有了一个新配偶。

在一对配偶中，一方的**身体缺陷**常常**会破坏彼此间的亲和性对子关系**并**导致离异**。我们已经注意到：如果一个科学家改变了一只银鸥的眼圈的颜色，那么，他就会摧毁一对银鸥的婚姻。

环颈鸽的婚姻也一样脆弱。这种鸟实行的是季节性婚姻，但通常同一对伴侣会年复一年地结偶。有这么一对环颈鸽，它们已连续在3个繁殖季中结偶。到第4年，那只雄鸟带着缺了一条腿的身子回到繁殖基地。一条腿的损失当然不是致命性的，因为那只鸟还是能以单腿跳跃和拍动翅膀的形式四处走动。它也完全能与雌鸟交配。但一条腿的缺失在审美上是一个缺陷，因而，那只雌鸟立即就离开了它不幸的配偶。

由此可见，即使轻微的身体缺陷也可能在动物中导致一个一夫一妻制婚姻的破裂。不过，如果一对夫妻已经在一起生活很长时间，那么，疾病、年老或性无能就都不是离异的理由。

在三趾鸥群落中，许多雄鸥与雌鸥都是有病、年老或不育的。也许有人会以为：在三趾鸥配偶之间，性活跃的一方会遗弃有病或性无能的一方，到别处去寻求满足。但事实并非如此。

红腹灰雀、布尔克鹦鹉和紫罗兰色耳朵的梅花雀都是实行一夫一妻制的鸟，它们同样会只因审美上的缺陷而与配偶离婚，但绝不会因性无能而与配偶离婚。

这些事例再一次证明：在保持动物婚姻的稳定性上，亲和性对子关系比性起着更大的作用。配偶一方的**性无能并不能损害配偶间的亲和性对子关系**。然而，配偶一方的**外貌缺陷**——如朝着不正常方向突出的羽毛或一条腿缺失——**却能摧毁亲和性对子关系**。

外貌缺陷会成为离异的理由，这一点似乎是对一种动物不利的。显然，与性无能或年老体衰的配偶结合是不能繁殖后代的。但当配偶一方有外貌缺陷时，那对配偶还是能繁殖的。如果动物们与性无能的配偶而不是与有外貌缺陷的配偶离婚，那岂不是更有利吗？

实际上，动物配偶在**不再能使对方愉悦**的情况下选择离异有时也是有充分理由的，因为如果**相处不好**，那么，它们就不会有后代。

在库尔森所研究的三趾鸥群落中，约有 1/4 的三趾鸥与它们前一年的配偶离了婚。库尔森发现：几乎没有一只寻找新伴侣的三趾鸥是在前一个繁殖季节生养过后代的。显然，导致三趾鸥离异的不是没有后代。相反，某些夫妻是因为相处不好才没有后代。**导致配偶们离婚的根本原因是彼此间的不和谐。**

三趾鸥的暴风骤雨般的快节奏求爱活动使得三趾鸥配偶们没有时间互相充分了解。于是，事实证明它们并不般配的可能性就比较大。而像爱情鸟、文须雀以及红腹灰雀这样的鸟则在结偶之前就已经充分测试了它们之间的亲和性或般配性。

在一个特定的三趾鸥群落中，约24%的三趾鸥的婚姻是不幸的；在它们的第一个繁殖季节中，它们也几乎都是没有后代的。而已共同生活了一段时间的配偶们在后代的繁殖上除了能弥补不幸的同伴不能生育造成的损失外还有更多的作为。一对一夫一妻制的三趾鸥配偶生活在一起的时间越长，它们每年开始繁殖的时间就越早，其中的雌鸥下的蛋也就越多，而且，能活到成年期的雏鸥也就越多。

一对和谐、持久的三趾鸥夫妻的后代们与离异过一次或更多次的三趾鸥父母所生的孩子相比，其身体与情感状态更加有利于生存。一对三趾鸥夫妻每多待在一起一年，它们做父母的技能就会提高一步。尽管至今我们尚未确知那些三趾鸥父母到底学到了哪些技能或它们是如何学到那些技能的，但长期婚姻所产生的后代显然要比其他性质的结合所产生的后代在生存能力和效果上都更具有优势。

同理，三趾鸥更换伴侣的频率越高，它能成功地尽到父母责任的可能性也就越小。例如，一只离过两次婚的雌三趾鸥要比一只在努力抚养第一窝雏鸟或只离过一次婚的雌鸥更难成为合格的母亲。

推测起来，其原因大概是：离婚会使三趾鸥深受挫折并让它们灰心丧气，它们得花上很长的时间才能重新获得情感上的平衡。它们的后代甚至会受到更大的打击，因为它们常会在成年前就已死去。至少，那些小鸟不能充分地具备生存斗争所需的身心素质。尽管如此，但若一桩婚姻让当事配偶们不满意到不能繁殖后代的程度，那么，它们还不如分手并寻找也许能在一起生养孩子的新伴侣。

由此可见，三趾鸥最理想的选择是过终身一夫一妻的生活；但如果配偶间不般配，那么，它们也可选择分手。**一夫一妻的婚姻关系对后代极为有利**。每年的繁殖季都与老伴侣在一起的 64% 的三趾鸥养育雏鸟的熟练程度是如此之高，以至于它们的繁育成果就能弥补由于伴侣的病、老或性无能而不能繁育对整个群体所造成的繁育损失。这一事实表明：在动物的繁育中，那使两个个体结为终身配偶的牢固的亲和性对子关系起着多么巨大的作用！

亲和性结对本能的发现是现代科学的一项重要成就。本书第一次描述了结对本能在性伴侣的选择、配偶关系的缔结及婚姻关系的维持中所起的重要作用。

人们知道性与性行为的本能性已有几个世纪。近来，康拉德·洛伦茨又证明了攻击性的本能性。由于他的工作成果已众所周知，因而，人们已倾向于将性看作攻击性的对立面，看作能使两个个体联为一体的引发爱情的力量。显然，这是一种错误的看法，因为**性吸引力并不能保证婚姻的幸福或稳定**。**性**是具有**两面性**的：它可**促进社会化，**又具有**反社会性**。1971 年，休伯特·马克尔（Hubert Markl）在他的通俗著作《无私的自私性》中指出："性是一种能够使同一物种的成员结合在一起的力量。然而，在动物界，更高形式的社会行为并不能从性关系中发展出来。性行为对密切的社会关系的形成会有间接贡献：例如，它可通过对攻击性的抑制来做到这一点。然而，**性本身**

并不是一种社会化力量，而是一种**与攻击性密切相连的双面性力量**。诚然，2大于1但又小于3。在交配时，两个动物个体之间是没有可供第三方立足的空间的。交配中的伴侣中的一个或两个会将别的同类成员都赶走。而第三方也常常一看到两个动物在交配就感到不快。由此可见，性既会促进也会阻碍社会关系的发展。"[3]

性行为每次只能使两个动物个体聚到一起。而且，一旦两个个体的**性欲望已得到满足**，那么，**性也就无法让当事个体再待在一起**。由此，结构复杂的社会单位是无法从性关系中发展出来的。

直到最近，我们才知道**社会性结对本能**及其心理表现，即个体间亲和感的重要性。这种本能才是**攻击本能的真正对立面**。既然我们已知道这种本能，那么，我们就应当重新评价婚姻理论和实践。

我所写的关于吸引与排斥的信号、一见钟情、模仿、两性互相靠近时所要面对的问题，支配着性和谐的法则、求爱规则、婚姻的各种形式以及动物们怎样学会识别何为合适的性伴侣的方法等内容，打开了一扇进入一个陌生而新奇的领域的大门。尽管它还显得陌生，但在这个领域中，我们可以学会懂得那些控制着我们所有的生活的力量。一旦我们懂得了这些支配着动物行为的力量，我们就能更好地控制婚姻、防止婚外情与离婚，并在充满关爱的稳定的家庭中养育我们的孩子。

幸运的是，对社会性结对本能的研究不会像许多当代科学研究那样因具有破坏性结果而受到辱骂。攻击性研究会证明攻击行为的正当性，并给人以原谅攻击行为及操控他人的行为的理由。但对结对本能的研究只会使整个人类社会都受益良多。现在，是我们该去思考那些存在于生命体中的创造性与毁灭性力量的时候了！

参考文献

导论 亲和性：攻击性的真正对立面

[1] Frank A. Beach, "Coital Behaviour in Dogs, III: Effects of Early Isolation on Mating in Males," *Behaviour*, 30 (1968), pp. 218–238. Frank A. Beach, "Coital Behaviour in Dogs, VIII: Social Affinity, Dominance, and Sexual Preference in the Bitch," *Behaviour*, 36 (1970), pp.131–148.

[2] Konrad Lorenz, *Das sogenannte Böse: Zur Naturgeschte der Aggression* (Wien : G. Borotha-Schoeler. C, 1963).

第一章 处女生殖

[1] A. K. Tarkowski, A. Witkowska, and J. Nowicka in *Nature*, 226 (1970), pp.162–165.

第三章 一见钟情

[1] Manfred Curry, Bioklimatik; *die Steuerung des gesunden und kranken Organismus durch die Atmosphare* (Riederau Ammersee: American Bioclimatic Research Institute, 1946).

[2] Helga Fischer, "Das Triumphgeschrei der Graugans," *Zeitschrift fuer Tierpsychologie*, 22 (1965), p. 300.

[3] *Brockhaus Enzyklopaedie in zwanzig Baenden* (Wiesbaden: F. A. Brockhaus, 1969).

[4] Heinrich Boell, *Das Brot der fruehen Jahre*, (Koln: Kiepenheuer& Witch, 1955).

[5] Neal Griffith Smith, "Visual Isolation in Gulls," *Scientific Amercian*, Vol. 217, no. 4 (Oct. 1967), pp. 94–102.

[6] Erich Hecker, "Sexuallockstoffe—hochwirksame Parfiims der Schmetterlinge," *Umschau in Wissenschaft und Technik*, 59, pp. 465–467 and 499–502.

[7] Irenaeus Eibl-Eibesfeldt, *Grundriss der vergleichenden Verhaltensforschung* (Muenchen: Piper Verlag, 1967), pp. 410–416.

第四章 被误导的行为

[1] Nikolaas Tinbergen et alia, "Die Balz des Samtfalters," *Zeitschrift fuer Tierpsychologie*, 5 (1942), pp. 182–226.

[2] Nikolaas Tinbergen, *The Study of Instinct* (London: Oxford University Press, 1951).

[3] Irenaeus Eibl-Eibesfeldt, *Liebe und Hass* (Muenchen: Piper,1970), p.31.

[4] 与作者的私人谈话。

第五章 洗脑与情感的反常

[1] Nathaniel Kleitman, *Sleep and Wakefulness* (Chicago: University of Chicago Press, 1964).

[2] Erwin Lausch, *Manipulation—Der Griff nach dem Gehirn* (Stuttgart: Deutsche Verlags-Anstalt, 1972), p. 164.

[3] Hans Juergen Eysenck, "Nicht philosophieren, sondern experimentieren—Ueber die Verhaltenstherapie," *Die Zeit*, No. 39 (Hamburg, 1967), p. 46.

[4] Jose M. R. Delgado, "Die experimentelle Hirnforschung und die Verhaltensweise," *Endeavour*, 69 (1967), pp. 149–154.

[5] *Stern*, No. 21 (Hamburg, May 17, 1973).

第七章 从杀戮到爱情

[1] Walter R. Fuchs, *Leben unter fernen Sonnen?* (Muenchen: Droemer Knaur, 1973).

[2] Manfred Grasshoff, "Die Kreuzspinne—ihr Netzbau und ihre Paarungsbiologie," *Natur und Museum*, 94, Book 8 (1964), pp. 305–314.

[3] Richard Gerlach, *Die Geheimnisse der Insekten* (Hamburg: Claassen, 1967), pp. 264–266.

[4] June Johns, *The Mating Game* (New York: St. Martins Press, 1971; London: Peter Davies, 1970).

[5] Maurice Burton in "Animal Life," *Purnell's Encyclopedia* (London, 1969), pp.1656–1658.

[6] 作者对这些鱼进行了实验，并请一个拍摄团队全程记录。没有相关书面出版物。

第八章 我是雄的还是雌的?

[1]   Robert Ardrey, *Der Gesellschaftsvertrag* (Wien: Fritz Molden, 1971).

第九章 爱情的和谐法则

[1]   Daniel S. Lehrman, "The Reproductive Behavior of Ring Doves," *Scientific American*, Vol. 211, No. 5 (Nov. 1964), pp. 48–54.

[2]   Report on J. G. Vandenbergh in *Scientific American*, Vol. 226, No. 6 (June 1972), p. 53.

[3]   Vitus B. Dröscher, *Magie der Sinne im Tierreich. Neue Forschungen. List, München,* 1966.

[4]   Dieter Matthes, "Das Sexualverhalten des Malachueden Anthocomus coccineus," *Zeitschrift fuer Tierpsychologie*, 19 (1971), pp. 113–120.

[5]   Alexander and Margarete Mitscherlich, D*ie Unfaehigkeit zu trauern—Grundlagen kollektiven Verhaltens* (Muenchen: Piper, 1968), p.193.

[6]   Ibid.

第十章 求爱的规则

[1]   Wolfgang Wickler, *Sind voir Sunder?* (Muenchen: Droemer Knaur, 1969), p. 255.

[2]   Oskar Heinroth, *Grzimeks Tierleben*, Vol. 9, Vogel 3 (Zuerich, 1970), pp. 92–93.

[3]   Peter Kunkel, "Bemerkungen zu einigen Verhaltenweisen des Rebhuhnastrilds," *Zeitschrift fuer Tierpsychologie*, Vol. 23 (1966), pp. 136–140.

第十一章 礼物决定友谊

[1]   Remy Chauvin, *Tiere unter Tieren* (Bern: Scherz, 1964), p. 214.

[2]   Friedrich Goethe, *Die Silbermowe* (Wittenberg: A. Ziemsen, 1956), p. 45.

[3]   Peter Kunkel, "Bewegungsformen, Sozialverhalten, Balz und Nestbau des Gangesbrillenvogels," *Zeitschrift fuer Tierpsychologie*, Vol.19 (1962), pp. 559–576.

第十二章 集群式求爱与婚姻市场

[1]   Vitus B. Dröscher, *Die freundliche Bestie. Neueste Forschungen über das Tier-Verhalten. Stalling*, Oldenburg / Hamburg, 1969.

第十三章 没有领地就没有交配权

[1] Richard D. Estes, "Territorial Behavior of the Wildebeest," *Zeitschrift fuer Tierpsychologie*, Vol. 26 (1969), pp. 284–370.
[2] Ibid.

第十四章 美使得雄性丧失了结婚的资格

[1] E. Thomas Gilliard, "The Evolution of Bowerbirds," *Scientific American*, Vol. 209, No. 2 (1963), pp. 38–46.
[2] Ibid.

第十五章 围场中的求爱

[1] Robert Watts and Allen W. Stokes, "The Social Order of Turkeys," *Scientific American*, Vol. 224, No. 6 (1971), pp. 112–118.
[2] Ibid.

第十六章 帕夏们的不幸生活

[1] *Grzimeks Tierleben*, Vol. 12, Saeugetiere 3 (Zuerich: 1972), pp. 377–378.
[2] Vitus B. Dröscher, *Magie der Sinne im Tierreich. Neue Forschungen. List*, München, 1966.
[3] Hans Kummer, "Ursachen von Gesellschaftsformen bei Primaten," *Umschau in Wissenschaft und Technik*, 1972, pp. 481–484. Hans Kummer,"Immediate causes of primate social structure," *Proceedings of the Third International Congress on Primates*, 3, pp. 1–11. Basel, Karger, 1971.
[4] Adriaan Kortlandt 与作者的私人对话。

第十七章 互不相识的婚姻伙伴

[1] 作者的个人观察。
[2] Juan D. Delius, "Das Verhalten der Feldlerche," *Zeitschrift fuer Tierpsychologie*, Vol. 20 (1963), pp. 297–348.
[3] Ibid.

第十八章　只有富于攻击性的配偶才会待在一起

[1]　Rudolf Berndt and Helmut Sternberg, "Paarbildung und Partneralter beim Trauerschnapper," *Die Vogelwarte*, Vol. 26 (1971), pp. 136–142.

[2]　Ibid.

第十九章　彼此忠诚只是一种幻想吗？

[1]　R. A. Stamm, "Aspekte des Paarverhaltens von Agapornis personata," *Behaviour*, 19, pp. 1–56.

[2]　Ibid.

[3]　Otto Koenig, "Das Aktionssystem der Bartmeise," *Osterreichische Zoologische Zeitschrift*, 3 (1954).

[4]　Desmond Morris, *The Naked Ape* (New York: McGraw-Hill Publishing Co., Inc., 1967; London: Jonathan Cape, 1967).

[5]　参见注释 [3]。

第二十章　从动物到人

[1]　Vitus B. Dröscher, *Die freundliche Bestie. Neueste Forschungen über das Tier-Verhalten. Stalling*, Oldenburg / Hamburg, 1969.

[2]　Juerg Lamprecht, "Duettgesang beim Siamang," *Zeitschrift fuer Tierpsychologie*, 27 (1970), pp. 186–204.

[3]　Ibid.

第二十一章　兄弟姐妹可以结婚吗？

[1]　*Scientific American*, Vol. 227, No. 6 (1972), p. 43.

第二十二章　通奸与离异

[1]　J. C. Coulson, "The Influence of the Pair-Bond and Age on the Breeding Biology of the Kittiwake Gull," *Journal of Animal Ecology*, 35, pp. 269–279.

[2]　Ibid.

[3]　Hubert Markl, "Vom Eigennutz des Uneigennuetzigen," *Naturwissenschaftliche Rundschau*, 24 (1971), pp. 281–289.

附录

爱与和平的本能根基
——《相杀相爱：两性关系的演化》导读

赵芊里

（浙江大学　社会学系　人类学研究所，浙江杭州 310058）

　　本书是作者德浩谢尔本人最看重的著作之一（译者在德国拜访作者时，他曾将本书列为自己第二重要的著作）。据译者所知：本书也是世界上第一部动物两性社会学著作。可见本书在同类书中的地位。为方便读者，尤其是对相关专门问题有探究兴趣的人了解本书的主要内容，下面，我将对本书讨论的主要问题及作者的主要观点做一个梳理。

　　作者在本书中所讨论的问题主要有以下几个方面：

一、动物性别的演化及两性地位关系

　　缺乏生物学知识的人可能会认为：动物两性是从世界上有动物以来就有的。有点生物学知识但所知不多的人则可能会认为：动物的两性是（从无性别的原始动物中）同时出现的。但在本书中，作者以大量动物演化史实告诉我们：从以细胞分裂的方式繁殖的无性动物到有性动物的出现，其演化历程的**第一步**是**从无性动物中演化出雌性动物**。其原因是地球自转轴倾斜使得阳光直射区限于低纬度地区，高纬度地区因而气候变冷；在长期适应严寒气候的过程中，本来无性的原始动物演化出了能产生卵的能力及相应器官。卵具有能在严寒之中完好无损地保存下来、在气候转暖后能发育成动物个体的特性。这种**能产生卵子的动物**就是**雌性**动物。这种在雄性演化出来前就存在的原初的雌性动物是无须与雄性交配就能**靠自身产生的卵子来繁殖后代**的，这种生殖方式就叫作**孤雌生殖**。由于基因完全来自母亲，孤雌生殖所产生的后代无论在形态还是能力上都是与母亲一模一样的；因而，如果环境变化大，那么，因物种中所有成员对所在环境的适应与不适应性都一样，物种能在变化大的环境中幸存下来的可能性就很小。在对变化大的环境的长期适应过程中，**原初的雌性**动物就逐渐演化出了既能产生卵子又能产生精子的器官，并拥有了使精子和卵子相结合的能力，也即**转变成了雌雄同体**、自我受精的**双性动物**。在对变化大的环境的进一步适应过程中，原本兼有两性腺体的双性动物才逐渐**分化成**了只有**雌性或雄性腺体的雌雄异体**动物。到这一步，动物界才算完成了**从无性到两性**乃至三性的演化（因为在某些动物中，除了雄性与雌性外，还有无性别特征的第三性即无性）。与孤雌生殖相比，两性生殖的优势在于能产生在基因、形态与能力上代际差异大的后代，从而增强一种动物对变化大或多样性强的环境的适应性，因而更容易在其中生存下来。

由动物性别演化史可看出：在动物中，是**先有雌性**，后有雌雄同体的**双性**，**最后才出现雄性**的。因而，可以说**雄性**最终**是由雌性**

演化而来的。从繁殖的角度讲，雄性实际上是雌性为能通过两性生殖方式繁殖出代际差异大、对多变的环境适应性强的后代而从自身演化出来的。因而，可以说**雄性是雌性**为优生而演化出来的**繁殖工具**。由此，从传宗接代这一生物根本使命的角度看，**雌性的地位是高于雄性的**。这对认清两性间的本然关系并正确看待其他情况下的两性地位关系是很有启发性的。

二、动物两性间如何谋求和平

两性演化出来后，在很长时期内，**两性间结合的原始而普遍的方式是强奸**，因为那时动物们还没有演化出爱的本能基础及求爱的技能。强奸式的两性结合方式是充满了暴力伤害、杀戮、同类相食等暴行的（例如：在某些鸟中，雄性会先将雌性暴打一顿而后再与之交配；在某些昆虫中，雌性甚至会在交配后吃了雄性）。在现代人看来，这种暴行是很野蛮的；但是，两性结合时的暴力行为也有着促使一方或双方性成熟与性兴奋、促使雌性尽快排卵从而顺利完成两性结合的功效。时至今日，在自称"万物灵长"的人类的两性行为中，仍然存在一定的暴力倾向与行为，甚至有意以性虐待来提高性兴奋的嗜好。两性结合方式的演化史告诉我们：这种现象其实是两性早期的强奸式结合方式所留下的历史遗产。这一知识点对我们理解与看待人类两性结合方式中的暴力因素及其缘由也是有启发性的。

会伤害乃至残杀配偶的两性结合方式毕竟成本太高且在一定程度上违背繁衍目的，因而，自然选择又迫使许多动物逐渐演化出了克服（动物们普遍具有但强度相差很大的）攻击本能从而保证两性能安全、和平地相处与结合的方式。在书中，作者论述过的**动物自然演化出来的谋求两性间的和平与安全的具体策略**主要有：

1. 送礼示好：给异性送礼物（食物乃至装饰物）是平息其攻击性从而避免被攻击的有效方法。**送礼**所具有的维和保安功效来自其示好性质所**唤起**的**友好之情**，而这自然是**攻击本能得以发动的情感基础——愤怒与敌意的克星**。

2. 以让求和：攻击行为通常是互动性的。如当事双方都"以眼还眼、以牙还牙"，那么，根据正反馈原理，冲突就会很快升级；但如一方**忍让**或者退出冲突，那么，根据**负反馈原理**，攻击者的攻击性与攻击行为就会因缺乏相关刺激或作用对象而**平息**下来。

3. 自我克制：有的动物能预先主动克制自身的攻击性从而预防攻击行为的发生。例如：在某些蟹的性行为中，两性中攻击性较强的一方会主动采取下位，以抑制自己的攻击本能乃至同类相食本能。

4. 扮幼惹怜：在某些动物中，处于发情期的两性个体相遇时，成年雄性会以**幼雏的姿态**来**唤起**雌性的**母爱本能**从而有效地**抑制攻击本能**，达到安全地与之亲近并交配的目的。这种**利用母爱本能来谋求两性间和平与安全**的方式是非常高效的，也是很值得人类学习与借鉴的。

5. 以亲抑暴（以**亲和本能**抑制**攻击本能**）：前面几种以抑制攻击性来维和保安的方法是一次性或短时内有效的，那么，动物两性之间有没有长期有效的维和保安方法呢？德浩谢尔指出，攻击本能的真正对立面是基于个体间的亲和与喜爱之情的**社会性结对本能**，[1]"结成亲和性对子关系是克服攻击性的最高级方式"[2]。要而言之：**社会**

相杀相爱：两性关系的演化

性结对本能是某些动物所有的、要结成超乎性关系的亲密伴侣关系的自然倾向。由于其得以发动的情感基础是**个体间的亲和与喜爱感即爱情**，因而，这种本能又称"**亲和性结对本能**"或简称"**亲和本能**"。[3] 对亲和本能强的动物来说，两性基于亲爱感结对生活是一种稳定的本能性生活模式，而**彼此都抱有亲爱感**自然会使攻击本能发动的情感基础——愤怒与敌意无从产生，从而长期抑制住配偶双方的攻击性。因此，对亲和本能强的动物来说，婚姻是能长治久安的，爱情也是可长久保鲜的。由此，德浩谢尔断定：传说中能使两个个体愿意长相厮守的"**月老的红线**"的确**是存在的**，那就是**亲和性结对本能**！可惜的是，人类的结对本能不如某些动物（如垂耳鸦、爱情鸟等）强，因而，人类的爱情与婚姻也不如这些动物的稳定。

爱情的本能基础是**亲和性结对本能**（而不是性本能）。那么，亲和本能是怎么来的呢？基于本书中的相关内容，笔者推测：**情侣关系与爱情**可能分别是**亲子关系与亲子情在性伴侣间的仿拟性延伸**；由此，**亲和性结对本能**可能是从**母爱与父爱本能及恋母与恋父情结中分化出来的**。

6. **以他代己**（找替身）：某些动物的性本能尚未从饮食本能中独立出来，这种性交与饮食对象不分的动物（如某些蜘蛛）在交配时会出现同类相食现象。但它们也会设法避免这种悲剧，如在与异性相遇时给其**送食物形式的礼物**从而使自己免于成为其食物。

7. **以外代内**（找替罪羊）：不少攻击性强的动物会每隔一段时间就找个"出气筒"来出气。**拿无辜者出气**在道德上不可取，但它表现出的**宣泄攻击本能**是客观存在的，这种本能能起到避免将亲密者当攻击对象的功效。而攻击性强的动物每隔一段时间就要发泄一下攻击性的原因，动物行为学创始人洛伦茨曾以"冲水马桶模式"做过解释：就像冲水马桶中水的蓄积与排放一样，动物的攻击性总是处在逐渐蓄积与快速释放的循环运动中。[4]尽管攻击性可用多种方法抑制，但被抑制的攻击性就像被堵住的水一样，虽一时不会肆虐，但仍然存在并会伺机泛滥。因此，正如疏是比堵更可靠的治水策略，定期宣泄攻击性也是比抑制攻击性更为可靠的维和保安策略。

8. 以虚代实（攻击行为仪式化）：在动物界，"大多数动物都……用一种程式化了的仪式性战斗来"代替真正的攻击。[5]这种仪式性攻击行为使动物得以通过**虚拟**的战斗**游戏**活动来安全无害地**宣泄**掉**攻击性**，从而避免攻击性的实际发作所带来的危害。

9. 攻击性的削弱：以攻击性抑制与转移来维和保安的上述策略其实是攻击性强的动物不得已而为之的。攻击性弱的动物的生活状态才会告诉我们什么是维和保安的根本之道。例如："长颈鹿……是爱好和平的动物。……如一只雄鹿发现一只已性成熟的雌鹿，……它所做的不过是直接爬骑到雌鹿背上，在完事后就回到雄鹿群中。……公母长颈鹿都不会感到要铸造一种个体间对子关系的冲动，因为它们是那么温和，以至于无须有这样一种冲动。"[6]温和动物本来就不会互相伤害，因而没必要像攻击性强的动物那样为维和保安而做抑制与转移攻击性的努力。由此可见，在一定的自然与社会条件下尽量消除攻击性存在的必要性从而削弱它，才是动物（包括两性）间维和保安的根本之道。

三、影响两性关系或婚配模式的本能因素

从本能层面看，**影响两性结合的因素**主要有"**攻击本能、性本能与亲和性结对本能**"。[7] 性本能只会影响发情期内的两性关系而与发情期外的两性关系无关，因而，影响两性关系的本能其实主要是攻击本能与亲和本能。基于大量相关事实，关于攻击本能对两性关系的影响，作者认为："**动物的攻击性水平决定着其婚姻形式**。"[8] 具体地说：

1. 两性的攻击性都过强（因而相处极易互伤）**的动物**（如虎）是**不可能有婚姻**即稳定配偶关系的。

2. 两性的攻击性都很弱（因而性结合很容易达成）**的动物**（如长颈鹿）也**不会**或无须**有婚姻**。

3. "**如果一种动物中雄性**对别的雄性非常**富于攻击性而雌性是温顺**的，那么，雄性就会保有一个妻妾群。"[9]（即这种动物就会实行**一夫多妻制**。）

4. 在一种动物中，如果"**雌性是非常富于攻击性的，而雄性则很温顺**……这样的动物就会实行**一妻多夫制**"。[10]

5. "**如果一种动物中的**两性都富于攻击性（准确地说，应为**两性的攻击性都较强且水平相当**），……为了能够交配，两种性别的个体都得学会控制自己对对方的攻击性。……这种关系就会导致**一夫一妻制**。"[11]

综上所述，**动物的两性关系包括无婚姻的临时交配制、一夫多妻制、一妻多夫制、一夫一妻制。这取决于在攻击性上两性都过强或过弱、雄强雌弱或雌强雄弱、在既不过强也不过弱的范围内都较

强且水平相当的情况。

德浩谢尔认为：性关系是不持久的；在各种本能中，能造就**作为稳定的配偶关系的婚姻**的唯有**亲和本能**。**亲和本能**对两性关系的重大影响在于：它使之**产生了一次飞跃——动物两性间从相残到相爱、从临时性强迫性交配到有爱情做基础的持久婚姻的质变。**

在对爱情、婚姻与亲和本能、性本能之间关系的上述认识的基础上，作者对现代婚姻危机的原因以及解决对策发表了下述看法："在某种程度上，现代婚姻的危机也许是由错误评估了对那些真正使人们结合在一起的力量所引起的。对什么及如何才能造就持久伴侣关系的无知导致了许多人去寻求那种于己不合适的伴侣。"[12] "许多现代婚姻的不幸是由于伴侣双方都误信性吸引力是幸福婚姻的主要成分。单单基于性吸引力的婚姻会像基于谋求金钱或地位欲望的婚姻一样贫乏与不稳定。……（某些文艺作品）关于爱情的错误图解未能展示出作为幸福婚姻基础的伴侣间亲密对子关系的重要性。"[13] 由于结偶行为的根本驱力是亲和性结对本能而非性本能，婚姻关系持久稳定的主要基础是个体间亲和性对子关系而非性伙伴关系，因而，**解决婚姻危机的根本途径**是：尽可能发挥亲和本能在两性关系中的作用，并主要**以爱情而非性吸引力为基础建立亲和性对子关系。**德浩谢尔的基于亲和本能论的爱情与婚姻观，对人们认清爱情与婚姻的深层生物学本质、在现实生活中追求真正的爱情和稳定的婚姻，显然都是很有启发意义的。

在简要概述了本书的主要内容后，让我再来说几句话作为本文的尾声。在"德浩谢尔动物故事"丛书（二十一世纪出版社 2013 年版）总序中，我曾说过：动物是人类认识自身不可缺少的镜子。这句

相杀相爱：两性关系的演化

话同样适用于对人类两性关系的认识。你想了解大千世界中动物多姿多彩的两性关系吗？你想搞清楚动物两性关系的演化历程吗？你想通过动物们的两性关系反观人类自身的两性关系吗？如果是的话，那就赶快拿起德浩谢尔精心打造的这面可供人类反观自身的"镜子"好好赏玩吧！

参考文献

[1] Vitus B. Dröscher. *They Love and Kill: Sex, Sympathy and Aggression in Courtship and Mating* (M). New York: E. P. Dutton & Co., Inc., 1976, p. 16.
[2] 同上，p. 219。
[3] 同上，p. xix。
[4] http://www.newworldencyclopedia.org/entry/Konrad_Lorenz.
[5] Vitus B. Dröscher. *They Love and Kill: Sex, Sympathy and Aggression in Courtship and Mating* (M). New York: E. P. Dutton & Co., Inc.,1976, p. 213.
[6] 同上，pp. 343-345.
[7] 同上，p. xviii。
[8] 同上，p. 144。
[9] 同上，p. 285。
[10] 同上，pp. 143-144。
[11] 同上，p. 144。
[12] 同上，p. 40。
[13] 同上，p. 309。